网络空间安全技术丛书

网络安全等级保护2.0与企业合规

李尤◎编著

机械工业出版社
CHINA MACHINE PRESS

本书围绕网络安全等级保护（简称“等保”）2.0以及企业合规建设的相关内容展开介绍，重点对等保2.0以及企业合规建设在近些年的新定义、新形势和新内容进行逐一剖析。其中，包括对等保和企业合规的内容范围、工作流程、工作方法、政策与法律法规依据、技术标准等内容的全面解读，对网络安全等级保护定级备案、安全建设整改、等级测评、监督检查等工作的详细解释。同时，列举了网络安全等级保护的流程表格，以及相关等级保护过程实例，帮助读者更好地理解理论与实践相结合的要点。

本书适合网络安全的初级从业人员，尤其是迫切需要了解最新等保流程和实操细节的等保从业人员阅读，还适合对网络安全感兴趣以及想要了解等保合规的企事业单位管理者和技术爱好者阅读。本书也可以为网络运维管理人员开展安全运维和自查等工作提供帮助。

图书在版编目（CIP）数据

网络安全等级保护2.0与企业合规/李尢编著.—北京：机械工业出版社，2023.9

（网络空间安全技术丛书）

ISBN 978-7-111-73609-7

Ⅰ.①网… Ⅱ.①李… Ⅲ.①计算机网络-网络安全 Ⅳ.①TP393.08

中国国家版本馆CIP数据核字（2023）第144044号

机械工业出版社（北京市百万庄大街22号 邮政编码100037）

策划编辑：张淑谦 责任编辑：张淑谦 丁 伦

责任校对：张爱妮 王 延 责任印制：张 博

保定市中画美凯印刷有限公司印刷

2023年11月第1版第1次印刷

184mm×260mm·18.25印张·452千字

标准书号：ISBN 978-7-111-73609-7

定价：109.00元

电话服务 网络服务

客服电话：010-88361066 机 工 官 网：www.cmpbook.com

010-88379833 机 工 官 博：weibo.com/cmp1952

010-68326294 金 书 网：www.golden-book.com

 机工教育服务网：www.cmpedu.com

网络空间安全技术丛书
专家委员会名单

出版说明

随着信息技术的快速发展，网络空间逐渐成为人类生活中一个不可或缺的新场域，并深入到了社会生活的方方面面，由此带来的网络空间安全问题也越来越受到重视。网络空间安全不仅关系到个体信息和资产安全，更关系到国家安全和社会稳定。一旦网络系统出现安全问题，那么将会造成难以估量的损失。从辩证角度来看，安全和发展是一体之两翼、驱动之双轮，安全是发展的前提，发展是安全的保障，安全和发展要同步推进，没有网络空间安全就没有国家安全。

为了维护我国网络空间的主权和利益，加快网络空间安全生态建设，促进网络空间安全技术发展，机械工业出版社邀请中国科学院、中国工程院、中国网络空间研究院、浙江大学、上海交通大学、华为及腾讯等全国网络空间安全领域具有雄厚技术力量的科研院所、高等院校、企事业单位的相关专家，成立了阵容强大的专家委员会，共同策划了这套“网络空间安全技术丛书”（以下简称“丛书”）。

本套丛书力求做到规划清晰、定位准确、内容精良、技术驱动，全面覆盖网络空间安全体系涉及的关键技术，包括网络空间安全、网络安全、系统安全、应用安全、业务安全和密码学等，以技术应用讲解为主，理论知识讲解为辅，做到“理实”结合。

与此同时，我们将持续关注网络空间安全前沿技术和最新成果，不断更新和拓展丛书选题，力争使该丛书能够及时反映网络空间安全领域的新方向、新发展、新技术和新应用，以提升我国网络空间的防护能力，助力我国实现网络强国的总体目标。

由于网络空间安全技术日新月异，而且涉及的领域非常广泛，本套丛书在选题遴选及优化和书稿创作及编审过程中难免存在疏漏和不足，诚恳希望各位读者提出宝贵意见，以利于丛书的不断精进。

机械工业出版社

前　言

2023 年，国家对网络安全的重视度持续提高，网络安全核心以及相关政策相继出台，网络安全的话题热度在社会、职场，甚至高校内均持续升高。近些年，各个网络安全公司如同“雨后春笋”一样冒出来，各个企业单位的网络安全人才一将难求，缺口一度高达 90%以上。

网络安全等级保护（简称“等保”）的制度和实施是网络安全防护的重中之重。早在 2017 年 6 月 1 日，《中华人民共和国网络安全法》实施，该法明确规定国家实行网络安全等级保护制度，从法律上确立了网络安全等级保护制度是我国网络安全领域中的基础制度。2019 年 5 月，国家标准化管理委员会正式发布了（GB/T 22239—2019）《信息安全技术　网络安全等级保护基本要求》，进一步要求等保测评工作者要围绕核心标准要求开展安全建设整改和等级测评。标准的实施标志着网络安全等级保护正式进入 2.0 时代。等保进入 2.0 时代以后，近些年等保的实施要求并没有针对固有标准“一成不变、死搬硬套”，而是适时地根据我国网络安全发展特点以及持续更新的安全隐患威胁，不断地调整和更新等保实施细则标准和要求的文档模板。

本书内容

本书主要介绍等保 2.0 制度流程和企业合规的各方面基础理论知识以及操作流程，并且集成了 2023 年等保 2.0 要求的最新文档模板和要求，通过等级保护的相关实操实例帮助企业梳理其在网络安全等级保护合规认证过程中的痛点，并逐一分析、列出整改项指南，兼具理论性和实用性。

本书分为 6 章，主要内容如下。

第 1 章主要介绍了网络安全等级保护制度的概念、发展历程、等级保护与网络安全合规之间的关联、等级保护与分级保护（简称“分保”）的区别、等保 2.0 的最新标准和要求，以及等级保护测评最新流程等内容。

第 2 章主要介绍了网络信息安全法律法规及标准规范，分别介绍了网络安全等级保护和数据安全合规的法律法规的引用，以及运行维护和其他标准的引用等内容。

第 3 章详细地介绍了在最新的等级保护制度要求下，等保 2.0 进行前期的表格信息登记和技术信息收集的准备情况，介绍了安全设计要求和差距分析工作要点，为后续的等保测评和安全整改工作提供了重要的参考依据。

第 4 章主要介绍了在等级保护 2.0 最新标准下的评估定级规范工作要求，以及定级与备案信息规范。

第 5 章主要介绍了网络安全等级保护的执行测评的全流程要求，包括等保 2.0 流程、项目内容、项目测评对象和方法、项目实施管理方案和项目质量控制措施要求、测评问题总结和成果物交付，以及企业合规检查的执行标准与规范要求等内容。

第 6 章列举了网络安全等级保护的实操案例，为读者展示了一个最新标准化的等保 2.0 的全过程实施方案与全量化成果。

本书特色

本书基于网络安全等级保护 2023 年的最新标准，结合等级测评工作实践，对网络安全等级测评基本要求、扩展要求进行逐条分析，并对最新等保项目实例展开详细介绍。本书适合网络安全的初级从业人员，尤其是迫切需要了解 2023 年最新等保 2.0 的流程和实操细节的等保从业人员阅读学习，也适合对网络安全感兴趣及想要了解等保合规的企事业单位管理者和技术爱好者阅读，还可以为网络运营单位的运维管理人员开展本单位安全运维和安全自查等工作提供帮助。

关于作者

本书作者李尤为网络安全领域资深人士，目前在中国电子信息产业发展研究院中国软件评测中心（工业和信息化部软件与集成电路促进中心）网络安全和数据安全研究测评事业部担任技术副总师职务，是网络安全与数据安全质量测试领域技术专家，6Sigma 国际质量安全绿带认证证书持有者，有多个网络安全和数据安全团队的管理经验。

为配合新形势、新标准下网络安全等级保护制度 2.0 和企业安全合规的具体实施，作者编写了本书，供读者参考和借鉴。由于水平所限，书中难免有不足之处，敬请读者批评指正。在本书的编写过程中，感谢机械工业出版社张淑谦编辑给予的大力支持与协助，同时感谢机械工业出版社“网络空间安全技术丛书”专家委员会，以及作者工作单位的领导唐刚、朱信铭、刘喜喜和其他领导同事们的支持与帮助。

中国软件评测中心（工业和信息化部软件与集成电路促进中心）　**李　尤**

目　录

第 1 章　网络安全等级保护（等保2.0）介绍

本章主要介绍网络安全等级保护制度的概念、发展历程、等级保护与网络安全合规之间的关联、等级保护与分级保护的区别、等保 2.0 的最新标准和要求，以及等级保护测评最新流程等内容。

1.1　什么是等级保护制度

网络安全的定义：通过采取必要措施，防范对网络的攻击、侵入、干扰、破坏和非法使用以及意外事故，使网络处于稳定可靠运行的状态，以及保障网络数据的完整性、保密性、可用性的能力。

网络安全等级保护是指对国家重要信息、法人和其他组织及公民的专有信息以及公共信息和存储、传输、处理这些信息的信息系统分等级实行安全保护，对信息系统中使用的信息安全产品实行按等级管理，对信息系统中发生的信息安全事件分等级响应、处置。安全等级保护的核心是将等级保护对象划分等级，按标准进行建设、管理和监督。

网络运营者应当按照网络安全等级保护制度的要求，履行安全保护义务，保障网络免受干扰、破坏或者未经授权的访问，防止网络数据泄露或者被窃取、篡改。开展信息系统规划和建设时，应按照国家网络安全等级保护要求，落实网络安全等级保护定级、备案、测评和安全建设整改等相关工作。

1.1.1　网络安全等级保护发展历程

今天的网络安全等级保护从“出生”到“成长”再到“成熟”的演变是随着我国计算机网络的高速发展和对安全的重视和需求逐步升级的，如图 1-1 所示，它的发展历程和名称变化呈现在时间轴中。

下面将详细介绍等保从 1.0 时代到 2.0 时代的变化。首先，从名称上来讲，从等保 1.0 到 2.0 就有显著的变化：等保 1.0 全称为（GB/T 22239—2008）《信息安全技术　信息系统安全等级保护基本要求》，等保 2.0 全称为（GB/T 22239—2019）《信息安全技术　网络安全等级保护基本要求》。

等保 1.0 时代纪事

等保 1.0 时代纪事如图 1-2 所示，基本分为“政策营造”“工作开展”“工作启动”“正

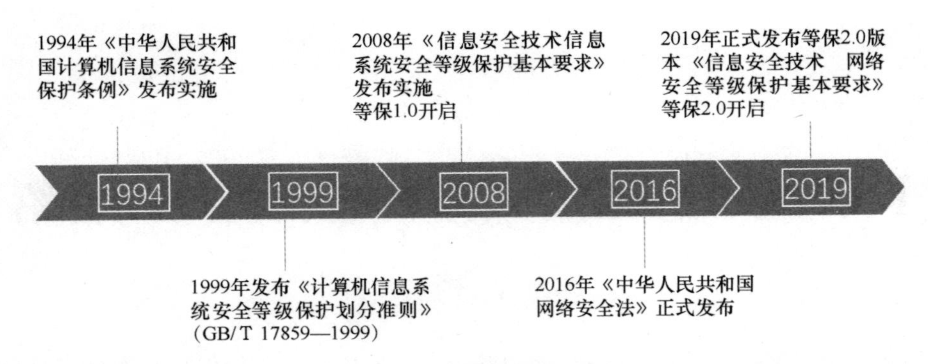

● 图 1-1 等级保护发展历程

式推动”四大块，具体来看，有如下时间节点。

● 图 1-2 等保 1. 0 时代纪事

- 1994 年，国务院颁布《中华人民共和国计算机信息系统安全保护条例》，规定实行安全等级保护的条例。
- 2003 年，中共中央办公厅、国务院办公厅颁发《国家信息化领导小组关于加强信息安全保障工作的意见》，明确指出“实行信息安全等级保护”的法律。
- 2004—2006 年，公安部联合四部委开展涉及 65117 家单位，共 115319 个信息系统的等级保护基础调查和等级保护试点工作。
- 2007 年 6 月，四部门联合出台《信息安全等级保护管理办法》。
- 2007 年 7 月，四部门联合颁布《关于开展全国重要信息系统安全等级保护定级工作的通知》。
- 2010 年 4 月，公安部出台《关于推动信息安全等级保护测评体系建设和开展等级测评工作的通知》，提出等级保护工作的阶段性目标。
- 2010 年 12 月，公安部和国务院国有资产监督管理委员会联合出台《关于进一步推进中央企业信息安全等级保护工作的通知》，要求各个央企贯彻执行等级保护工作。至此等保 1. 0 时代开始逐步收尾，时间将会跨越到等保 2. 0 的时代。

等保 2. 0 时代纪事

等保 2. 0 时代纪事如图 1-3 所示，基本分为“标准制定”“正式实施”两大块，具体来看，有如下时间节点。

- 2014 年，公安部等保研究中心开始启动等级保护新标准的研究。
- 2016 年 10 月 10 日，第五届全国信息安全等级保护技术大会召开，在会上公安部网络安全保卫局总工郭启全指出“国家对网络安全等级保护制度提出了新的要求，等级保护制度已进入 2. 0 时代”。

- 2016 年 11 月 7 日，第十二届全国人民代表大会常务委员会第二十四次会议颁布《中华人民共和国网络安全法》（简称《网络安全法》），其中第二十一条明确“国家实行网络安全等级保护制度”。
- 2017 年 1 月至 2 月，全国信息安全标准化技术委员会发布《网络安全等级保护基本要求》系列标准、《网络安全等级保护测评要求》系列标准等“征求意见稿”。
- 2017 年 5 月，国家公安部发布《GA/T 1389—2017 网络安全等级保护定级指南》《GA/T 1390. 2—2017 网络安全等级保护基本要求　第 2 部分：云计算安全扩展要求》等 4 个公共安全行业等级保护标准。

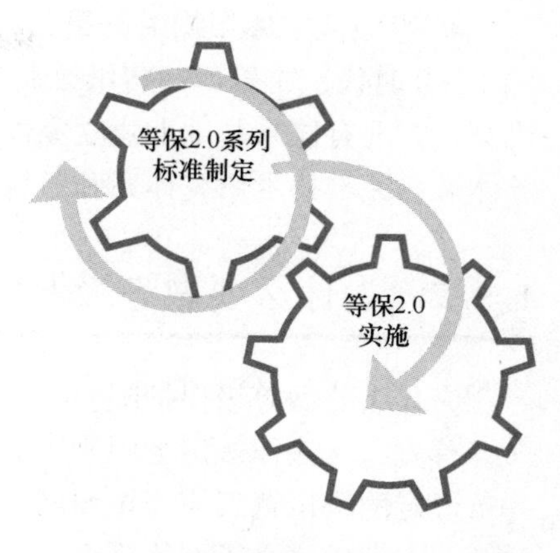

● 图 1-3　等保 2. 0 时代纪事

- 2019 年 5 月 13 日，网络安全等级保护系列标准（基本要求、设计要求、测评要求）正式发布，并于 2019 年 12 月 1 日正式实施，至此等级保护正式开启了 2. 0 时代。

对未来的展望

从 2019 年等保 2. 0 时代开始至今，等保的实施细则一直在不断地完善，相关标准也将根据信息技术发展应用和网络安全态势，不断丰富制度内涵、拓展保护范围、完善监管措施，逐步健全网络安全等级保护制度政策、标准和支撑体系。虽然名字一直叫等保 2. 0，但是相关标准细则以及检查要求和模板要求一直在不断地更新完善。

1. 等级保护法将不断完善

自从《中华人民共和国网络安全法》颁布以来，等保 2. 0 法律依据从之前的行政法规上升到法律层面，其中第二十一条规定“国家实行网络安全等级保护制度”，要求网络运营者应当按照网络安全等级保护制度的要求，履行安全保护义务；第三十一条规定对于国家关键信息基础设施，在网络安全等级保护制度的基础上，实行重点保护，未来安全法也将随着实际运作的情况和对象逐步完善细则。

2. 等级保护对象将不断延伸

随着云计算、大数据、移动互联网（简称“移动互联”）、区块链和人工智能等新技术的不断涌现，传统的计算机信息系统的概念已经不能涵盖未来的安全系统架构，特别是信息技术产业快速发展带来大数据和人工智能等的价值显现，网络安全的等级保护对象将在未来结合实际不断拓展和完善。

3. 等级保护工作内容将持续扩展

在定级、备案、建设整改、等级测评和监督检查等规定动作基础上，2. 0 时代的风险评估、安全监测、通报预警、案事件调查、数据防护、灾难备份、应急处置、自主可控、供应链安全、效果评价和综治考核等与网络安全密切相关的措施都将全部纳入等级保护制度并加以实施。2022 年的等级保护归档文件较上一年也做了较大更新（本书全是按照最新文档的要求进行编写），未来等保的规定工作和文件也将持续扩展。

4. 等级保护体系将进行重大升级

2.0时代，主管部门将继续制定出台一系列政策法规和技术标准，形成运转顺畅的工作机制，在现有体系基础上建立完善等级保护政策体系、标准体系、测评体系、技术体系、服务体系、关键技术研究体系和教育培训体系等。

1.1.2 为什么要做等级保护

为什么要做等级保护呢？

首先，从法律规定上限制了必须要做等级保护，《中华人民共和国网络安全法》第二十一条规定网络运营者应当按照网络安全等级保护制度的要求，履行相关的安全保护义务。同时第七十六条定义了网络运营者是指网络的所有者、管理者和网络服务提供者。网络（个人与家庭网络除外）运营者必须按《网络安全法》开展等级保护工作。

其次，从情理角度来分析，如果互联网金融行业没有等保制度会产生什么后果？

一些缺乏实力的创业团队很容易进入互联网金融行业，开发出一个漏洞百出的软件平台，大肆收录用户的敏感信息。而这些信息因为软件的劣质性都很容易被盗和泄露，这些敏感信息一旦落入不法分子手中，后果不堪设想。

除了泄露个人隐私外，还可能威胁社会和国家安全。这时，网络安全等级保护的作用就体现出来了。经过等保规定的五个基本动作：定级、备案、建设整改、等级测评和监督检查后，全方位测评企业的信息系统安全，不合格不让经营。虽然过等保合规并不能百分之百保证绝对安全。但无疑会极大地提高系统质量，避免遭遇攻击，以及大大提升信息泄露的门槛。

假如不做等保会怎么样？

在企业安全问题日趋严峻的今天，如果不做等级保护，出了安全事故，除了企业自身的形象崩塌和巨额经济损失之外，还将面临停业整顿等处罚，所以说等保是相关企业必须要做的一件事。

做了等保2.0，如果再出现安全事故，至少在合理合规的情况下，有些不可抗力因素导致的事故是企业基本不会受到严重处罚的。

以下为《网络安全法》的几条相关规定和处罚措施。

1）《中华人民共和国网络安全法》第二十一条：国家实行网络安全等级保护制度。网络运营者应当按照网络安全等级保护制度的要求，履行安全保护义务，保障网络免受干扰、破坏或者未经授权的访问，防止网络数据泄露或者被窃取、篡改。

2）《中华人民共和国网络安全法》第二十五条：网络运营者应当制定网络安全事件应急预案，及时处置系统漏洞、计算机病毒、网络攻击、网络侵入等安全风险；在发生危害网络安全的事件时，立即启动应急预案，采取相应的补救措施，并按照规定向有关主管部门报告。

3）《中华人民共和国网络安全法》第五十九条：网络运营者不履行本法第二十一条、第二十五条规定的网络安全保护义务的，由有关主管部门责令改正，给予警告；拒不改正或者导致危害网络安全等后果的，处一万元以上十万元以下罚款，对直接负责的主管人员处五千元以上五万元以下罚款。

4）《中华人民共和国网络安全法》第六章规定的 14 种惩罚手段：约谈、断网、勒令改正、警告、罚款、暂停相关业务、停业整顿、关闭网站、吊销相关业务许可证、吊销营业执照、拘留、职业禁入、民事责任和刑事责任。

总而言之，任何符合情况的单位如果不开展网络安全等级保护 2.0 等于违反《中华人民共和国网络安全法》，可以根据法律进行处罚。

1.1.3　做等保 2.0 对企业的影响

做等保对企业有什么样的影响呢？根据谁主管谁负责、谁运营谁负责、谁使用谁负责的原则，网络运营者成为等级保护的责任主体，了解其到对企业未来安全规划发展的影响成为企业开展业务前必须思考的问题。

1. 企业做等保的好处

企业做了等保 2.0 的好处主要集中在以下几个方面。

（1）遵循国家法律法规要求，避免受到相应处罚

2016 年 11 月 7 日，第十二届全国人民代表大会常务委员会第二十四次会议通过《中华人民共和国网络安全法》，其中第二十一条明确规定国家实行网络安全等级保护制度。网络运营者应当按照网络安全等级保护制度的要求，履行安全保护义务，保障网络免受干扰、破坏或者未经授权的访问，防止网络数据泄露或者被窃取、篡改。

（2）提高信息系统的信息安全防护能力，降低系统被各种攻击的风险，维护企业的良好形象

开展等级保护最重要的原因是通过等级保护工作，发现企业系统内部存在的安全隐患和不足，通过安全整改之后，提高企业信息系统的信息安全防护能力，降低系统被各种攻击的风险。

（3）完成行业主管单位要求，确保企业业务有序进行，合理地规避风险

等保工作有没有开展是衡量企业信息安全与否的一个重要标准。开展等保工作不仅可以有效地解决和规避安全风险，也是遵守行业主管单位要求的表现，对企业未来的业务和发展有着积极影响。

（4）给企业和客户安全提供一个强大的安全保障

企业在自己的产品系统宣传上也因为通过了等保测评而更加能体现宣传优势，让客户更加放心自己的业务信息和资金安全，从而更加提升企业自身形象和销售业绩。

2. 哪些行业和企业要做等保

等保适用范围是所有中国境内的非个人及家庭自建网络，下面为从相关政策和标准层面对此给出的解释。

《信息安全技术　网络安全等级保护定级指南》要求：从计算环境来看，目前包括通用场景、云计算场景、移动互联网和物联网场景、工业控制（简称“工控”）场景。具体到行业，有政府机关、金融、医疗、教育、能源、通信、交通、企事业单位、央企、征信行业、软件开发、物联网、工业数据安全、大数据、云计算、快递行业、酒店行业以及其他有

信息系统定级需求的行业与企业等。

1.1.4 企业网络安全合规介绍

勒索软件、网络犯罪、人工智能黑客……这些隐患让所有用户心生恐惧，但是很多企业却并未实施足够的网络安全措施来保护企业设备和数据免受网络攻击。它们也有困难，如经费不够、网络安全人才储备缺乏等，有的负责人虽然懂 IT 技术，但是对网络安全技术合规却是基本不懂。

这也构成了隐患，网络安全的爆炸性新闻不断刷新历史，黑客的攻击致使超过亿万人的个人数据遭受泄露和传播；一些欺诈者炮制很多场景，入侵对方的电子邮件、窃取邮箱信息、假借身份要求支付款项到另一账号，给很多贸易型企业造成了巨大的损失。对此，有些专家称，随着技术不断渗透到人们的生活，从联网汽车到交易中的区块链技术，再到云计算的增长，技术和架构的革新也将为企业带来新的风险。

下面让我们来了解一下企业网络安全合规的整体内容。

1. 什么是网络安全合规

广义上来讲，网络安全合规是指企业或行业为了实现依法、依规经营，防控网络安全风险，所建立的一种网络治理机制。

狭义上来讲，网络安全合规主要体现在三方面：一是网络安全法律法规、制度标准；二是企业内部的网络安全规章、制度；三是企业应遵守的网络安全道德规范。

2. 网络安全合规的法律依据

在进行企业网络安全合规的建设和操作之前，首先要来了解一下支撑安全合规的法律法规。

1）《中华人民共和国网络安全法》第二十一条：国家实行网络安全等级保护制度。网络运营者应当按照网络安全等级保护制度的要求，履行安全保护义务，保障网络免受干扰、破坏或者未经授权的访问，防止网络数据泄露或者被窃取、篡改。

2）《中华人民共和国数据安全法》（简称《数据安全法》）第二十一条：国家建立数据分类分级保护制度，根据数据在经济社会发展中的重要程度，以及一旦遭到篡改、破坏、泄露或者非法获取、非法利用，对国家安全、公共利益或者个人、组织合法权益造成的危害程度，对数据实行分类分级保护。国家数据安全工作协调机制统筹协调有关部门制定重要数据目录，加强对重要数据的保护。

3）《中华人民共和国密码法》（简称《密码法》）第二十二条：国家建立和完善商用密码标准体系。国务院标准化行政主管部门和国家密码管理部门依据各自职责，组织制定商用密码国家标准、行业标准；国家支持社会团体、企业利用自主创新技术制定高于国家标准、行业标准相关技术要求的商用密码团体标准、企业标准。

4）《商用密码应用安全性评估管理办法（试行）》第二章第十条：关键信息基础设施、网络安全等级保护第三级及以上信息系统，每年至少评估一次。

5）《中华人民共和国个人信息保护法》（简称《个人信息保护法》）第十一条：国家建立健全个人信息保护制度，预防和惩治侵害个人信息权益的行为，加强个人信息保护宣传教育，推动形成政府、企业、相关社会组织、公众共同参与个人信息保护的良好环境。

6）《党委（党组）网络安全工作责任制实施办法》第十条：各级党委（党组）应当建立网络安全责任制检查考核制度，完善健全考核机制，明确考核内容、方法、程序，考核结果送干部主管部门，作为对领导班子和有关领导干部综合考核评价的重要内容。

7）《网络安全审查办法》第五条：关键信息基础设施运营者采购网络产品和服务的，应当预判该产品和服务投入使用后可能带来的国家安全风险。影响或者可能影响国家安全的，应当向网络安全审查办公室申报网络安全审查。

3. 不正确落实网络安全合规对企业的影响

如果不落实网络安全合规建设，那么法律法规对企业和相关负责人会有如下的处罚和惩治。

1）《中华人民共和国网络安全法》第七十二条：国家机关政务网络的运营者不履行本法规定的网络安全保护义务的，由其上级机关或者有关机关责令改正；对直接负责的主管人员和其他直接责任人员依法给予处分。

2）《中华人民共和国数据安全法》第四十四条：有关主管部门在履行数据安全监管职责中，发现数据处理活动存在较大安全风险的，可以按照规定的权限和程序对有关组织、个人进行约谈，并要求有关组织、个人采取措施进行整改，消除隐患。

3）《中华人民共和国密码法》第三十七条：关键信息基础设施的运营者违反本法第二十七条第一款规定，未按照要求使用商用密码，或者未按照要求开展商用密码应用安全性评估的，由密码管理部门责令改正，给予警告；拒不改正或者导致危害网络安全等后果的，处十万元以上一百万元以下罚款，对直接负责的主管人员处一万元以上十万元以下罚款。

4）《党委（党组）网络安全工作责任制实施办法》第八条：各级党委（党组）违反或者未能正确履行本办法所列职责，按照有关规定追究其相关责任。

5）《中华人民共和国个人信息保护法》第六十六条：违反本法规定处理个人信息，或者处理个人信息未履行本法规定的个人信息保护义务的，由履行个人信息保护职责的部门责令改正，给予警告，没收违法所得，对违法处理个人信息的应用程序，责令暂停或者终止提供服务；拒不改正的，并处一百万元以下罚款；对直接负责的主管人员和其他直接责任人员处一万元以上十万元以下罚款。

4. 网络安全合规总体要求

网络安全合规主要包括等保合规、关保合规、数据安全合规、密码合规、个人信息保护合规等。下面详细介绍每一项合规的总体要求。

（1）等保合规

网络安全等级保护是国家通过制定统一的安全等级保护管理规范和技术标准，组织公民、法人和其他组织对信息系统分等级实行安全保护。等保合规是指对国家机密、法人或其他组织专有信息以及公开信息和存储、传输、处理这些信息的信息系统分等级实行安全保护，对信息系统中使用的安全产品实行按等级管理，对信息系统中发生的信息安全事件分等级进行处置和检查。

它是根据《中华人民共和国网络安全法》第二十一条规定“国家实行网络安全等级保护制度”所产生的一个名词。

工作流程如下。

1）定级。确认定级对象，参考《网络安全等级保护定级指南》等初步确认等级，组织专家评审，经过主管部门审核，到公安机关备案审查。

2）备案。确定定级对象等级后，运营、使用单位把定级材料提交到市一级公安机关网安部门办理备案手续。备案成功后，网安部门颁发《备案证明》。

3）安全建设整改。对备案对象进行调研，依据相应等级要求开展差距分析，依照国家相关标准进行方案设计，完成相应设备采购及调整、策略配置调试，完善管理制度等工作。

4）等级测评。运营、使用单位或者主管部门应选择合规测评机构，定期对定级对象进行等级测评。测评通过的，出具《等级测评报告》；测评不通过的，运营、使用单位应对测评中发现的问题及时进行整改。

5）监督检查。测评报告出来后，向市一级公安机关网安部门提交测评报告。公安机关监督检查运营使用单位开展等级保护工作情况。运营使用单位应当接受公安机关的安全监督、检查和指导，如实向公安机关提供材料。

因为本书主要讲解的就是等保 2.0，所以本节不再详述等保的流程，在其他章节会有详尽介绍。

（2）关保合规

"关保"是指关键信息基础设施保护。具体是指是针对面向公众提供网络信息服务或支撑能源、通信、金融、交通、公共事业等重要行业运行的信息系统、工控系统等关键信息基础设施，在网络安全等级保护制度的基础上，实行重点保护。

以下是关于关保合规的法律规定。

1）《中华人民共和国网络安全法》第三十一条：国家对公共通信和信息服务、能源、交通、水利、金融、公共服务、电子政务等重要行业和领域，以及其他一旦遭到破坏、丧失功能或者数据泄露，可能严重危害国家安全、国计民生、公共利益的关键信息基础设施，在网络安全等级保护制度的基础上，实行重点保护。关键信息基础设施的具体范围和安全保护办法由国务院制定。

国家鼓励关键信息基础设施以外的网络运营者自愿参与关键信息基础设施保护体系。

2）《关键信息基础设施安全保护条例》（2021 年 4 月 27 日国务院第 133 次常务会议通过。2021 年 7 月 30 日，国务院总理签署中华人民共和国国务院令第 745 号，自 2021 年 9 月 1 日起施行）第二条：本条例所称关键信息基础设施，是指公共通信和信息服务、能源、交通、水利、金融、公共服务、电子政务、国防科技工业等重要行业和领域的，以及其他一旦遭到破坏、丧失功能或者数据泄露，可能严重危害国家安全、国计民生、公共利益的重要网络设施、信息系统等。

3）《关键信息基础设施安全保护条例》第五条：国家对关键信息基础设施实行重点保护，采取措施，监测、防御、处置来源于中华人民共和国境内外的网络安全风险和威胁，保护关键信息基础设施免受攻击、侵入、干扰和破坏，依法惩治危害关键信息基础设施安全的违法犯罪活动。

"关保"由国家网信部门统筹协调；国务院公安部门负责指导监督关键信息基础设施安全保护工作；国务院电信主管部门和其他有关部门依照本条例和有关法律、行政法规的规定，在各自职责范围内负责关键信息基础设施安全保护和监督管理工作；省级人民政府有关部门依据各自职责对关键信息基础设施实施安全保护和监督管理。

4）《关键信息基础设施安全保护条例》第十七条：运营者应当自行或者委托网络安全

服务机构对关键信息基础设施每年至少进行一次网络安全检测和风险评估，对发现的安全问题及时整改，并按照保护工作部门要求报送情况。

关键信息基础设施每年至少一次安全检测和评估，这显示出关键信息基础设施至少是等保三级以上的系统。关保工作的流程如图 1-4 所示。

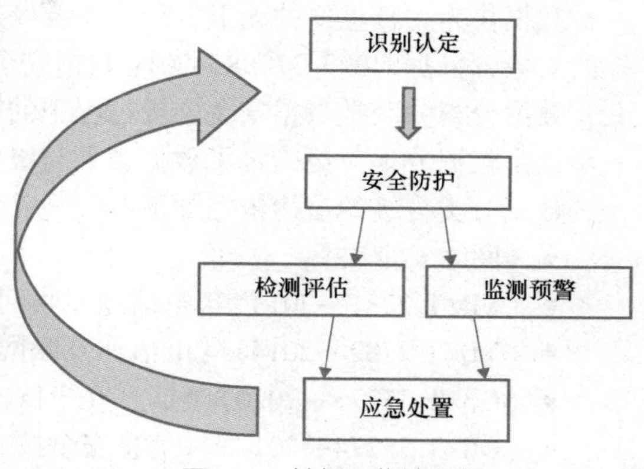

图 1-4　关保工作流程图

从图 1-4 可以看出关保工作的流程分为以下几个部分。

1）识别认定：相关单位运营者配合安全保护工作部门，开展关键信息基础设施识别和认定活动，围绕关键信息基础设施承载的关键业务，开展风险识别和认定的工作。

2）安全防护：相关单位运营者根据已认定识别的安全风险，在人员、数据、产品规划等方面制定适当的安全防护措施，并加以实施，确保关键信息基础设施的运行安全。

3）检测评估：为验证制定的安全防护措施的有效性，发现网络安全风险，相关单位运营者制定相应的评估制度，确定检测评估的流程及内容等要素，并分析潜在安全风险会导致的安全事件。

4）监测预警：为验证安全防护措施的有效性，相关单位运营者制定安全监测预警和信息通报制度，针对可能或者正在发生的网络安全事件或威胁，提前或及时发出安全警示。

5）应急处置：根据检测评估、监测预警环节或者其他情况突然发现的问题，相关单位运营者制定并处置应对措施，并及时恢复由于网络安全事件而受损的业务功能服务，识别关键信息基础设施的安全风险，实现应急处置的操作。

（3）数据安全合规

自 2017 年《中华人民共和国网络安全法》正式实施后，网络安全与数据合规方面的立法进程不断加快。2020 年，《中华人民共和国数据安全法（草案）》和《中华人民共和国个人信息保护法（草案）》陆续公布并征求意见；2021 年，《中华人民共和国民法典》（简称《民法典》）正式施行。标志着我国在网络安全和数据保护领域的基础性法律架构已逐步建立起来。

《数据安全法》第二十一条规定：国家建立数据分类分级保护制度，根据数据在经济社会发展中的重要程度，以及一旦遭到篡改、破坏、泄露或者非法获取、非法利用，对国家安全、公共利益或者个人、组织合法权益造成的危害程度，对数据实行分类分级保护。国家数据安全工作协调机制统筹协调有关部门制定重要数据目录，加强对重要数据的保护。

《民法典》对个人信息和隐私保护的详细规定，具有开创意义。在厘清“个人隐私”与“个人信息”关系的基础上，对企业收集处理个人信息提出了更为具体的要求，也为个人信息主体主张侵权提供了更为充实的法律依据。

数据资产定义：资产是企业及组织拥有或控制，能给企业及组织带来未来经济利益的数据资源。只有进行数据资产盘点，了解数据代表的含义，才能有效地进行数据资产管理和数据安全建设，资产盘点是保障数据安全的基础，通过数据资产盘点完成对数据的分类分级的划分，是建立数据安全合规体系的重要一步。

首先介绍一下数据分类分级。

数据作为一种重要的无形资产，需要经过系统化的分类分级之后才能够成为数据安全管控的对象，依据GB/T 37988—2019数据安全能力成熟度模型，针对数据生命周期安全的定义，数据分类分级是数据安全合规过程中的第一个重要实践，是数据生命周期安全管理的第一步，由数据分类分级确定了数据类别与级别的数据才具备数据安全管控处理的可能。

数据分类分级的法律依据如下。

- 《网络安全法》。
- （YD/T 2781—2014）《电信和互联网服务　用户个人信息保护　定义及分类》。
- （YD/T 2782—2014）《电信和互联网服务　用户个人信息保护　分级指南》。
- （GB/T 35273—2020）《信息安全技术　个人信息安全规范》。
- （GB/T 35274—2017）《信息安全技术　大数据服务安全能力要求》。
- （GB/T 37988—2019）《信息安全技术　数据安全能力成熟度模型》。
- （JR/T 0158—2018）《信息安全技术　证券期货业数据分类分级指引》。

数据分类分级在数据安全合规化过程中至关重要，数据的分级是数据重要性的直观化展示，是组织内部管理体系编写的基础、是技术支撑体系落地实施的基础、是运维过程中合理分配精力及力度的基础。

数据分类分级起到从管理到技术承上启下的作用。承上是指从运维制度、保障措施、岗位职责等多个方面的管理体系都需依托数据分类分级进行管理；启下是指根据不同数据级别，实现不同技术安全防护，如高级数据需要实现更严谨的管控和数据加密，低级别数据实现审计就可以。

1）数据安全风险评估。数据具有多样性、复杂性等特征，合理的数据安全风险评估方法和体系，可以针对性地摸清所有面临的安全风险，精准地评估与法律合规要求的差距。并且，根据《数据安全法》以及各行业相关标准要求，数据安全风险评估是开展数据安全工作的基础。

- 数据基础风险评估：按照识别风险、定性分析、定量分析等风险分析的方法，从全生命周期角度识别数据安全合规性相关活动或数据资产所存在的安全风险，以生成数据资产的全面风险清单和风险预估，生成《数据安全风险评估报告》。
- 数据安全合规风险评估：基于《数据安全法》《个人信息保护法》《关键信息基础设施保护条例》等法律法规文件以及所在行业数据安全标准规范，开展合规评估活动，输出合规对标及评估结果，并针对性提出处置措施建议，生成《合规风险评估报告》。
- 数据安全能力评估：基于数据安全能力成熟度模型（DSMM，Data Security capability Maturity Model，如图1-5所示）。DSMM评估依据（执行标准）（GB/T 37988—2019）《信息安全技术　数据安全能力成熟度模型》于2019年8月30日发布，2020年3月1日正式实施。

DSMM的架构由以下三个维度构成。

- 安全能力维度：明确了组织在数据安全领域应具备的能力，包括组织建设、制度流程、技术工具和人员能力。

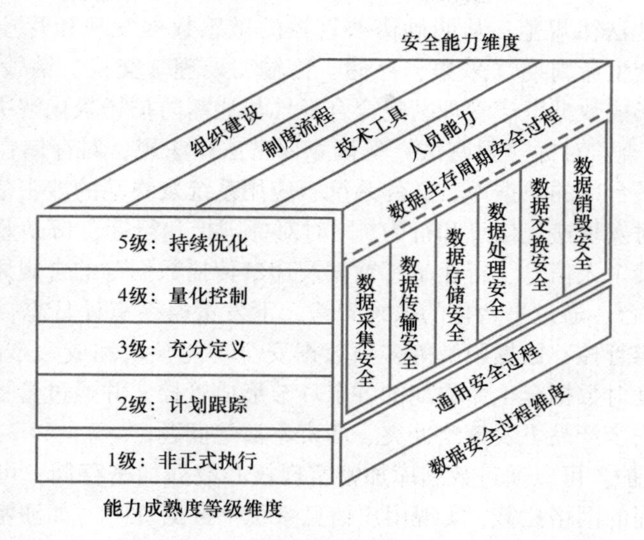

● 图 1-5　数据安全能力成熟度模型

- 能力成熟度等级维度：将组织的数据安全能力成熟度划分为五个等级，具体为 1 级（非正式执行），2 级（计划跟踪），3 级（充分定义），4 级（量化控制），5 级（持续优化）。
- 数据安全过程维度：数据安全过程包括数据生存周期安全过程和通用安全过程。数据生存周期安全过程具体包括数据采集安全、数据传输安全、数据存储安全、数据处理安全、数据交换安全和数据销毁安全 6 个阶段。

2）数据安全建设规划具体包括以下 3 点内容。

- 数据权限设计：在数据清单和数据权限现状清单的基础上，进行数据安全权限和策略现状分析，识别风险点，进行数据安全管理权限及策略的设计建议，生成《数据权限设计表》。
- 数据安全管理建设规划：根据数据安全风险评估所识别的组织、制度、人员等管理类风险，基于对应的管理加固建议，并规划可落实的管理方案，在满足数据安全合规的要求下，满足目标，生成《数据安全管理制度》《数据安全管理流程规范》等制度规范文件。
- 数据安全技术建设规划：根据数据安全风险评估所识别的技术类风险，基于对应的技术建议，并规划可落实的技术实现方案，在满足数据安全合规要求下，满足目标，生成《数据安全技术规划方案》。

3）数据安全体系建设：经过充分调研和分析，企业单位内部要建设一套数据安全合规体系，要保护敏感和重要数据。首先要从数据的分类分级，以及采集、处理的合规检测开始做起，从源头区分和把控重点数据及其合规性，并且还要有一套完整的培训方案，提供数据安全培训课程体系，内容包括但不限于数据安全基础知识、数据安全人员意识、数据安全技术知识，数据安全合规要求等课程内容。因此，应用成熟、标准化的数据安全分类分级和合规检测，以及覆盖全生命周期的数据安全管控技术，来实现数据的合规管控与安全防护显得尤为重要。依照国家《保密法》（全称为《中华人民共和国保守国家秘密法》）、《网络安全法》等国家和行业法律规范，从明确需要管控的敏感数据发现和管控违法、违规使用行为入手，并在数据全生命周期（采集、存储、传输、处理、交换、销毁）中对敏感数据进行实时管控，以此形成数据资产管理、安全合规性与泄露防护场景化解决方案。

4）数据合规检查：对标《保密法》等国家保密法律法规，对存储在信息系统服务器区域、云端和大数据平台中的数据库、文件系统、应用系统及终端的涉密信息进行快速、精准的检查和定位，及时发现违规信息和行为。同时对标国标和行标，帮助监管机构及政府和企业依法、有效地开展个人信息、行业敏感数据及违禁传播数据等的合规风险检测。

5）数据管控平台：通过平台化的系统架构，下发策略，审计日志，整合已有的分类分级、合规检测、内容管控、数据脱敏等多项数据安全功能模块和成熟产品，在存储、网络、终端和应用四个维度对数据全生命周期的各个环节形成管控，并通过管控平台对外提供开放性服务接口，解决安全产品下发策略冲突、职责不清等问题。

6）数据泄露防护：可以通过数据库加密实现核心数据加密存储，可以通过数据库防火墙实现批量数据泄漏的网络拦截，实现用户信息系统中数据资产（如涉密信息、个人信息及敏感信息）的智能识别，及其在产生/采集、传输、存储、使用、共享/交换、销毁等生命周期各环节的数据泄露风险管控。

7）数据脱敏系统：发现源数据中的敏感数据，对敏感数据按需进行漂白、变形、遮盖等处理，并最大程度保证脱敏后数据的一致性和业务的关联性，满足数据分析、测试开发、数据共享场景下敏感数据隐私保护需求，可对跨部门、跨系统数据共享，开发、测试、运维、分析、培训调用数据及数据外发等各类场景中涉及的敏感数据，实现智能发现、分类分级、脱敏等功能，实现对数据的安全合规使用。满足相关数据安全规定需求，防止敏感隐私数据在外发流转过程中泄密。

（4）密码合规

《中华人民共和国密码法》已由中华人民共和国第十三届全国人民代表大会常务委员会第十四次会议于2019年10月26日通过，自2020年1月1日起施行。

“密评”全称“密码应用安全性评估”，指对采用商业密码技术、产品和服务集成建设的网络和信息系统密码应用的合规性、正确性、有效性进行评估。

密评是国家法律法规的强制要求。开展密评是国家相关法律法规提出的明确要求，是网络安全运营者的法定责任和义务。

《中华人民共和国密码法》第二十七条提到，法律、行政法规和国家有关规定要求使用密码进行保护的关键信息基础设施的运营者应当使用密码进行保护，自行或者委托密码检测机构开展密码应用安全性评估。

密评工作流程如下。

1）确定评估对象：组织相关单位编制密码应用方案，明确被测范围和系统。

2）开展测评工作：联系并委托密评机构开展系统评估，并且编制密评方案，之后开始现场测评。

密评标准如下。

- （GB/T 39786—2021）《信息安全技术　信息系统密码应用基本要求》。
- （GB/T 0115—2021）《信息系统密码应用测评要求》。
- 《商用密码应用安全性评估测评过程指南（试行）》。

- 《商用密码应用安全性评估管理办法（试行）》。

3）生成密码测评报告：密评机构出具《密码应用评估结果上报材料》。

4）密评结果上报：报密码管理部门审核。

（5）个人信息保护合规

2021 年 11 月 1 日，《中华人民共和国个人信息保护法》正式施行（以下简称《个人信息保护法》），作为个人信息保护领域的基础性法律，统一了个人信息保护和利用规则，体现了国家对个人信息保护力度的不断加强，在该法律的出台的同时，对企业个人信息数据安全合规提出了新的严酷考验。

《个人信息保护法》保障个人知情权决定权。确立了以“告知—同意”为核心的个人信息处理规则，即处理个人信息应当在事先充分告知的前提下取得个人同意，并且个人有权撤回同意；重要事项发生变更的应当重新取得个人同意；不得以个人不同意为由拒绝提供产品或者服务。个人信息处理者的合法利益本身不能构成授权同意之外的合规基础。

在获取数据之前，企业服务商需要区分产品服务的核心功能和附加功能，在考虑是否是提供相关产品和服务的情况下，一定审慎衡量获取的数据类型。

《个人信息保护法》将不满十四周岁未成年人的个人信息列入敏感个人信息。

《个人信息保护法》针对用户“大数据杀熟”等问题，立足于维护广大人民群众的网络空间合法权益，充分汲取了成熟国家标准与行业实践的内容，从算法伦理、数据获取、数据使用、风险评估和日志记录的方面对决策进行了严格规定。

《个人信息保护法》规范个人信息跨境的各种规则，设置专章对个人信息跨境提供的规则进行了全面规范，与《数据安全法》《网络安全法》形成了完善的法律体系衔接。其中在境外司法或执法机构要求提供境内个人信息时需要经过主管机关的批准。

《个人信息保护法》明确了当个人信息权益因个人信息处理受到侵害时，个人信息处理者不能证明自己没有过错的，应当承担损害赔偿等侵权责任。这一规定大大增加了机构方（个人信息处理者）的举证难度和违法成本。

《个人信息保护法》的出台为个人信息保护权益创造了较为完善的法律框架，也为数据安全市场参与者提供了更为具体的合规指引。企业内部数据合规管控和技术体系必须支撑《个人信息保护法》，保证企业的一切获取和使用用户个人数据的合法性才能保证企业不被严厉处罚，企业运营者应当从未来规划和本身业务出发，谨慎评估企业内外部合规需求，建立数据安全体系，合法合规，从而为用户权益的保障和企业的合规经营提供保障，也避免了法律的处罚。

5. 企业安全合规小结

实际上，合规和安全是包含关系。满足合规并不等于安全。合规相当于安全的最基本要求，通过上述各种测评、问题整改、落实等级保护制度可以规避目前已知大部分安全风险。但是，所谓安全是一个动态长久的过程，绝不仅仅是通过安全合规测评就可以一劳永逸的。

随着企业安全合规需求的不断上升，一些企业的网络安全建设的重心转向了如何满足法律法规的监管，企业通过落实等保安全要求，即使能做到系统的安全运行，但依然不能100%保证系统的安全性。

网络攻击和不安全因素随着网络技术的发展，也是日趋严峻和“高明化”，企业安全合规标准和规范也在不断地完善和进步中，2019 年网络安全等级保护规范（等保 2.0）新标准的推出，有效地助力了企业的安全合规。

1.2 等级保护与分级保护的区别

究竟什么是等级保护、什么是分级保护？在网络安全中它们又发挥着怎么样的作用？下面来介绍两者的定义与区别。

1.2.1 等级保护的特点

等级保护即网络安全等级保护，是我国的基本网络安全制度和基本国策，也是一套完整的网络安全管理体系。遵循等级保护相关标准开始安全建设是目前各个企业的普遍要求，也是国家关键信息基础措施保护的基本要求。因为本书主要就是介绍等保 2.0，所以这里不多做叙述。

1.2.2 分级保护的特点

分级保护即国家涉密信息系统分级保护制度，是指按照涉密信息系统所处理国家秘密信息的不同等级，将涉密系统划分为秘密、机密、绝密 3 个等级，分别采取不同程度的技术防护措施和管理模式实施保护。

1.2.3 两者之间的关联与区别

本节来看看等保与分保的区别。

1. 适用对象不同

1）等级保护的重点保护对象是网络和信息系统，**是非涉密系统的安全防护标准。**

2）分级保护是所有涉及国家秘密的信息系统，**是涉密系统的安全防护标准。**

2. 分级不同

1）等级保护分 5 个级别（由低到高）：一级（用户自主保护级）、二级（系统审计保护级）、三级（安全标记保护级）、四级（结构化保护级）、五级（访问验证保护级）。

2）分级保护分 3 个级别（由低到高）：秘密级、机密级、绝密级。

3. 主管部门不同

（1）等级保护

等级保护由公安部门发起，其主管部门及相应管理职责如下。

1）公安机关：等级保护工作的主管部门，负责网络安全等级保护工作的监督、检查、指导。

2）国家保密工作部门、国家密码管理部门：负责等级保护工作中有关保密工作和密码工作的监督、检查、指导，涉及国家秘密信息系统的等级保护监督管理工作。

3）国信办及地方信息化领导小组办事机构：负责等级保护工作部门间的协调。

（2）分级保护

分级保护由国家保密局发起，其主管单位及相应管理职责如下。

1）国家保密局及地方各级保密局：监督、检查、指导。

2）中央和国家机关：主管和指导。

3）建设使用单位：具体实施。

4. 工作内容和测评频率不同

等级保护工作包括系统定级、系统备案、安全建设整改、等级测评和监督检查 5 个环节。

分级保护工作包括系统定级、方案设计、工程实施、系统测评、系统审批、日常管理、测评与检查和系统废止 8 个环节。

（1）等级保护测评频率

第一级信息系统不需要测评；第二级信息系统应每两年至少进行一次等级测评；第三级信息系统应每年至少进行一次等级测评；第四级信息系统应每半年进行一次等级测评；第五级信息系统一般适用于国家重要领域、重要部门中的极端重要系统，应当依据特殊安全需求进行等级测评。

（2）分级保护测评频率

秘密级、机密级信息系统应每两年至少进行一次安全保密测评或保密检查；绝密级信息系统应每年至少进行一次安全保密测评或保密检查。

1.3 等级保护 2.0 的新标准

本节来看一看等保 2.0 相对于等保 1.0 的新标准、新变化。

1.3.1 名称和法律上的变化

网络安全等级保护在名称和法律依据上都有了变化。

1. 名称上的变化

等级保护名称上由等保 1.0［（GB/T 22239—2008）《信息安全技术　信息系统安全等级保护基本要求》］变化为现在的等保 2.0［（GB/T 22239—2019）《信息安全技术　网络安全等级保护基本要求》］。

2. 法律上的变化

公安部于 2017 年 5 月率先发布《信息安全技术　网络安全等级保护定级指南》《信息安全技术　网络安全等级保护基本要求　第 5 部分：工业控制系统安全扩展要求》等 4 个行业标准。

（1）（GA/T 1389—2017）《信息安全技术　网络安全等级保护定级指南》

《信息安全技术　网络安全等级保护基本要求》在原国标《信息安全等级保护定级指南》的基础上细化优化了对客体侵害事项、侵害程度的定义，确定了对基础信息网络、工控系统、云计算平台、物联网、采用移动互联网技术的信息系统、大数据等对象的定级原则，进一步明确了定级过程中的管理要求。

（2）（GA/T 1390. 2—2017）《信息安全技术　网络安全等级保护基本要求　第 2 部分：云计算安全扩展要求》

新国标针对云计算架构的特点，对云计算环境下的虚拟化网络、虚拟机、物理位置、云服务方、云租户等技术要求，以及云服务商选择、云安全审计等安全管理要求进行了更新规定。

（3）（GA/T 1390. 3—2017）《信息安全技术　网络安全等级保护基本要求　第 3 部分：移动互联安全扩展要求》

针对移动互联网系统中移动终端，无线网络要素，新规定明确了无线接入设备的安装选择、无线接入网关处理能力、非授权移动终端接入等技术保护要求，以及针对移动应用这个关键要素，针对应用软件分发运营商选择、移动终端应用，软件恶意代码防范等管理要求进行了规定。

（4）（GA/T 1390. 5—2017）《信息安全技术　网络安全等级保护基本要求　第 5 部分：工业控制系统安全扩展要求》

提出了工控系统安全域保护和划分的主要原则：一方面从网络非必要通信控制、物理提示标志、系统时间戳等技术方面进行了规定；另一方面从工控系统/网络/安全管理员的岗位设置、工控设备的漏洞控制等管理方面进行了规定。

1. 3. 2　定级要求的变化

等保 2. 0 的定级要求重新对部分内容的顺序进行了调整，整体显得更加合理。增加了新的内容和流程，例如扩展了定级的对象，包括基础信息网络、工控系统、云计算平台、物联网、其他信息系统、大数据等；新增加的流程为“定级工作一般流程”，并将旧版本“定级一般流程”更名为“定级方法流程”。

1. 定级要求变化

等级保护定级要求的变化主要体现在第三级的定义和描述上。

（1） 1. 0 要求

第三级信息系统受到破坏后，会对社会秩序和公共利益造成严重损害，或者对国家安全造成损害。1. 0 原标准见表 1-1。

表 1-1　等级保护定级原标准

受侵害的客体	对客体的侵害程度		
	一般损害	严重损害	特别严重损害
公民、法人和其他组织的合法权益	第一级	第二级	第二级
社会秩序、公共利益	第二级	第三级	第四级
国家安全	第三级	第四级	第五级

（2） 2. 0 要求

第三级等级保护对象受到破坏后，会对公民、法人和其他组织的合法权益产生特别严重损害，或者对社会秩序和公共利益造成严重损害，或者对国家安全造成损害。2. 0 新标准见表 1-2。

表 1-2　等级保护定级新标准

受侵害的客体	对客体的侵害程度		
	一般损害	严重损害	特别严重损害
公民、法人和其他组织的合法权益	第一级	第二级	第三级
社会秩序、公共利益	第二级	第三级	第四级
国家安全	第三级	第四级	第五级

在网络安全等级保护 2.0 的定级规范中，将对公民、法人的特别严重损害定义由之前的第二级升为第三级［（GA/T 1389—2017）《信息安全技术　网络安全等级保护定级指南》］。

2. 定级对象变化

等保 2.0 重新对定级对象进行了调整。2.0 定级对象分为基础信息网络、信息系统和其他信息系统。其中信息系统再分为工控系统、物联网、大数据、云计算平台和移动互联网。

（1）1.0 要求

信息系统：一个单位内运行的信息系统可能比较庞大，为了体现重要部分重点保护，有效控制信息安全建设成本，优化信息安全资源配置的等级保护原则，可将较大的信息系统划分为若干个较小的、可能具有不同安全保护等级的定级对象。

（2）2.0 要求

1）工控系统：主要由生产管理层、现场设备层、现场控制层和过程监控层构成，其中生产管理层的定级对象确定原则按照“其他信息系统”中规定的原则执行。现场设备层、现场控制层和过程监控层应作为一个整体对象定级，各层次要素不单独定级。对于大型工控系统，可以根据系统功能、控制对象和生产厂商等因素划分为多个定级对象。

2）物联网：应作为一个整体对象定级，主要包括感知层、网络传输层和处理应用层等要素。

3）采用移动互联网技术的信息系统：等级保护对象应作为一个整体对象定级，主要包括移动终端、移动应用、无线网络以及相关应用系统等。

4）大数据：应将具有统一安全责任单位的大数据作为一个整体对象定级，或将其与责任主体相同的相关支撑平台统一定级。

5）云计算平台：在云计算环境中，应将云服务方侧的云计算平台单独作为定级对象定级，云租户侧的等级保护对象也应作为单独的定级对象定级。对于大型云计算平台，应将云计算基础设施和有关辅助服务系统划分为不同的定级对象。

6）基础信息网络：对于电信网、广播电视传输网、互联网等基础信息网络，应分别依据服务类型、服务地域和安全责任主体等因素将其划分为不同的定级对象。跨省全国性业务专网可作为一个整体对象定级，也可以分区域划分为若干个定级对象。

7）其他信息系统：作为定级对象的其他信息系统应具有如下基本特征。

- 具有确定的主要安全责任单位：作为定级对象的信息系统应能够明确其主要安全责任单位。
- 承载相对独立的业务应用：作为定级对象的信息系统应承载相对独立的业务应用，完成不同业务目标或者支撑不同单位或不同部门职能的多个信息系统应划分为不同的定级对象。

- 具有信息系统的基本要素：作为定级对象的信息系统应该是由相关的和配套的设备、设施按照一定的应用目标和规则组合而成的多资源集合，单一设备（如服务器、终端、网络设备等）不单独定级。

1.3.3 扩展保护对象

关于扩展保护对象的变化和升级如图1-6所示，也可将其称为安全保护对象，定义上更精确，内容上也更好理解，并且贴切实际。

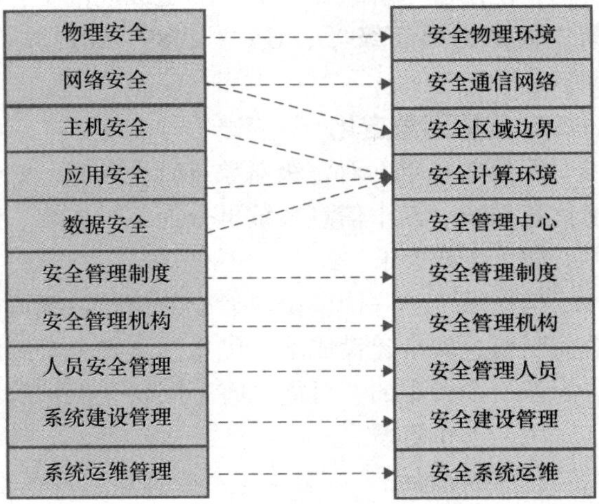

测评周期方面，等保2.0要求三级以上系统每年开展一次测评，修改了原先四级系统每半年进行一次等保测评的要求。测评结果则要求达到70~75分才算基本符合。

安全控制要求的部分条款被合并，部分条款被删除，同时也有部分新增要求，整体数量有所降低。

● 图1-6 扩展保护对象定义变化

总体安全要求数量对比如下。

1）等保1.0总体控制要求291项。

2）等保2.0总体控制要求229项（数量有所降低）。

1.3.4 等保2.0整体内容上的变化

整体内容上，等保2.0对过于细节内容进行精炼或合并，对部分要求进行了删减，同时也新增了部分要求。

（1）相对于等保1.0，等保2.0适用范围更广

等保2.0将“信息系统安全”的概念扩展到了“网络安全”，与《网络安全法》保持一致。网络就是通信线路和通信设备将分布在不同地点的具有独立功能的多个计算机系统互相连接起来，在网络软件的支持下实现彼此之间的数据通信和资源共享的系统。

（2）重视程度更高

首先，从主管部门来看，等保1.0的相关工作主要由中华人民共和国公安部、国家保密局、国家密码管理局以及国务院信息化工作办公室（已撤销）等部门负责监督、检查、指导。而等保2.0在进一步明确上述部门职责的基础上，还安排了中央网络安全和信息化领导机构统一领导网络安全等级保护工作，同时，由国家网信部门负责网络安全等级保护工作的统筹协调；其次，《等级保护条例》还引入了网络安全约谈制度，即“省级以上人民政府公安部门、保密行政管理部门、密码管理部门在履行网络安全等级保护监督管理职责中，发现网络存在较大安全风险隐患或者发生安全事件的，可以约谈网络运营者的法定代表人、主要

负责人及其行业主管部门”（第六十二条）。

（3）要求更高、更全面

尽管等保 1.0 和等保 2.0 都采用了 5 级定级的标准，但划分标准却不尽相同。同时，相比等保 1.0，等保 2.0 的要求更加全面细致，这对企业来说也就意味着更多的责任与更高的标准。

（4）包含对象的变化

等保 1.0 主要针对体制内的单位，参加测评的大部分都是一些计算机信息系统，“等保 1.0”不仅缺乏对一些新技术和新应用的等级保护规范，如云计算、大数据和移动互联网等，而且风险评估、安全监测和通报预警等工作体系也不够完善。等保 2.0 适应了新技术的发展，解决了云计算、物联网、移动互联网和工控领域信息系统的等级保护工作的需要。

（5）工作内涵的变化

等保 2.0 不仅进一步明确定级、备案、安全建设、等级测评、监督检查等 1.0 时代的规定动作，最主要的是把安全检测、通报预警、案/事件调查等措施都全部纳入等级保护制度并加以实施。

1.3.5 等保 2.0 云计算扩展合规要求分析

1. 云计算平台架构

等保 2.0 针对云计算、移动互联网、物联网、工控系统和大数据共 5 个技术领域提出了安全扩展要求。云计算安全扩展要求对云计算环境主要增加的控制点包括“基础设施的位置”“虚拟化安全保护”“镜像和快照保护”“云服务商选择”“供应链管理”“云计算环境管理”等方面。

云计算平台由设施、硬件、资源抽象控制层、虚拟化计算资源、软件平台和应用软件等组成。云计算服务模式包括软件即服务（SaaS）、平台即服务（PaaS）、基础设施即服务（IaaS），在不同的服务模式中，云服务商和云服务客户对计算资源拥有不同的控制范围，控制范围则决定了安全责任的边界。

传统信息系统保护对象和新架构云计算平台是有差异的，表 1-3 所示是云计算系统与传统信息系统等级保护对象的差异。

表 1-3 云计算系统与传统信息系统等级保护对象差异

等保 2.0 层面	云计算系统保护对象	传统信息系统保护对象
物理和环境安全	机房及基础设施	机房及基础设施
网络和通信安全	网络结构、网络设备、安全设备、综合网管系统、虚拟化网络结构、虚拟网络设备、虚拟安全设备、虚拟机监视器、云管理平台	传统的网络设备、传统的安全设备和网络结构以及综合网管系统
设备和计算安全	主机、数据库管理系统、终端、网络设备、安全设备、虚拟网络设备、虚拟安全设备、物理机、宿主机、虚拟机、虚拟机监视器、云管理平台、网络策略控制器	传统主机、数据库管理系统、终端、中间件、网络设备、安全设备

（续）

等保 2.0 层面	云计算系统保护对象	传统信息系统保护对象
应用和数据安全	应用系统、云应用开发平台、中间件、配置文件、业务数据、用户隐私、鉴别信息、云应用开发平台、云计算服务对外接口、云管理平台、镜像文件、快照、数据存储设备、数据库服务器	应用系统、中间件、配置文件、业务数据、用户隐私、鉴别信息等
安全管理机构和人员	信息安全主管、相关文档	信息安全主管、相关文档
安全建设管理	云计算平台、供应商管理过程、相关文档、相关资质、相关检测报告等	记录表单类文档
安全运维管理	安全管理员、相关文档、运维设备、云计算平台、第三方审计结果	系统管理员、网络管理员、数据库管理员、安全管理员、运维负责人、相关文档

2. 不同角色的责任划分

（1）IaaS 模式

对于 IaaS 模式，云服务商的责任对象主要包括基础架构层硬件、虚拟机的安全防护；云租户的责任对象主要包括操作系统、中间件、业务应用和数据的安全防护。

（2）PaaS 模式

对于 PaaS 模式，云服务商的责任对象主要包括基础架构层硬件、虚拟化及云服务层、虚拟机、数据库的安全防护；云租户的责任对象主要包括软件开发平台中应用的安全防护。

（3）SaaS 模式

对于 SaaS 模式，云租户仅需关心与业务应用相关的应用职责和使用职责，如安全配置、用户访问、用户账户、数据安全的防护；云服务商的责任对象包括基础架构层硬件、虚拟化及操作系统、数据库、中间件、业务应用的安全防护。图 1-7 所示为不同角色的责任划分。

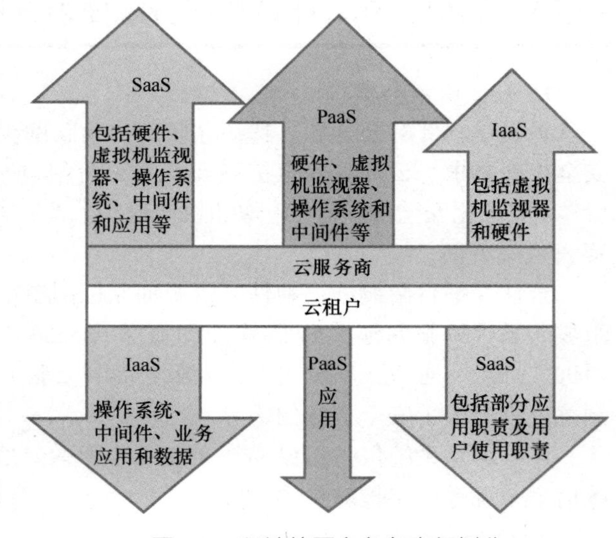

● 图 1-7　云计算平台角色责任划分

1.3.6　等保 2.0 移动互联扩展合规要求分析

移动互联企业是以应用为核心的。随着移动互联网的发展，各种移动应用早就已经与生活的吃穿住行息息相关。移动终端的安全问题逐渐成为用户关注的焦点。

采用移动互联技术的等级保护对象其移动互联部分由移动终端、移动应用和无线网络 3 部分组成，移动终端通过无线通道连接无线设备接入，无线接入网关通过访问控制策略限制移动终端的访问行为（见图 1-8），后台的移动终端管理系统负责对移动终端的管理，包括向客户端软件发送移动设备管理、移动应用管理和移动内容管理策略等。本标准的移动互联安全扩展要求主要针对移动终端、移动应用和无线网络部分提出特殊安全要求，与安全通用要求一起构成对采用移动互联技术的等级保护对象的完整安全要求。

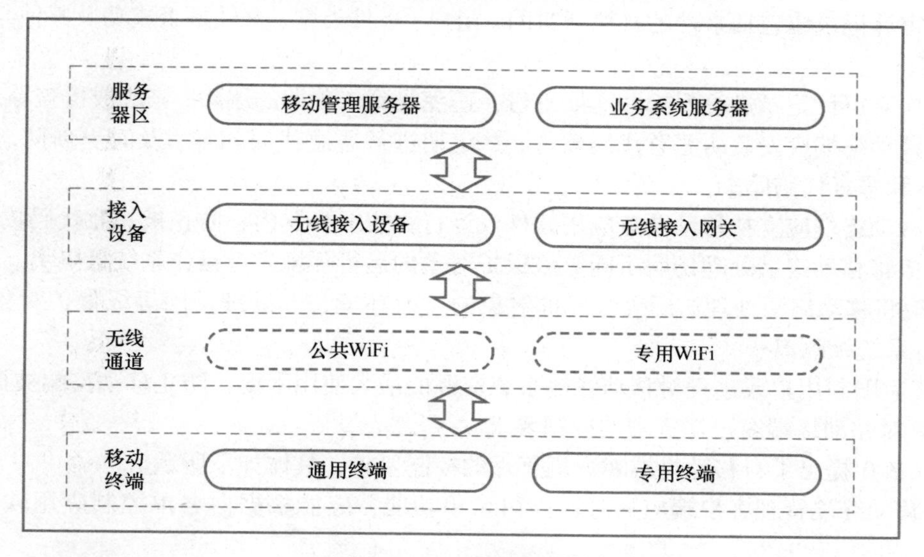

● 图 1-8 移动互联应用架构

移动互联网的迅猛发展带来的网络安全问题日益突出，如何对采用移动互联技术的等级保护对象进行定级和有效防护，是等保 2.0 体系的重要课题。

1. 定级

移动互联技术的等级保护对象应作为一个整体对象定级，移动终端、移动应用和无线网络等要素不单独定级，与采用移动互联技术等级保护对象的应用环境和应用对象也要一起定级。

与传统等级保护对象相比，移动互联安全扩展要求是针对采用移动互联技术的等级保护对象的移动互联部分提出的保护要求。

移动终端的接入方式有多种，可以远程通过运营商 5G 基站或公共 WiFi 接入等级保护对象，也可以通过本地无线 WiFi 设备接入等级保护对象。由于移动终端的便携性，人们总是把它们带到公共场合去使用，导致设备更容易丢失，也更容易造成信息泄露、数据丢失等情况发生。

移动互联技术等级保护对象中突出了 3 个关键要素：移动终端、无线网络和移动应用。因此在传统设备等级保护防护要点的基础上，重点针对移动终端、移动应用和无线网络在物理和环境安全、网络和通信安全、设备和计算安全、应用和数据安全 4 个技术层面进行扩展联合保护。

2. 移动终端

（1）对移动终端自身安全、移动终端运行环境及应用管理的控制要求

等保 2.0 提出了对移动终端自身安全、移动终端运行环境以及应用管理的控制要求，具体如下所示。

1）应对移动终端用户登录、移动终端管理系统登录及其他系统级应用登录进行身份

鉴别。

2）移动终端应具有登录失败处理功能，应配置并启用限制非法登录次数等措施。

3）应启用移动终端安全审计功能，对终端用户重要操作及软件行为进行审计。

4）审计记录应包括事件的日期和时间、用户、事件类型、事件是否成功及其他与审计相关的信息。

5）应对审计记录进行保护并定期备份，避免受到未预期的删除、修改或覆盖等。

6）移动终端应安装防恶意代码软件，并定期进行恶意代码扫描，及时更新防恶意代码软件版本和恶意代码库。

7）移动终端应支持移动业务应用软件仅运行在安全容器内，防止被恶意代码攻击。

8）应将移动终端处理访问不同等级保护对象的运行环境进行操作系统级隔离。

9）应将移动终端处理访问等级保护对象的运行环境与非处理访问等级保护对象的运行环境进行系统级隔离。

10）应限制用户或进程对移动终端系统资源的最大使用限度，防止移动终端被提权。

（2）对移动终端客户端管理的控制要求

等保 2.0 提出了对移动终端客户端管理的控制要求，具体如下所示。

1）移动终端管理客户端应具有软件白名单功能，应能根据白名单控制应用软件安装、运行。

2）移动终端管理客户端应具有应用软件权限控制功能，应能控制应用软件对移动终端中资源的访问。

3）移动终端管理客户端应只允许等级保护对象管理者指定证书签名的应用软件安装和运行。

4）移动终端管理客户端应具有接受移动终端管理服务端推送的移动应用软件管理策略，并根据该策略对软件实施管控的能力。

5）应保证移动终端只用于处理与等级保护对象相关业务。

6）应保证移动终端安装、注册并运行终端管理客户端软件。

7）移动终端应接受等级保护对象移动终端管理服务端的设备生命周期管理、设备远程控制、设备安全管控。

8）等保 2.0 增加了应用管控、移动终端管控的要求。

3. 无线网络

关于无线网络，等保 2.0 要求如下。

1）应保证无线接入网关的处理能力满足业务高峰期需要。

2）应保证无线接入设备的带宽满足业务高峰期需要。

3）无线接入设备应开启接入认证功能，并支持采用认证服务器或国产算法进行加密。

4）应在有线网络与无线网络边界根据访问控制策略设置访问控制规则，默认情况下，除允许通信外，受控接口拒绝所有通信。

5）应对来自移动终端的数据流量、数据包和协议等进行检查，以允许/拒绝数据包通过。

6）应在无线接入网关上对进出无线网络的数据进行内容过滤。

7）应能够检测、记录、定位非授权无线接入设备。

8）应能够对非授权移动终端接入的行为进行检测、记录、定位。

9）应具备对针对无线接入设备的网络扫描、DoS 攻击、密钥破解、中间人攻击和欺骗攻击等行为进行检测、记录、分析定位。

10）应能发现系统移动终端、无线接入设备、无线接入网关设备可能存在的漏洞，并在经过充分测试评估后及时修补漏洞。

11）应禁用使无线接入设备和无线接入网关存在风险的功能，如 SSID 广播、WEP 认证等。

等保 2.0 增加了网络设备防护、无线通信保密性的要求，并且提出了对无线网络设备在无线设备接入、无线设备自身安全、通信安全、网络边界安全的安全要求。

4. 移动应用

关于移动应用，等保 2.0 要求如下。

1）使用口令登录时，应强制用户首次登录时修改初始口令，对用户的鉴别信息进行复杂度检查。

2）用户身份鉴别信息丢失或失效时，应采用鉴别信息重置或其他技术措施保证系统安全。

3）移动应用软件应对登录的用户进行身份标识和鉴别，身份标识具有唯一性，鉴别信息具有复杂度要求。

4）移动应用软件应提供并启用登录失败处理功能，多次登录失败后应采取必要的保护措施。

5）应对同一用户采用两种或两种以上组合的鉴别技术实现用户身份鉴别。

6）移动应用软件应采用密码技术保证通信过程中数据的完整性。

7）移动应用软件应采用校验技术或密码技术保证重要数据存储时的完整性，并在检测到完整性错误时采取必要的恢复措施。

8）移动应用软件应采用校验技术保证代码的完整性。

9）移动应用软件应采用密码技术保证重要数据在本地存储时的保密性。

10）应确保移动应用软件之间的重要数据不被互操作。

11）应确保移动应用软件数据文件所在的存储空间，被释放或重新分配前可得到完全清除。

12）移动应用软件应对通信过程中的敏感信息字段或整个报文进行密码加密。

13）应保证等级保护对象业务移动应用软件开发后上线前经专业测评机构安全检测。

等保 2.0 在移动应用方面增加了 App 审核与检测的要求。提出了对移动 App 应用系统自身安全、代码完整性、加密等的控制要求。

1.3.7　等保 2.0 物联网扩展合规要求分析

1. 物联网安全扩展要求

见表 1-4，在等保 2.0 的要求中，物联网安全扩展要求是从安全计算环境、安全物理环境、安全区域边界和安全运维管理 4 个方面进行描述的。

表 1-4　物联网安全扩展要求（二级、三级示例）

			等保 2.0 二级要求	等保 2.0 三级要求
等保 2.0 物联网安全扩展要求	安全物理环境	感知节点的物理防护	感知节点设备所处的物理环境应不对感知节点设备造成物理破坏，如挤压、强振动	感知节点设备所处的物理环境应不对感知节点设备造成物理破坏，如挤压、强振动
			感知节点设备在工作状态所处物理环境应能正确反映环境状态（如温湿度传感器不能安装在阳光直射区域）	感知节点设备在工作状态所处物理环境应能正确反映环境状态（如温湿度传感器不能安装在阳光直射区域）
				感知节点设备在工作状态所处物理环境应不对感知节点设备的正常工作造成影响，如强干扰、阻挡屏蔽等
				关键感知节点设备应具有可供长时间工作的电力供应（关键网关节点设备应具有持久稳定的电力供应能力）
	安全区域边界	接入控制	应保证只有授权的感知节点可以接入	应保证只有授权的感知节点可以接入
		入侵防范	应能够限制与感知节点通信的目标地址，以避免对陌生地址的攻击行为	应能够限制与感知节点通信的目标地址，以避免对陌生地址的攻击行为
			应能够限制与网关节点通信的目标地址，以避免对陌生地址的攻击行为	应能够限制与网关节点通信的目标地址，以避免对陌生地址的攻击行为
	安全计算环境	感知节点设备安全		应保证只有授权的用户可以对感知节点设备上的软件应用进行配置或变更
				应具有对其连接的网关节点设备（包括读卡器）进行身份标识和鉴别的能力
				应具有对其连接的其他感知节点设备（包括路由节点）进行身份标识和鉴别的能力
		感知网关节点设备安全		应具备对合法连接设备（包括终端节点、路由节点、数据处理中心）进行标识和鉴别的能力
				应具备过滤非法节点和伪造节点所发送数据的能力
				授权用户应能够在设备使用过程中对关键密钥进行在线更新
				授权用户应能够在设备使用过程中对关键配置参数进行在线更新
		抗数据重放		应能够鉴别数据的新鲜性，避免历史数据的重放攻击
				应能够鉴别历史数据的非法修改，避免数据的修改重放攻击

（续）

			等保 2.0 二级要求	等保 2.0 三级要求
等保 2.0 物联网安全扩展要求	安全计算环境	数据融合处理		应对来自传感网的数据进行数据融合处理，使不同种类的数据可以在同一个平台被使用
	安全运维管理	感知节点管理	应指定人员定期巡视感知节点设备、网关节点设备的部署环境，对可能影响感知节点设备、网关节点设备正常工作的环境异常进行记录和维护	应指定人员定期巡视感知节点设备、网关节点设备的部署环境，对可能影响感知节点设备、网关节点设备正常工作的环境异常进行记录和维护
			应对感知节点设备及网关节点设备入库、存储、部署、携带、维修、丢失和报废等过程做出明确规定，并进行全程管理	应对感知节点设备及网关节点设备入库、存储、部署、携带、维修、丢失和报废等过程做出明确规定，并进行全程管理
				应加强对感知节点设备、网关节点设备部署环境的保密性管理，包括负责检查和维护的人员调离工作岗位应立即交还相关检查工具和检查维护记录等

2. 扩展要求分析与总结

物联网安全扩展要求针对物联网的特点提出特殊保护要求。对物联网环境主要增加的内容包括“感知节点的物理防护”“感知节点设备安全”“感知网关节点设备安全”“感知节点的管理”和“数据融合处理”等方面。

物联网通常从架构上可分为 3 个逻辑层，即感知层、网络传输层和处理应用层，如图 1-9 所示。

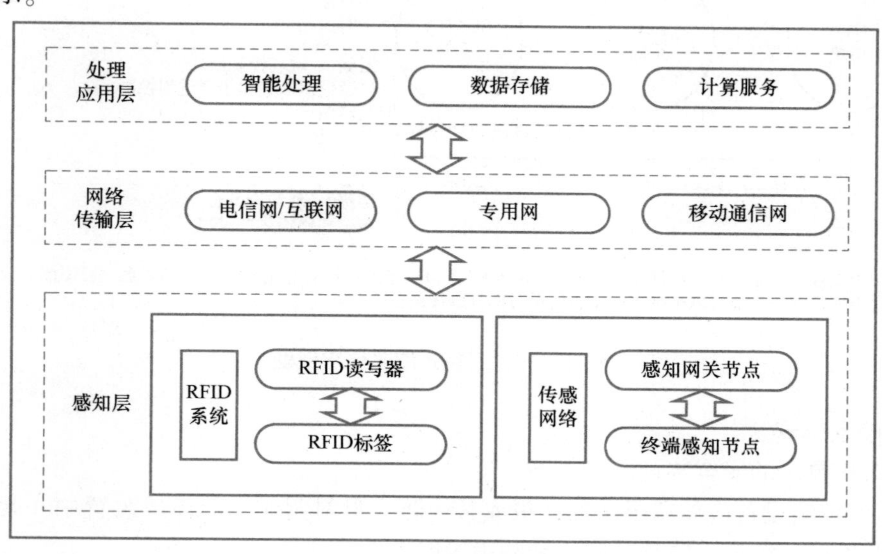

● 图 1-9　物联网架构

要构建安全的物联网架构特点打造高效的安全体系。可以通过代理防火墙和过滤防火墙来保护物联网网络信息的安全，也可以在处理应用层和网络传输层采用认证机制，在传输的过程中采用加密机制，在感知层上加强安全控制与节点认证，加强入侵监测与安全路由等措施的实现，在未来更好地保障物联网的安全。

1.3.8　工控扩展要求分析

工控系统安全扩展要求针对工控系统的特点提出特殊保护要求。对工控系统主要增加的内容包括“室外控制设备防护”“工控系统网络架构安全”“拨号使用控制”“无线使用控制”和“控制设备安全”等方面。工业控制系统多层次模型如图 1-10 所示。

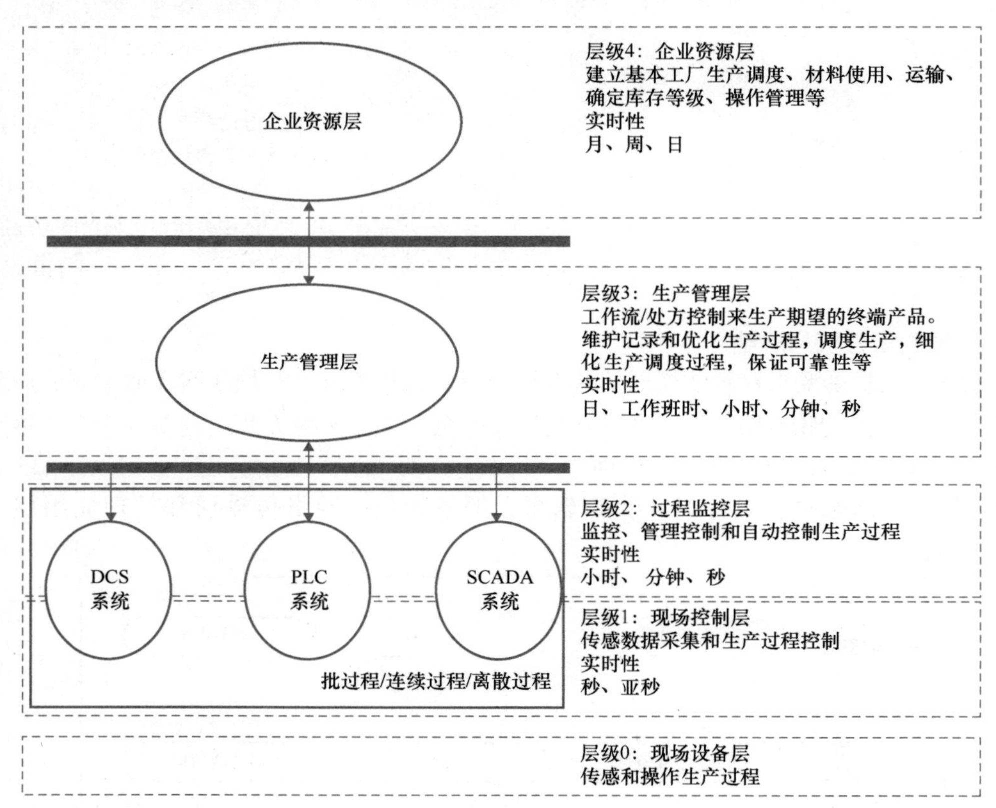

● 图 1-10　工控系统多层次模型

1. 工控系统安全

等保 2.0 要求的安全物理环境如下。

1）室外控制设备应放置于采用铁板或其他防火材料制作的箱体或装置中并紧固；箱体或装置具有透风、散热、防盗、防雨和防火等能力。

2）室外控制设备放置应远离强电磁干扰、强热源等环境，如无法避免应及时做好应急处置及检修，保证设备正常运行。

等保 2.0 扩展要求针对工控系统的特殊性提出室外控制设备防护相关要求，由于工业应用场景有多样性，所以室外环境安装设备的情况场景较多，本要求充分考虑了工控系统的特殊性，针对室外设备的物理环境安全做了扩展要求和说明。

2. 安全通信网络（工控系统网络架构安全）

等保 2.0 要求的工控系统网络架构安全如下。

1）工控系统与企业其他系统之间应划分为两个区域，区域间应采用单向的技术隔离手段。

2）工控系统内部应根据业务特点划分为不同的安全域，安全域之间应采用技术隔离手段。

涉及实时控制和数据传输的工控系统，应使用独立的网络设备组网，在物理层面上实现与其他数据网及外部公共信息网的安全隔离。

等保 2.0 扩展要求分区域，如工业行业安全区域划分为生产控制区和管理信息区，生产控制区分为控制区和非控制区。工控系统与其他区域通过使用隔离技术，工控系统内部不同业务之间采用相应技术隔离手段，工控网络边界安全防护设备包括工业防火墙。在不同网络边界之间部署边界安全防护设备，实现安全访问控制，阻断非法网络访问，严格禁止没有防护的工控网络与互联网连接。

3. 拨号使用控制

关于拨号使用控制，等保 2.0 要求如下。

1）工控系统确需使用拨号访问服务的，应限制具有拨号访问权限的用户数量，并采取用户身份鉴别和访问控制等措施。

2）拨号服务器和客户端均应使用经安全加固的操作系统，并采取数字证书认证、传输加密和访问控制等措施。

等保 2.0 要求通过部署在拨号服务器和客户端上可采用工控白名单系统进行操作系统安全加固。

关于工控运维审计类产品，在工控系统访问中采用多种身份鉴别机制，限制用户的数量和访问权限。

4. 无线使用控制

关于无线使用控制，等保 2.0 要求如下。

1）应对所有参与无线通信的用户（人员、软件进程或者设备）提供唯一性标识和鉴别。

2）应对所有参与无线通信的用户（人员、软件进程或者设备）进行授权以及执行使用进行限制。

3）应对无线通信采取传输加密的安全措施，实现传输报文的机密性保护。

4）对采用无线通信技术进行控制的工控系统，应能识别其物理环境中发射的未经授权的无线设备，报告未经授权试图接入或干扰控制系统的行为。

等保 2.0 要求对无线连接用户（包括人员设备）的授权使用进行一定限制。在传输上加密报文等机密性保护，部署安全准入系统可以实现无线通信的用户认证、授权及审计行为。

5. 控制设备安全

关于控制设备安全，等保 2.0 要求如下。

1）控制设备自身应实现相应级别安全通用要求提出的身份鉴别、访问控制和安全审计等安全要求，如受条件限制导致控制设备无法实现上述要求，应由其上位控制或管理设备实现同等功能或通过管理手段控制。

2）应在经过充分测试评估后，在不影响系统安全稳定运行的情况下对控制设备进行补丁更新、固件更新等工作。

3）应关闭或拆除控制设备的软盘驱动、光盘驱动、USB 接口、串行口或多余网口等，确需保留的应通过相关的技术措施实施严格的监控管理。

4）应使用专用设备和专用软件对控制设备进行更新。

5）应保证控制设备在上线前经过安全性检测，避免控制设备固件中存在恶意代码程序。

等保 2.0 要求如控制设备自身无法满足身份鉴别、访问控制和安全审计等要求，可以通过上位控制或管理设备、白名单等产品实现相应工业安全控制。

使用工控设备上线前应事先进行测试与验证。验证和测试内容要避免控制设备固件中存在恶意代码程序。

1.4 等级保护 2.0 的测评流程

上一节比较详细地介绍了等保 2.0 和等保 1.0 的不同之处以及升级点，对于从业多年特别是经历过等保 1.0 的从业者而言，了解等保 2.0 相对于等保 1.0 的新要求和不同之处很重要，可以避免很多传统思维和传统认知带来的旧方法和旧思想。本节系统介绍等保 2.0 的整体测评流程。

等保 2.0 有 5 个运行步骤：定级与备案、差距分析、整改建设、等级测评和监督检查，如图 1-11 所示。

1）确定信息系统的安全防护等级，形成定级报告。

2）第二级以上（含第二级）的系统到当地公安机关网监部门进行备案。

3）参照信息系统当前等级要求和标准，对信息系统进行安全整改。

4）具备测评资质的测评机构对信息系统进行等级测评，形成正式的测评报告。

5）公安机关定级展开监督检查。

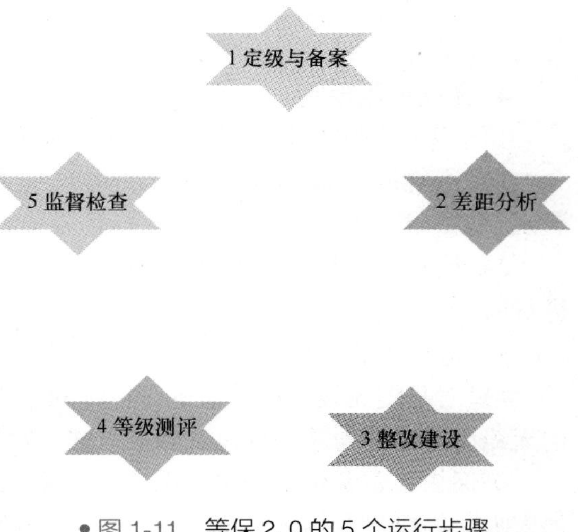

● 图 1-11　等保 2.0 的 5 个运行步骤

在开展网络安全等级保护工作中应首先明确等级保护对象，等级保护对象包括通信网络设施、信息系统（包含采用移动互联等技术的系统）、云计算平台/系统、大数据平台/系统、物联网、工控系统等；确定了等级保护对象的安全保护等级后，应根据不同对象的安全保护等级完成安全建设或安全整改工作；应针对等级保护对象特点建立安全技术体系和安全管理体系，构建具备相应等级安全保护能力的网络安全综合防御体系；应依据国家网络安全等级保护政策和标准，开展组织管理、机制建设、安全规划、安全监测、通报预警、应急处置、态势感知、能力建设、监督检查、技术检测、安全可控、队伍建设、教育培训和经费保障等工作。等级保护安全框架如图 1-12 所示。

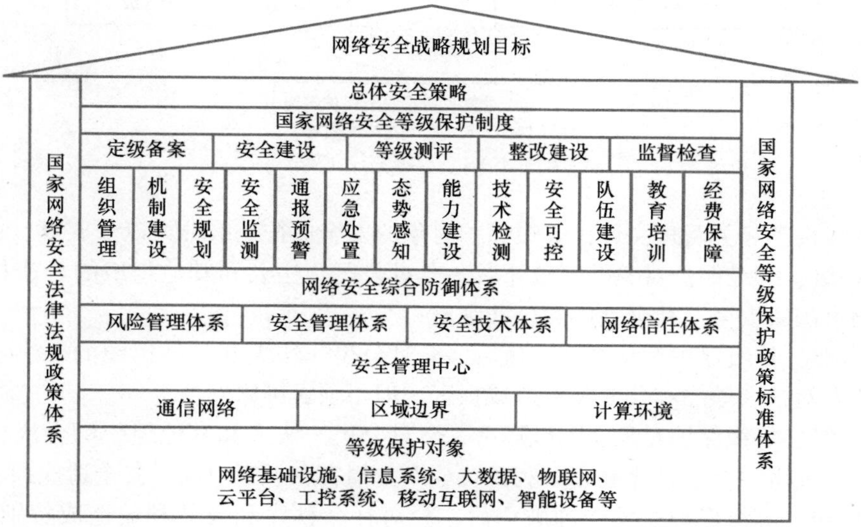

网络安全战略规划目标
国家网络安全法律法规政策体系
总体安全策略
国家网络安全等级保护制度
定级备案　安全建设　等级测评　整改建设　监督检查
组织管理　机制建设　安全规划　安全监测　通报预警　应急处置　态势感知　能力建设　技术检测　安全可控　队伍建设　教育培训　经费保障
网络安全综合防御体系
风险管理体系　安全管理体系　安全技术体系　网络信任体系
安全管理中心
通信网络　区域边界　计算环境
等级保护对象
网络基础设施、信息系统、大数据、物联网、
云平台、工控系统、移动互联网、智能设备等
国家网络安全等级保护政策标准体系

● 图 1-12　等级保护安全框架［来自（GB/T 22239—2019）《信息安全技术　网络安全等级保护基本要求》］

本节先简要介绍等保 2.0 的 5 个步骤流程，接下来的 1.4.1 节和 1.4.2 节分别对定级备案和整改建设流程展开详述，在后续会对其他步骤流程有详细阐述。

1.4.1　定级与备案

在等保测评开始之前，最先就是需要确定等级，这也是等保流程的第一步。

1. 定级流程

按如下步骤来开展定级流程。

1）确定信息系统的个数、每个信息系统的等保级别、信息系统的资产数量（主机、网络设备、安全设备等）、机房的模式（自建、云平台、托管等）。

2）对每个目标系统，按照《信息系统定级指南》的要求和标准，分别进行等级保护的定级工作，填写《系统定级报告》《系统基础信息调研表》（每个系统一套）。

3）对所定级的系统进行专家评审（二级系统也需要专家评审）。

4）向属地公安机关网监部门提交《系统定级报告》《系统基础信息调研表》和信息系统其他系统定级与备案证明材料，获取《信息系统等级保护定级与备案证明》（每个系统一份），完成系统定级与备案阶段工作，如图 1-13 所示。

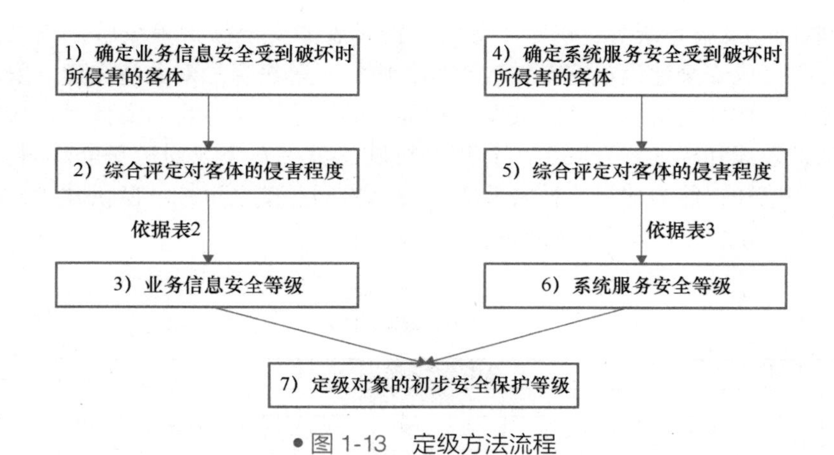

● 图 1-13　定级方法流程

根据等级保护相关管理文件，等级保护对象的安全保护等级分为以下五级。

1）第一级，等级保护对象受到破坏后，会对公民、法人和其他组织的合法权益造成损害，但不损害国家安全、社会秩序和公共利益。

2）第二级，等级保护对象受到破坏后，会对公民、法人和其他组织的合法权益产生严重损害，或者对社会秩序和公共利益造成损害，但不损害国家安全。

3）第三级，等级保护对象受到破坏后，会对公民、法人和其他组织的合法权益产生特别严重损害，或者对社会秩序和公共利益造成严重损害，或者对国家安全造成损害。

4）第四级，等级保护对象受到破坏后，会对社会秩序和公共利益造成特别严重损害，或者对国家安全造成严重损害。

5）第五级，等级保护对象受到破坏后，会对国家安全造成特别严重损害。

业务信息安全被破坏时相对客体的侵害程度体现在业务信息安全保护等级矩阵表中，如图 1-14 所示。

2. 备案流程

接下来了解一下备案流程。

根据系统所在行业及业务情况，由相关专家进行定级，级别越高则系统的安全性也越高，常见的系统就是二级或者三级，二级系统一般情况下指的是没有交易、客户信息、机密信息的系统，单纯的宣传网站、内部的办公系统都在此类。三级系统一般情况下是指涉及用户信息、金融交易、企业机密信息，一旦泄露对社会造成损害的系统。

安全机构会协助用户填写定级与备案材料，填写完成后，用户送到网监部门进行备案，通过审核后可以获得电子版的备案证明材料。

3. 建设咨询

接下来依据确定的系统等级标准，选定等保测评机构，对目标系统开展等级保护测评工作（具体测评流程见下文，实际工作中，可能需要一开始就要选定测评机构）。

（1）测评准备活动阶段

首先，被测评单位在选定测评机构后，双方签订《测评服务合同》，合同中需要对项目范围、项目内容、项目周期、项目实施方案、项目人员、项目验收标准、付款方式、违约条款等内容逐一进行约定。

根据业务信息安全被破坏时所侵害的客体以及对相应客体的侵害程度，依据表2业务信息安全保护等级矩阵表，即可得到业务信息安全保护等级。

表2 业务信息安全保护等级矩阵表

业务信息安全被破坏时所侵害的客体	对相应客体的侵害程度		
	一般损害	严重损害	特别严重损害
公民、法人和其他组织的合法权益	第一级	第二级	第三级
社会秩序、公共利益	第二级	第三级	第四级
国家安全	第三级	第四级	第五级

根据系统服务安全被破坏时所侵害的客体以及对相应客体的侵害程度，依据表3系统服务安全保护等级矩阵表，即可得到系统服务安全保护等级。

表3 系统服务安全保护等级矩阵表

系统服务安全被破坏时所侵害的客体	对相应客体的侵害程度		
	一般损害	严重损害	特别严重损害
公民、法人和其他组织的合法权益	第一级	第二级	第三级
社会秩序、公共利益	第二级	第三级	第四级
国家安全	第三级	第四级	第五级

定级对象的安全保护等级由业务信息安全保护等级和系统服务安全保护等级的较高者决定。

● 图 1-14 定级矩阵表［来自（GA/T 1389—2017）《信息安全技术 网络安全等级保护定级指南》］

同时，测评机构应签署《保密协议》。《保密协议》一般分两种：一种是测评机构与被测单位（公对公）签署，约定测评机构在测评过程中的保密责任；还有一种是测评机构项目组成员与被测单位之间签署，此种情况较少。

项目启动会后测评方开展调研，通过填写《信息系统基本情况调查表》，掌握被测系统的详细情况，为编制测评方案做好准备。

（2）测评方案编制阶段

该阶段的主要任务是确定与被测信息系统相适应的测评对象、测评指标及测评内容等，并根据需要重用或开发测评实施手册，形成测评方案。方案编制活动为现场测评提供最基本的文档依据和指导方案。

对用户的系统、机房、安全设备情况进行初步了解，判断用户的安全设备、机房环境、系统安全程度是否符合等保要求，如不符合，则需要进行相应的整改，如符合可以进行测评。

以上提到的文档、合同、协议在后续章节会有详细介绍。

1.4.2 整改建设

本节主要介绍等保 2.0 定级与备案后整改建设、验收复测评估、出具测评报告以及等保备案证明兑换的一系列大体流程和注意事项（具体细节后续章节会有详细解析）。

1. 整改建设

关于整改建设的流程和注意事项如下。

主要根据测评机构出具的差距测评报告和整改建议进行整改，此阶段主要由备案单位实施，测评机构协助，客户可以根据自身的实际情况，把整改分为短期、中期、长期。

测评机构执行，测评人员协助完成，出具《差距性分析》或《整改问题汇总》。用户根据测评机构的差距报告对系统不满足等保要求项进行整改。

后续章节中，将详细展开建设项目分析。

2. 验收复测评估（等级测评）

在验收测评阶段，测评流程与之前的流程相同，主要是检查整改的效果。

根据整改结果进行二次测评，使系统、机房环境、安全设备等满足等保要求，顺利通过测评。测评过程重点依据《信息系统安全等级保护基本要求》《信息系统安全等级保护测评要求》等相关规定标准来进行，基本要求中网络安全的控制点与要求项会在下面的章节详细展开分析。

3. 出具测评报告

测评机构完成测评以后会出具合格的《测评报告》。

完成等级测评工作，获得《测评报告》（每个系统一份）后，将其提交网监部门进行备案。

结合《测评报告》整体情况，针对报告提出的待整改项制定本单位下一年度的“等级保护工作计划”，并依照计划推进下一阶段的信息安全工作。

4. 等保备案证明兑换

在等保测评完成后，用户可以持《测评报告》及其他相应材料去网监部门更换备案证明，至此等保测评完成。

第2章 信息安全法律法规及标准规范

等级保护2.0时代，网络安全等级保护和数据安全合规都是上升到法律的层次。本章主要介绍了网络信息安全法规法律及标准规范。分别介绍网络安全等级保护和数据安全合规的法律法规引用，以及运行维护和其他标准的引用。

目前，我国以《中华人民共和国网络安全法》为核心的法律法规和政策标准体系框架已基本建立。今天给大家分享的主要是与网络安全等级保护相关的政策法律法规体系。这是关于等级保护2.0标准的解读。

不止《中华人民共和国网络安全法》，我国在《中华人民共和国国家安全法》（简称《国家安全法》）第二十五条中也规定了国家要建设网络与信息安全保障体系的法律条例保障国家安全。

《中华人民共和国网络安全法》第二十一条规定，国家实行网络安全等级保护制度。网络运营者应当按照网络安全等级保护制度的要求，履行下列安全保护义务，保障网络免受干扰、破坏或者未经授权的访问，防止网络数据泄露或者被窃取、篡改。

《中华人民共和国国家安全法》第二十五条规定，国家建设网络与信息安全保障体系，提升网络与信息安全保护能力，加强网络和信息技术的创新研究和开发应用，实现网络和信息核心技术、关键基础设施和重要领域信息系统及数据的安全可控。

2.1 网络安全法律政策体系

有关网络安全政策法律法规体系如下。

1）《中华人民共和国计算机信息系统安全保护条例》（国务院147号令）。

2）《关于信息安全等级保护工作的实施意见》（公通字［2004］66号）。

3）《信息安全等级保护管理办法》（公通字［2007］43号）。

4）《信息安全等级保护备案实施细则》（公信安［2007］1360号）。

5）《公安机关信息安全等级保护检查工作规范》（公信安［2008］736号）。

6）《网络安全等级保护条例》（征求意见稿）。

7）《中华人民共和国网络安全法》，2017年6月1日执行。

8）《中华人民共和国密码法》，2020年1月1日执行。

9）《关键信息基础设施安全保护条例》，2021年9月1日施行。

10）《商用密码管理条例》（国务院273号令）。

11）《中华人民共和国数据安全法》，2021年9月1日执行。

12）《中华人民共和国个人信息保护法》，2021 年 11 月 1 日施行。

13）《贯彻落实网络安全等级保护制度和关键信息基础设施安全保护制度的指导意见》（公网安〔2020〕1960 号）。

2.2 等级保护 2.0 标准体系

等级保护 2.0 直接应用的标准体系如下。

（1）（GB/T 25058—2019）《信息安全技术　网络安全等级保护实施指南》

《信息安全技术　网络安全等级保护实施指南》规定了等级保护对象安全等级保护工作实施的过程，适用于指导等级保护对象安全等级保护工作的实施。按照（GB/T 1.1—2009）《标准化工作导则　第 1 部分：标准的结构和编写》给出的规则起草。本标准代替（GB/T 25058—2010）《信息安全技术　信息系统安全等级保护实施指南》，与 GB/T 25058—2010 相比，主要技术变化如下。

- 标准名称由“信息安全技术　信息系统安全等级保护实施指南”变更为“信息安全技术　网络安全等级保护实施指南”。
- 全文将“信息系统”调整为“等级保护对象”或“定级对象”，将国家标准“信息系统安全等级保护基本要求”调整为“网络安全等级保护基本要求”。
- 考虑到云计算等新技术新应用在实施过程中的特殊处理，根据需要，相关章条增加云计算、移动互联网、大数据等相关内容。
- 将各部分已有内容进一步细化，使其能够指导单位针对新建等级保护对象的等级保护工作。
- 在等级保护对象定级阶段，增加了行业／领域主管单位的工作过程（见 5.2）；增加了云计算、移动互联网、物联网、工控、大数据定级的特殊关注点。
- 在总体安全规划阶段，增加了行业等级保护管理规范和技术标准相关内容，即明确了基本安全需求既包括国家等级保护管理规范和技术标准提出的要求，也包括行业等级保护管理规范和技术标准提出的要求。
- 在总体安全规划阶段，增加了“设计等级保护对象的安全技术体系架构”内容，要求根据机构总体安全策略文件、GB/T 22239 和机构安全需求，设计安全技术体系架构，并提供了安全技术体系架构图。此外，增加了云计算、移动互联网等新技术的安全保护技术措施。
- 在总体安全规划阶段，增加了“设计等级保护对象的安全管理体系框架”内容，要求根据 GB/T 22239、安全需求分析报告等，设计安全管理体系框架，并提供了安全管理体系框架。
- 在安全设计与实施阶段，将“技术措施实现”与“管理措施实现”调换顺序；将“人员安全技能培训”合并到“安全管理机构和人员的设置”中；将“安全管理制度的建设和修订”与“安全管理机构和人员的设置”调换顺序。
- 在安全设计与实施阶段，在技术措施实现中增加了对于云计算、移动互联网等新技术的风险分析、技术防护措施实现等要求；在测试环节中，更侧重安全漏洞扫描、渗透测试等安全测试内容。

- 在安全设计与实施阶段，在原有信息安全产品供应商的基础上，增加网络安全服务机构的评价和选择要求；安全控制集成中，增加安全态势感知、监测通报预警、应急处置追踪溯源等安全措施的集成；安全管理制度的建设和修订要求中，增加要求总体安全方针、安全管理制度、安全操作规程、安全运维记录和表单四层体系文件的一致性；安全实施过程管理中，增加整体管理过程的活动内容描述。
- 在安全运行与维护阶段，增加服务商管理和监控；删除了“安全事件处置和应急预案”；删除了“系统备案”；修改了“监督检查”的内容。

（2）（GB/T 22240—2020）《信息安全技术　网络安全等级保护定级指南》

《信息安全技术　网络安全等级保护定级指南》按照 GB/T 1. 1—2009 给出的规则起草。本标准给出了非涉及国家秘密的等级保护对象的安全保护等级定级方法和定级流程。本标准适用于指导网络运营者开展非涉及国家秘密的等级保护对象的定级工作。

本标准代替（GB/T 22240—2008）《信息安全技术　信息系统安全等级保护定级指南》，与 GB/T 22240—2008 相比，主要技术变化如下。

- 修改了等级保护对象、信息系统的定义，增加了网络安全、通信网络设施、数据资源的术语和定义。
- 增加了通信网络设施和数据资源的定级对象确定方法。
- 增加了特定定级对象定级说明。
- 修改了定级流程。

本标准由全国信息安全标准化技术委员会（SAC/TC 260）提出并归口。

（3）（GB/T 22239—2019）《信息安全技术　网络安全等级保护基本要求》

为了配合《中华人民共和国网络安全法》的实施，同时适应云计算、移动互联网、物联网、工控和大数据等新技术、新应用情况下网络安全等级保护工作的开展，需对 GB/T 22239—2008 进行修订，修订的思路和方法是调整原国家标准 GB/T 22239—2008 的内容，针对共性安全保护需求提出安全通用要求，针对云计算、移动互联、物联网、工控和大数据等新技术、新应用领域的个性安全保护需求提出 安全扩展要求，形成新的网络安全等级保护基本要求标准。《信息安全技术　网络安全等级保护基本要求》是网络安全等级保护相关系列标准之一。

《信息安全技术　网络安全等级保护基本要求》规定了网络安全等级保护的第一级到第四级等级保护对象的安全通用要求和安全扩展要求。本标准适用于指导分等级的非涉密对象的安全建设和监督管理。

《信息安全技术　网络安全等级保护基本要求》按照 GB/T 1. 1—2009 给出的规则起草。本标准代替（GB/T 22239—2008）《信息安全技术　信息系统安全等级保护基本要求》，与 GB/T 22239—2008 相比，主要变化如下：将标准名称变更为《信息安全技术　网络安全等级保护基本要求》；调整分类为安全物理环境、安全通信网络、安全区域边界、安全计算环境、安全管理中心、安全管理制度、安全管理机构、安全管理人员、安全建设管理、安全运维管理；调整各个级别的安全要求为安全通用要求、云计算安全扩展要求、移动互联安全扩展要求、物联网安全扩展要求和工控系统安全扩展要求；取消了原来安全控制点的 S、A、G 标注，增加一个附录 A 描述等级保护对象的定级结果和安全要求之间的关系，说明如何根据定级结果选择安全要求；调整了原来附录 A 和附录 B 的顺序，增加了附录 C 描述网络安全等级保护总体框架，并提出关键技术使用要求。请注意本文件的某些内容可能涉及专利。本文件的发布机构不承担识别这些专利的责任。本标准由全国信息安全标准化技术委员会（SAC/TC260）提出并归口。

（4）（GB/T 25070—2019）《信息安全技术 网络安全等级保护安全设计要求》

《信息安全技术 网络安全等级保护安全设计技术要求》是 2019 年 12 月 1 日实施的一项中国国家标准，归口于全国信息安全标准化技术委员会。

《信息安全技术 网络安全等级保护安全设计技术要求》规定了网络安全等级保护第一级到第四级等级保护对象的安全设计技术要求。该标准适应于指导运营使用单位、网络安全企业、网络安全服务机构开展网络安全等级保护安全方案的设计和实施，也可作为网络安全职能部门进行监督、检查和指导的依据。

《信息安全技术 网络安全等级保护安全设计技术要求》规定了第一级到第四级等级保护对象的安全设计技术要求，每个级别的安全设计技术要求均由安全通用设计技术要求和安全扩展设计技术要求构成，安全扩展设计技术要求包括了云计算、移动互联、物联网、工控系统等方面。第一级到第三级的安全设计技术要求均包含安全计算环境、安全区域边界、安全通信网络、安全管理中心 4 个方面。在第四级的安全设计技术要求增加了系统安全保护环境结构化设计技术要求方面。

（GB/T 25070—2019）《信息安全技术 网络安全等级保护安全设计技术要求》是推荐标准，（GB/T 25070—2010）《信息安全技术 信息系统等级保护安全设计技术要求》在开展网络安全等级保护工作的过程中起到了非常重要的作用，被广泛应用于指导各个行业和领域开展网络安全等级保护建设整改等工作，但是随着信息技术的发展，GB/T 25070—2010 在适用性、时效性、易用性、可操作性上需要进一步完善。

为了配合《中华人民共和国网络安全法》的实施，同时适应云计算、移动互联、物联网、工控和大数据等新技术、新应用情况下网络安全等级保护工作的开展，需对 GB/T 25070—2010 进行修订，修订的思路和方法是调整原国家标准 GB/T 25070—2010 的内容，针对共性安全保护目标提出通用的安全设计技术要求，针对云计算、移动互联、物联网、工控和大数据等新技术、新应用领域的特殊安全保护目标提出特殊的安全设计技术要求。

本标准是网络安全等级保护相关系列标准之一，规定了网络安全等级保护第一级到第四级等级保护对象的安全设计技术要求，适用于指导运营使用单位、网络安全企业、网络安全服务机构开展网络安全等级保护安全技术方案的设计和实施，也可作为网络安全职能部门进行监督、检查和指导的依据。

（GB/T 25070—2019）《信息安全技术 网络安全等级保护安全设计技术要求》适应于指导运营使用单位、网络安全企业、网络安全服务机构开展网络安全等级保护安全方案的设计和实施，也可作为网络安全职能部门进行监督、检查和指导的依据。

（5）（GB/T 28448—2019）《信息安全技术 网络安全等级保护测评要求》

为了配合《中华人民共和国网络安全法》的实施，同时适应云计算、移动互联、物联网和工控等新技术、新应用情况下网络安全等级保护工作的开展，需对 GB/T 28448—2012 进行修订，同时，作为测评指标进行引用的 GB/T 22239—2008 也启动了修订工作。修订的思路和方法依据 GB/T 22239 调整的内容，针对共性安全保护需求提出安全测评通用要求，针对云计算、移动互联、物联网和工控等新技术、新应用领域的个性安全保护需求提出安全测评扩展要求，形成新的《信息安全技术　网络安全等级保护测评要求》标准。

《信息安全技术　网络安全等级保护测评要求》按照（GB/T 1.1—2009）《标准化工作导则　第 1 部分：标准的结构和编写》给出的规则起草。本标准代替（GB/T 28448—2012）《信息安全技术　信息系统安全等级保护测评要求》。与 GB/T 28448—2012 相比，除编辑性修改外的主要技术变化如下。

- 标准名称由“信息安全技术　信息系统安全等级保护测评要求”变更为“信息安全技术　网络安全等级保护测评要求”。
- 每个级别增加了云计算安全测评扩展要求、移动互联安全测评扩展要求、物联网安全测评扩展要求和工控系统安全测评扩展要求等内容。
- 增加了等级测评、测评对象、云服务商和云服务客户等相关术语和定义。
- 将针对控制点的单元测评细化调整为针对要求项的单项测评，删除了章节测评框架和等级测评内容等内容。
- 增加了大数据可参考安全评估方法和测评单元编号说明。

《信息安全技术　网络安全等级保护测评要求》由全国信息安全标准化技术委员会（SAC/TC 260）提出并归口。

本标准适用于安全测评服务机构、等级保护对象的运营使用单位及主管部门对等级保护对象的安全状况进行安全测评并提供指南，也适用于网络安全职能部门进行网络安全等级保护监督检查时参考使用。

（6）（GB/T 28449—2018）《信息安全技术　网络安全等级保护测评过程指南》

《信息安全技术　网络安全等级保护测评过程指南》中的等级测评是测评机构依据 GB/T 22239 以及 GB/T 28448 等技术标准，检测评估定级对象安全等级保护状况是否符合相应等级基本要求的过程，是落实网络安全等级保护制度的重要环节。

在定级对象建设、整改时，定级对象运营、使用单位通过等级测评进行现状分析，确定系统的安全保护现状和存在的安全问题，并在此基础上确定系统的整改安全需求。

在定级对象运维过程中，定级对象运营、使用单位定期对定级对象安全等级保护状况进行自查或委托测评机构开展等级测评，对信息安全管控能力进行考察和评价，从而判定定级对象是否具备 GB/T 22239 中相应等级要求的安全保护能力。因此，等级测评活动所形成的等级测评报告是定级对象开展整改加固的重要依据，也是第三级以上定级对象备案的重要附件材料。等级测评结论为不符合或基本符合的定级对象，其运营、使用单位应当根据等级测评报告，制定方案进行整改。

《信息安全技术　网络安全等级保护测评过程指南》按照（GB/T 1.1—2009）《标准化工作导则　第 1 部分：标准的结构和编写》给出的规则起草。

《信息安全技术　网络安全等级保护测评过程指南》代替（GB/T 28449—2012）《信息安全技术　信息系统安全等级保护测评过程指南》，与 GB/T 28449—2012 相比，主要技术变化如下。

- 标准名称由“信息安全技术　信息系统安全等级保护测评过程指南”变更为“信息安全技术　网络安全等级保护测评过程指南”。
- 修改了报告编制活动中的任务，由原来的 6 个任务修改为 7 个任务。
- 在测评准备活动、现场测评活动的双方职责中增加了协调多方的职责，并且在一些涉及多方的工作任务中也予以明确。

- 在信息收集和分析工作任务中增加了“信息分析方法”的内容。
- 增加了利用云计算、物联网、移动互联网、工控系统、IPv6 系统等构建的等级保护对象开展安全测评需要额外重点关注的特殊任务及要求。
- 删除了测评方案示例；删除了信息系统基本情况调查表模版。

《信息安全技术　网络安全等级保护测评过程指南》由全国信息安全标准化技术委员会（SAC/TC 260）提出并归口。

（7）（GB/T 20984—2007）《信息安全技术　信息安全风险评估规范》

随着政府部门、企事业单位以及各行各业对信息系统依赖程度的日益增强，信息安全问题受到普遍关注。运用风险评估去识别安全风险，解决信息安全问题得到了广泛的认识和应用。

信息安全风险评估就是从风险管理角度，运用科学的方法和手段，系统地分析信息系统所面临的威胁及其存在的脆弱性，评估安全事件一旦发生可能造成的危害程度，提出有针对性的抵御威胁的防护对策和整改措施；为防范和化解信息安全风险，将风险控制在可接受的水平，从而最大限度地为保障信息安全提供科学依据。

信息安全风险评估作为信息安全保障工作的基础性工作和重要环节，要贯穿于信息系统的规划、设计、实施、运行维护以及废弃各个阶段，是信息安全等级保护制度建设的重要科学方法之一。

《信息安全技术　信息安全风险评估规范》条款中所指的“风险评估”，其含义均为“信息安全风险评估”，其中提出了风险评估的基本概念、要素关系、分析原理、实施流程和评估方法，以及风险评估在信息系统生命周期不同阶段的实施要点和工作形式。

《信息安全技术　信息安全风险评估规范》由国务院信息化工作办公室提出，适用于规范组织开展的风险评估工作，主要起草单位：国家信息中心、公安部第三研究所、国家保密技术研究所、中国信息安全产品测评认证中心、中国科学院信息安全国家重点实验室、解放军信息技术安全研究中心、中国航天二院七〇六所、北京信息安全测评中心、上海市信息安全测评认证中心。

（8）（GB/T 36627—2018）《信息安全技术　网络安全等级保护测试评估技术指南》

《信息安全技术　网络安全等级保护测试评估技术指南》给出了网络安全等级保护测评中的相关测评技术的分类和定义，提出了技术性测试评估的要素、原则等，并对测评结果的分析和应用提出建议。本标准适用于测评机构对网络安全等级保护对象开展等级测评工作，以及等级保护对象的主管部门及运营使用单位对等级保护对象安全等级保护状况开展安全评估。

网络安全等级保护测评过程包括测评准备活动、方案编制活动、现场测评活动、报告编制活动 4 个基本测评活动。本标准为方案编制活动、现场测评活动中涉及的测评技术选择与实施过程提供指导。网络安全等级保护相关的测评标准主要有 GB/T 22239、GB/T 28448 和 GB/T 28449 等。其中 GB/T 22239 是网络安全等级保护测评的基础性标准，GB/T 28448 针对 GB/T 22239 中的要求提出了不同网络安全等级的测评要求；GB/T 28449 主要规定了网络安全等级保护测评工作的测评过程。本标准与 GB/T 28448 和 GB/T 28449 的区别在于 GB/T 28448 主要描述了针对各级等级保护对象单元测评的具体测评要求和测评流程，GB/T 28449 则主要对网络安全等级保护测评的活动、工作任务以及每项任务的输入/输出产品等提出指导性建议，不涉及测评中具体的测试方法和技术。本标准对网络安全等级保护测评中的相关测评技术进行明确的分类和定义，系统地归纳并阐述测评的技术方法，概述技术性安全测试和评估的要素，重点关注具体技术的实现功能、原则等，并提出建议供使用，因此本标准在应用于网络安全等级保护测评时可作为对 GB/T 28448 和 GB/T 28449 的补充。

2.3 运行维护及其他标准

本节介绍等级保护测评中运行维护关联的测评标准体系，包括关键信息基础设施保护体系和密码应用安全标准体系。

2.3.1 关键信息基础设施保护标准体系

1）关键信息基础设施认定规则（行业自行制定）。

2）关键信息基础设施安全保护条例（2021 年 9 月 1 日实施）。

3）关键信息基础设施安全控制措施（送审稿）。

4）关键信息基础设施安全保障指标体系（报批稿）。

5）关键信息基础设施安全检查评估指南（报批稿）。

6）关键信息基础设施边界确定指南（征求意见稿）。

7）关键信息基础设施安全防护能力评价方法（送审稿）。

8）关键信息基础设施网络安全应急体系框架（2022 年 11 月 17 日公开征求意见）。

2.3.2 密码应用安全标准体系

（1）《中华人民共和国密码法》

2019 年 10 月 26 日第十三届全国人民代表大会常务委员会第十四次会议通过。2020 年 1 月 1 日正式实施。

第二十七条：法律、行政法规和国家有关规定要求使用商用密码进行保护的关键信息基础设施，其运营者应当使用商用密码进行保护，自行或者委托商用密码检测机构开展商用密码应用安全性评估。商用密码应用安全性评估应当与关键信息基础设施安全检测评估、网络安全等级测评制度相衔接，避免重复评估、测评。

关键信息基础设施的运营者采购涉及商用密码的网络产品和服务，可能影响国家安全的，应当按照《中华人民共和国网络安全法》的规定，通过国家网信部门会同国家密码管理部门等有关部门组织的国家安全审查。

（2）密码应用其他安全体系法规

1）《商用密码管理条例》（修订草案）。

2）（GM/T 0054—2018）《信息系统密码应用基本要求》（行标）。

3）国家标准（GB/T 39786—2021）《信息安全技术　信息系统密码应用基本要求》2021 年 10 月 1 日正式实施）。

4）《信息系统密码应用测评要求》。

第3章 等级保护2.0准备阶段

被测单位进行等保测评前，在文档、环境等方面都要做好前期准备。本章详细地介绍了在2023年最新的等级保护制度要求下，等保2.0测评前期的表格信息登记和技术信息收集的准备情况，以及安全设计要求和差距分析工作要点，从而为后续的等保测评和安全整改工作提供重要的参考依据。

3.1 网络安全等级保护对象基本情况调查

在等级保护测评开始前，首先要对被测评对象进行各方面基本情况调查，这是等保2.0基本程序和步骤，被调研的信息最终也将通过填好的信息表格归档。

3.1.1 单位基本信息表

在测评开始前，单位要如实填写被测单位基本信息表，见表3-1。

表3-1 被测单位基本信息表

<table>
<tr><th colspan="6">被测单位</th></tr>
<tr><td>单位全称</td><td colspan="5"></td></tr>
<tr><td>单位简称</td><td colspan="5"></td></tr>
<tr><td rowspan="5">单位情况简介</td><td rowspan="5" colspan="2"></td><td rowspan="5">单位所属类型</td><td>机关法人</td><td>☑</td></tr>
<tr><td>事业法人</td><td>□</td></tr>
<tr><td>社团法人</td><td>□</td></tr>
<tr><td>企业法人</td><td>□</td></tr>
<tr><td>其他性质</td><td>□</td></tr>
<tr><td>单位地址</td><td colspan="3"></td><td>邮政编码</td><td></td></tr>
<tr><td>上级主管部门</td><td colspan="5"></td></tr>
<tr><td rowspan="2">负责人</td><td>姓名</td><td></td><td>办公电话</td><td colspan="2"></td></tr>
<tr><td>电子邮件</td><td colspan="4"></td></tr>
<tr><td rowspan="2">联系人</td><td>姓名</td><td></td><td>办公电话</td><td colspan="2"></td></tr>
<tr><td>电子邮件</td><td colspan="4"></td></tr>
</table>

3.1.2 等级保护对象基本情况

被测单位还需要如实填写等级保护对象基本情况表，见表 3-2。

表 3-2 等级保护对象基本情况表

<table>
<tr><th colspan="5">等级保护对象</th></tr>
<tr><td rowspan="4">定级对象</td><td>系统名称</td><td></td><td>安全保护等级</td><td></td></tr>
<tr><td>业务信息安全
保护等级（S）</td><td></td><td>系统服务安全
保护等级（A）</td><td></td></tr>
<tr><td>备案证书编号</td><td colspan="3"></td></tr>
<tr><td>功能描述</td><td colspan="3"></td></tr>
</table>

3.1.3 拓扑图及网络描述

等保 2.0 测评对象的基本信息中都会包含企业网络拓扑图，图 3-1 所示是一个简单的拓扑图示例。下面我们假设企业需要展现一个含有如下特征防护的通用网络拓扑图，如图 3-2 所示，×××（符号×组合代表相应虚拟名称，以下均同）公司×××系统的建设依托于×××，系统分别部署在×××，各服务器均有冗余。网络边界部署了×××等设备提供网络安全防护。×××系统的网络结构主要包括：外部接入区、应用服务区、数据存储区、运维管理区。在拓扑图中，也需要体现系统外联情况和业务承载情况。

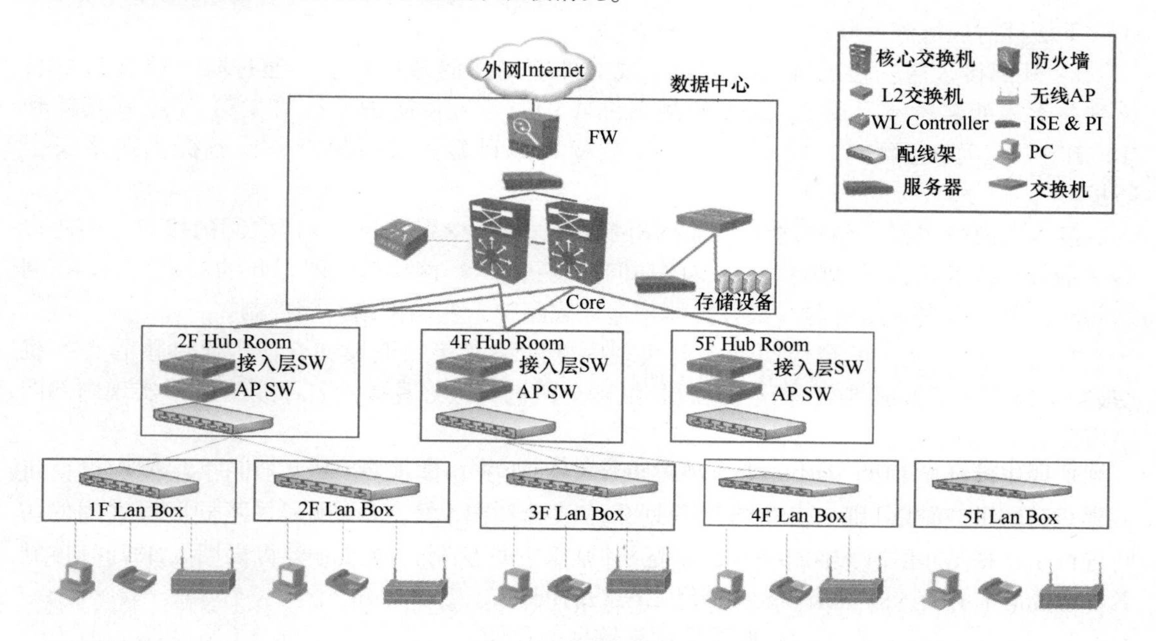

• 图 3-1 拓扑图简单示例

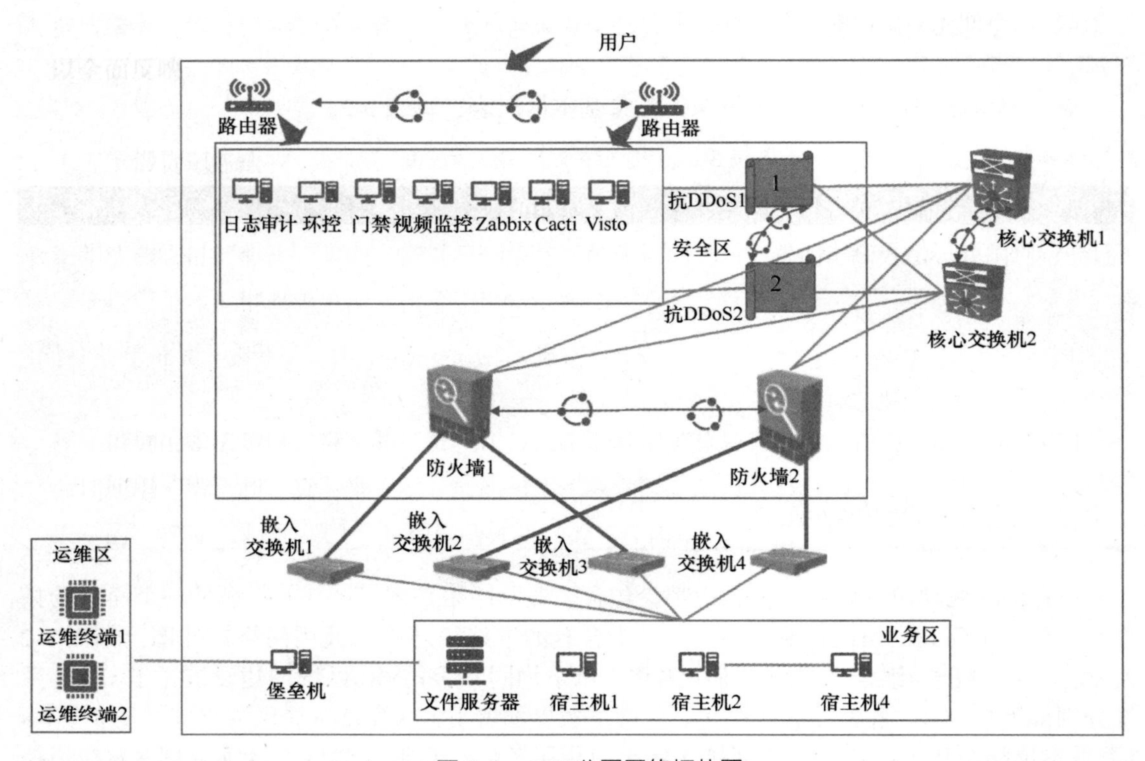

● 图 3-2　×××公司网络拓扑图

下面针对区域和外联及承载情况进行简要介绍。

1）外部接入区：接入层网络主要实现对外部网络的链接功能，通过防火墙（最好具体到防火墙的名称或品牌）、入侵监测系统（IDS）/入侵防护系统（IPS）（最好具体到IDS/IPS的名称或品牌）、防病毒网关（最好具体到名称或品牌）等设备提供网络安全防护。

接入层网络边界主要是两个：与×××网接口，即×××系统与×××网之间的接口，由防火墙（最好具体到名称或品牌）实施网络访问控制；与×××网接口，即［我的系统］与×××网之间的接口，由安全路由器（最好具体到名称或品牌）实施网络访问控制。

2）应用服务区：汇聚层网络主要实现内部网络链接的汇聚和交换，通过核心交换机（最好具体到名称或品牌）、楼层交换机/汇聚交换机（最好具体到名称或品牌）实现内部网络通信。

汇聚层网络防护的主要措施：内部网络根据业务功能/安全需求不同，在核心交换机（最好具体到名称或品牌）上进行网段划分，包括×××网段、×××网段，不同网段之间的访问进行了严格的/较为严格的/一定的/宽松的/未进行控制；通过部署防火墙（最好具体到名称或品牌）限制×××网络与×××网络之间的访问。

3）数据存储区：服务器集群主要用于数据的存储。

4）运维管理区：服务器集群主要用于机房的运维应用业务管理。

5）灾备系统：×××机房作为×××系统主机房的同城异地灾备机房，对网络系统、主机系统、业务系统、通信链路（多选）等实现网络级/系统级/应用级冗余。

6）系统外联情况：本系统与×××系统、×××系统和×××系统进行连接，为×××系统提供×××功能。

7）业务承载情况：×××公司×××系统主要包含×个功能模块，其中×××模块又包含×××。该系统是×××公司用于×××，辅助×××公司进行×××管理工作。该系统的用户为×××人员。

3.1.4　系统构成

1. 机房

在系统构成中，以列表形式给出被测系统的部署机房，见表3-3。

表3-3　机房表

序　号	机房名称	物理位置	重要程度
1			关键/重要/一般

2. 网络结构情况

在系统构成中，以列表形式给出被测系统的网络结构情况，见表3-4。

表3-4　网络结构情况表

序号	网络区域名称	区域功能描述	IP网段地址	服务器数量	终端数量（管理）	与其连接的其他网络区域	网络区域边界设备	重要程度	责任部门
1								关键/重要/一般	

3. 网络外联情况

在系统构成中，以列表形式给出被测系统的网络外联情况，见表3-5。

表3-5　网络外联情况表

序号	外联线路名称	所属网络区域	连接对象名称	接入线路种类	传输速率（带宽）	线路接入设备	承载主要业务应用	备注
1								

4. 主要业务数据流程

从不同类型业务用户视角出发，给出关键业务处理流程图，并标注涉及应用组件/模块、主要处理动作，以及关键业务数据在主机设备（程序模块）之间的交换情况。

5. 网络设备

在系统构成中，以列表形式给出被测系统中的网络设备（包括虚拟网络设备），见表3-6。

表 3-6 网络设备表

序号	设备名称	虚拟设备	系统及版本	品牌型号	用途	重要程度	数量（台/套）	网络区域	物理区域	IP 地址	是否热备
1	政务核心交换机	×				关键/重要/一般					

6. 安全设备

在系统构成中，以列表形式给出被测系统中的安全设备（包括虚拟安全设备），见表 3-7。

表 3-7 安全设备表

序号	设备名称	虚拟设备	系统及版本	品牌型号	用途	重要程度	数量（台/套）	网络区域	物理区域	IP 地址	是否热备
1	政务外网边界防火墙	×				关键/重要/一般					

7. 服务器/存储设备

在系统构成中，以列表形式给出被测系统中的服务器和存储设备（包括虚拟设备），见表 3-8。

表 3-8 服务器/存储设备表

序号	设备名称	所属业务应用系统/平台名称	虚拟设备	操作系统及版本	数据库管理系统及版本	中间件及版本	重要程度	数量（台/套）	物理/逻辑区域	IP 地址	是否热备
1		××× 系统	√				关键/重要/一般				

8. 终端/现场设备

以列表形式给出被测系统中的终端，包括业务终端、运维终端、管理终端和现场设备等，见表 3-9。如果使用了移动终端则要列出移动终端。

表 3-9 终端/现场设备表

序号	设备名称	虚拟设备	操作系统/控制软件及版本	用途	重要程度	数量	物理/逻辑区域	IP 地址
1								

9. 系统管理软件/平台

以列表的形式给出被测系统中的系统管理类软件或平台，包括数据库、网管软件/平台、安管软件/平台、云计算管理软件/平台等，见表 3-10。

表 3-10 系统管理软件/平台表

序 号	系统管理软件/平台名称	所在设备名称	版 本	主要功能	重要程度
1	数据库 1				关键/重要/一般
2	云管平台				

10. 业务应用软件/平台

以列表的形式给出被测系统中的业务应用系统（包括服务器端、中间件和客户端软件等应用软件），见表 3-11。

表 3-11 业务应用软件/平台表

序号	业务应用系统/平台名称	主要功能	业务应用软件及版本	开发厂商	重要程度	所属定级系统	应用模式（B/S 或 C/S）	硬件/软件平台	自行开发/外包开发	业务数据类别	业务数据保护需求	用户类别及数量
1	×××系统				关键/重要/一般							

11. 关键数据类别

以列表的形式给出被测系统中的关键数据类别，见表 3-12。

表 3-12 关键数据类别表

序号	数据类别	所属业务应用	安全防护需求	重要程度	备份方式	备份频率	备份介质
1	重要配置数据						
2	鉴别数据						
3	重要业务数据						
4	重要个人数据						
5	重要审计数据						

12. 安全相关人员

以列表形式给出与被测系统安全相关的人员情况，见表 3-13。安全相关人员包括（但不限于）安全主管、系统建设负责人、系统运维负责人、网络（安全）管理员、主机（安全）管理员、数据库（安全）管理员、应用（安全）管理员、机房管理人员、资产管理员、业务操作员、安全审计人员等。

表 3-13 安全相关人员表

序 号	姓 名	岗位/角色	所属单位	联系方式
1		安全管理员		
2		操作系统管理员		
3		应用系统管理员		

（续）

序　号	姓　名	岗位/角色	所属单位	联系方式
4		数据库管理员		
5		安全负责人		
		……		
		……		

13. 安全管理文档

以列表形式给出与被测系统安全相关的文档，见表3-14。安全管理文档包括管理类文档、记录类文档和其他文档。

表3-14　安全管理文档表

序　号	文档名称	主要内容
1		

14. 密码产品

以列表形式给出被测密码产品列表，见表3-15。

表3-15　密码产品表

序号	产品/模块名称	生产厂商	商密型号/商密产品认证证书编号	密码算法	用　途	重要程度
1						

15. 安全服务

以列表形式给出安全服务列表，见表3-16。

表3-16　安全服务表

序　号	安全服务名称	安全服务商
1		

16. 安全环境威胁

以列表形式给出安全环境威胁列表，见表3-17。

表3-17　安全环境威胁表

序号	威胁分（子）类	描　述	威胁值
1	软硬件故障	对业务实施或系统运行产生影响的设备硬件故障、通信链路中断、系统本身或软件缺陷等问题	高
2	物理环境影响	对信息系统正常运行造成影响的物理环境问题和自然灾害	中
3	无作为或操作失误	应该执行而没有执行相应的操作，或无意执行了错误的操作	中
4	管理不到位	安全管理无法落实或不到位，从而破坏信息系统正常有序运行	中

（续）

序号	威胁分（子）类	描　述	威胁值
5	恶意代码	故意在计算机系统上执行恶意任务的程序代码	中
6	越权或滥用	通过采用一些措施，超越自己的权限访问了本来无权访问的资源，或者滥用自己的权限，做出破坏信息系统的行为	中
7	网络攻击	利用工具和技术通过网络对信息系统进行攻击和入侵	高
8	物理攻击	通过物理接触造成对软件、硬件、数据的破坏	低
9	泄密	信息泄露给不应了解的他人	低
10	篡改	非法修改信息，破坏信息的完整性使系统的安全性降低或信息不可用	高
11	抵赖	不承认收到的信息和所做的操作和交易	中
12	资源不足	系统重要设备负载较高，不满足业务需求，一旦设备因负载较高而出现故障将影响业务连续性	中
13	敏感信息泄露	敏感信息包括用户信息、公民信息、地理信息，数量级分为 0~1 万、1 万~10 万、10 万~100 万、100 万以上	高
14	网页篡改	针对连接互联网的网站面临被篡改的可能性较大	高

17. 安全事件调查

以列表形式给出安全事件调查列表，见表 3-18。

表 3-18　安全事件调查表

序号	安全事件调查	调 查 结 果
1	是否发生过网络安全事件	□ 没有 □ 1 次/年 □ 2 次/年 □ 3 次以上/年 □ 不清楚 安全事件说明：（时间、影响）
2	发生的网络安全事件类型（多选）	□ 感染病毒/蠕虫/特洛伊木马程序 □ 拒绝服务攻击 □ 端口扫描攻击 □ 数据窃取 □ 破坏数据或网络 □ 篡改网页 □ 垃圾邮件 □ 内部人员有意破坏 □ 内部人员滥用网络端口、系统资源 □ 被利用发送和传播有害信息 □ 网络诈骗和盗窃 □ 其他 其他说明：
3	如何发现网络安全事件（多选）	□ 网络（系统管）理员工作监测发现 □ 通过事后分析发现 □ 通过安全产品发现 □ 有关部门通知或意外发现 □ 其他人告知 □ 其他 其他说明：
4	网络安全事件造成损失评估	□ 非常严重 □ 严重 □ 一般 □ 比较轻微 □ 轻微 □ 无法评估
5	可能的攻击来源	□ 内部 □ 外部 □ 都有 □ 病毒 □ 其他原因 □ 不清楚 攻击来源说明：

（续）

序号	安全事件调查	调查结果
6	导致发生网络安全事件的可能原因	□ 未修补或防范软件漏洞 □ 网络或配置软件错误 □ 登录密码过于简单或未修正 □ 缺少访问控制 □ 攻击者使用拒绝服务攻击 □ 攻击者利用软件默认设置 □ 利用内部用户安全管理漏洞或内部人员作案 □ 内部网络违规连接互联网 □ 攻击者使用欺诈方法 □ 不知原因 □ 其他 其他说明：
7	是否发生过硬件故障	□ 有（注明时间、频率） □ 无 造成的影响是：
8	是否发生过软件故障	□ 有（注明时间、频率） □ 无 造成的影响是：
9	是否发生过维护失误	□ 有（注明时间、频率） □ 无 造成的影响是：
10	是否发生过因用户操作失误引起的安全事件	□ 有（注明时间、频率） □ 无 造成的影响是：
11	是否发生过物理设施/设备被物理损坏	□ 有（注明时间、频率） □ 无 造成的影响是：
12	有无遭受自然灾害破坏（如雷击等）	□ 有（注明时间、频率） □ 无 造成的影响是：
13	有无发生过莫名其妙的故障	□ 有（注明时间、频率） □ 无 造成的影响是：

3.1.5 新技术、新应用的调查信息

对云计算、物联网、移动互联网、工控等新技术和新应用的调查工作进行检查时，应包括下列内容。

1. 云计算信息收集和分析

针对云计算平台的等级测评，测评机构收集的相关资料应包括云计算平台运营机构的管理架构、技术实现机制及架构、运行情况、云计算平台的定级情况、云计算平台的等级测评结果等，还应包括云计算形态、服务模式、云服务能力、虚拟化情况等。

针对云租户系统的等级测评，测评机构收集的相关资料应包括云计算平台运营机构与租

户的关系、定级对象的相关情况等，还应包括云计算形态、服务模式、云服务能力、虚拟化情况等。

相关表格见表 3-19，填写说明如下。

1）“被测对象云计算形态”用于明确被测对象是云计算平台还是云服务客户业务应用系统，此处为单选。“被测对象采用的云计算服务模式”用于描述被测对象所采用的云计算服务模式，此处为单选。当云计算形态为云服务客户业务应用系统时，“云计算平台名称”填写该被测对象所使用的云计算平台名称。

2）“云计算平台服务能力描述”给出了当前服务模式下云计算平台为云服务客户提供的服务能力符合情况，以及云计算平台的等级测评结论和综合得分。需要注意的是，表中以第四级为例给出了云计算安全扩展主要要求，测评机构应根据被测对象安全保护等级情况，参照表中内容给出相应等级的云计算安全扩展主要要求。

3）如果云服务客户业务应用系统同时部署在不同模式的云计算平台上时，可以使用多个使用等级测评结论扩展表（云计算安全）来展示。

表 3-19 云计算安全等级测评结论扩展表

等级测评结论扩展表（云计算安全）			
被测对象云计算形态	◎ 云计算平台 ◎ 云服务客户业务应用系统（平台报告编号：________） 【填写说明：填写该云服务客户业务应用系统在当前服务模式下所使用的云计算平台的等级测评报告编号。】		
云计算平台名称		被测对象采用的云计算服务模式	◎ IaaS ◎ PaaS ◎ SaaS
云计算平台服务能力描述（以下内容是被测对象为云租户系统时填写，被测对象为云平台系统时填写“/”）			
云计算安全扩展主要要求			符合情况
网络架构	应实现不同云服务客户虚拟网络之间的隔离		
	应具有根据云服务客户业务需求提供通信传输、边界防护、入侵防范等安全机制的能力		
	应提供开放接口或开放性安全服务，允许云服务客户接入第三方安全产品或在云计算平台选择第三方安全服务		
	应提供对虚拟资源的主体和客体设置安全标记的能力，保证云服务客户可以依据安全标记和强制访问控制规则确定主体对客体的访问		
	应提供通信协议转换或通信协议隔离等的数据交换方式，保证云服务客户可以根据业务需求自主选择边界数据交换方式		
入侵防范	应能检测到云服务客户发起的网络攻击行为，并能记录攻击类型、攻击时间、攻击流量等		
安全审计	应保证云服务商对云服务客户系统和数据的操作可被云服务客户审计		
数据完整性和保密性	应使用校验技术或密码技术保证虚拟机迁移过程中重要数据的完整性，并在检测到完整性受到破坏时采取必要的恢复措施		
	应支持云服务客户部署密钥管理解决方案，保证云服务客户自行实现数据的加解密过程		

（续）

云计算安全扩展主要要求		符合情况
数据备份恢复	应提供查询云服务客户数据及备份存储位置的能力	
	应为云服务客户将业务系统及数据迁移到其他云计算平台和本地系统提供技术手段，并协助完成迁移过程	
剩余信息保护	云服务客户删除业务应用数据时，云计算平台应将云存储中所有副本删除	
云服务商选择	应选择安全合规的云服务商，其所提供的云计算平台应为其所承载的业务应用系统提供相应等级的安全保护能力	
	应在服务水平协议中规定云服务的各项服务内容和具体技术指标	
供应链管理	应将供应链安全事件信息或安全威胁信息及时传达到云服务客户	
……	……	
云计算平台等级测评结论	云计算平台综合得分	

2. 物联网信息收集和分析

测评机构收集的相关资料还应包括终端感知节点设备，如传感器、RFID 标签、网络控制开关等，各类感知层设备的检测情况、感知层设备部署情况、感知层物理环境、感知层通信协议等。

3. 移动互联信息收集和分析

测评机构收集等级测评需要的相关资料还应包括专用移动终端、移动应用 App、无线接入网关等，以及各类无线接入设备部署情况、移动终端使用情况、移动应用程序、移动通信协议等。

4. 工控系统信息收集和分析

注意收集特有的信息，如操作员站等监控设备，以及 DCS、PLC、RTU 等现场控制设备，还有工控设备类型、系统架构、逻辑层次结构、工艺流程、功能安全需求、业务安全保护等级、通信协议、安全组织架构、历史安全事件等。

5. 大数据系统信息收集和分析

测评机构收集的相关资料还应包括台服组件、辅助工具、资源管理平台和大数据应用等。

相应表格见表 3-20，填写说明如下。

1）“被测对象大数据形态”用于明确被测对象的大数据形态是否包括大数据平台、大数据应用或大数据资源，此处为多选。当大数据形态为大数据应用或大数据资源时，“大数据平台名称”填写承载大数据业务所使用的大数据平台名称。

2）被测对象不包含大数据平台时，“大数据平台服务能力描述”给出了大数据平台的服务能力符合情况，以及大数据平台的等级测评结论和综合得分。需要注意的是，表中以第四级为例给出了大数据安全扩展主要要求，测评机构应根据被测对象安全保护等级情况，参照表中内容给出相应等级的大数据安全扩展主要要求。

表 3-20　大数据安全等级测评结论扩展表

<table>
<tr><th colspan="3">等级测评结论扩展表（大数据安全）</th></tr>
<tr><td>被测对象
大数据形态</td><td colspan="2">☐ 大数据平台
☐ 大数据应用（平台报告编号：________________）
☐ 大数据资源（平台报告编号：________________）
【填写说明：当大数据资源或大数据应用采用大数据平台提供方提供平台支撑时，平台报告编号为该大数据平台的等级测评报告编号。】</td></tr>
<tr><td>大数据平台名称</td><td colspan="2"></td></tr>
<tr><th colspan="3">大数据平台服务能力描述（以下内容是被测对象不包含大数据平台时填写，被测对象包含大数据平台时填写“/”）</th></tr>
<tr><th colspan="2">大数据安全扩展主要要求</th><th>符合情况</th></tr>
<tr><td rowspan="3">数据隔离</td><td>应保证大数据平台的管理流量与系统业务流量分离</td><td></td></tr>
<tr><td>对外提供服务的大数据平台或第三方平台，只有在大数据应用授权下才可以对大数据应用的数据资源进行访问、使用和管理</td><td></td></tr>
<tr><td>大数据平台应保证不同客户大数据应用的审计数据隔离存放</td><td></td></tr>
<tr><td>静态脱敏和去标识化</td><td>大数据平台应提供静态脱敏和去标识化的工具或服务组件技术</td><td></td></tr>
<tr><td>安全审计</td><td>大数据平台应提供不同客户审计数据收集汇总和集中分析的能力</td><td></td></tr>
<tr><td>访问控制</td><td>大数据平台应提供设置数据安全标记功能，基于安全标记的授权和访问控制措施，满足细粒度授权访问控制管理能力要求</td><td></td></tr>
<tr><td rowspan="3">数据分类分级的标识</td><td>大数据平台应提供数据分类分级安全管理功能，供大数据应用针对不同类别级别的数据采取不同的安全保护措施</td><td></td></tr>
<tr><td>大数据平台应在数据采集、存储、处理、分析等各个环节，支持对数据进行分类分级处置，并保证安全保护策略保持一致</td><td></td></tr>
<tr><td>大数据平台应具备对不同类别、不同级别数据全生命周期区分处置的能力</td><td></td></tr>
<tr><td>数据溯源</td><td>应跟踪和记录数据采集、处理、分析和挖掘等过程，保证溯源数据能重现相应过程，溯源数据满足合规审计要求</td><td></td></tr>
<tr><td rowspan="2">资源管理</td><td>大数据平台应为大数据应用提供集中管控其计算和存储资源使用状况的能力</td><td></td></tr>
<tr><td>大数据平台应屏蔽计算、内存、存储资源故障，保障业务正常运行</td><td></td></tr>
<tr><td>……</td><td>……</td><td></td></tr>
<tr><td>大数据平台等级测评结论</td><td>大数据平台综合得分</td><td></td></tr>
</table>

3.1.6　等保 2.0 登记和配置

等保测评需要登记等级基本信息和信息配置，以下展示等保等级表和信息配置表中的包含信息。

1）等级保护测试登记表见表 3-21。

表 3-21　等级保护测试登记表

委托方名称		项目编号	
开发单位		联 系 人	
系统名称		保护等级	
系统网络结构：××××××			
系统应用领域：××××			
系统特点及主要功能模块：××××××			
测试要求： 希望测试完成时间：××××年×月×日 测试类型： □ 验收测试　□ 常规确认测试　□ 医药专题测试　□ 教育专题测试 □ 单项功能测试　□ 系统安全测评　□ 课题验收测试　□ 标准符合性测试 □ 第三方支付专题测试　□ 技术鉴定测试　□ 高级确认测试　□ 安全风险评估 □ 创新基金测试　□单项性能（效率）测试　☑ 等级保护测评　□ 其他测试：			
送测机构信息： 电　话：________　传　真：________ 地　址：______________ 邮　编：________　联系人：________　E-mail：________		测评单位信息： 电话：　传真： 通信地址： 邮编：　联系人：　E-mail：	

受理人/日期：______________________

2）等级保护信息配置表见表 3-22。

表 3-22　等级保护信息配置表

项目编号	×××		实施部门	××部
送测机构信息	委托方名称	×××		
	系 统 名 称	××	保护等级	S3A3
	委托方合同签订人	××	联系方式	×××
	委托方技术支持	××	联系方式	×××
参测系统以及附件	提交参测软件系统情况： 软件载体/数量：□ 光盘 □ 软盘 ☑其他　样品编号：××× 硬件主机/数量：　样品编号： 随带设备/配件：　样品编号： 文档名称/数量：见附件　样品编号：见附件 其　　他：　样品编号： 系统类别：科技 病毒检查：☑是　□ 否　如果否 原因： 病毒检查软件名称及版本号：360 杀毒软件 5.0　2023 更新 病毒检查结果：☑合格　□ 不合格 样品完整性检查结果：☑合格　□ 不合格 接收人员：×××　2023			
运行平台要求	包括（硬件、软件、网络）： ×××			
系统归档情况	☑委托方　经办人：×××　日期：2023 年××月××日 ☑归档　经办人：×××　日期：2023 年××月××日			

审核人/日期：________________

3.1.7 风险告知书和现场测评授权书

根据2023年最新等保要求，风险告知书和现场测评授权书需被测单位负责人盖章签字，以下展示符合最新模板要求的风险告知书和现场测评授权书。

1. 风险告知书

风险告知书

×××（测评委托单位）：

我单位定于______年____月____日至____月____日在贵单位进行信息安全等级保护现场测评。届时，需要对贵单位的网络设备、安全设备、服务器、应用系统、用户终端等进行整体测评，由此可能会对贵单位的上述设备带来以下风险：

1）对网络整体进行漏洞扫描，有可能会造成部分服务器、网络设备、安全设备运行异常。

2）对服务器和用户终端进行渗透性测试，有可能会造成服务器和用户终端的不能正常工作。

其他测评操作也可能会引起一些异常情况。

鉴于上述测评工作带来的各种风险，我单位建议采取以下工作减少风险：

1）贵单位在测评人员现场测评之前，将关键的服务器、应用系统、数据库等做好备份。

2）测评人员在漏洞扫描、应用系统性能测试、渗透性测试等工作将在非业务高峰期进行。

3）请预先通知关键设备和应用系统的厂商技术人员，在测评期间如遇异常情况无法处理时，能够在2小时内赶到现场协助处理。

我单位将在____年____月____日前与贵单位协商确认具体测评操作存在的详细风险清单。

告知人：测评委托单位

被告知人签字：

年　　月　　日

2. 现场测评授权书

现场测评授权书

委托单位：____________________

测评机构：____________________

委托 ×××测评机构，对以下系统：

×××××××××××××系统（备案编号：×××××××××××-××××××××）

进行等级测评活动。

现授权××××××××××××××××××××××××××××× 进行测评，并承担下列义务：

1）向测评机构介绍本单位的信息化建设状况与发展情况。

2）准备测评机构需要的资料。

3）为测评人员的信息收集提供支持和协调。

4）准确填写调查表格。

5）根据被测系统的具体情况，如业务运行高峰期、网络布置情况等，为测评时间安排提供适宜的建议。

6）制定应急预案。

7）测评前备份系统和数据，并确认被测设备状态完好。

8）协调被测系统内部相关人员的关系，配合测评工作的开展。

相关人员回答测评人员的问询，对某些需要验证的内容进行上机操作：

1）相关人员确认测试前协助测评人员实施工具测试并提供有效建议，降低安全测评对系统运行的影响。

2）相关人员协助测评人员完成业务相关内容的问询、验证和测试。

同时要求测评机构承担以下责任：

1）组建等级测评项目组。

2）指出测评委托单位应提供的基本资料。

3）准备被测系统基本情况调查表格，并提交给测评委托单位。

4）向测评委托单位介绍安全测评工作流程和方法。

5）向测评委托单位说明测评工作可能带来的风险和规避方法。

6）了解测评委托单位的信息化建设状况与发展，以及被测系统的基本情况。

7）初步分析系统的安全情况。

8）准备测评工具和文档。

9）详细分析被测系统的整体结构、边界、网络区域、重要节点等。

10）判断被测系统的安全薄弱点。

11）分析确定测评对象、测评指标和测试工具接入点，确定测评内容及方法。

12）编制测评方案文本，并对其内部评审，并提交被测机构签字确认利用访谈、文档审查、配置检查、工具测试和实地察看的方法测评被测系统的保护措施情况，以及获取相关证据。

13）分析并判定单项测评结果和整体测评结果。

14）分析评价被测系统存在的风险情况。

15）根据测评结果形成等级测评结论。

16）编制等级测评报告，说明系统存在的安全隐患和缺陷，并给出改进建议。

17）将生成的过程文档归档保存，并将测评过程中生成的电子文档清除。

授权方（签名）：被测系统安全责任单位法定代表人或法定代表人授权签字人、安全责任部门负责人

日期：　　　年　　月　　日

3.2 通用安全设计

在等保开始之前，作为环境准备，需要了解等保测评指标对环境的要求。

把测评指标和测评方式结合到信息系统的具体测评对象上，就构成了可以具体测评的工作单元，具体分为安全物理环境、安全通信网络、安全区域边界、安全计算环境、安全管理中心、安全管理制度、安全管理机构、安全管理人员、安全建设管理、安全运维管理等方面。

以下建设要求，以等保三级系统为例展开详细说明。

3.2.1 物理环境设计要求

三级系统的等级保护针对安全物理环境（通用要求）测评指标见表 3-23。

表 3-23 安全物理环境（通用要求）测评指标

序号	安全子类	测评指标描述
1	物理位置选择	机房场地应选择在具有防震、防风和防雨等能力的建筑内
		机房场地应避免设在建筑物的顶层或地下室，否则应加强防水和防潮措施
2	物理访问控制	机房出入口应配置电子门禁系统，控制、鉴别和记录进入的人员
3	防盗窃和防破坏	应将设备或主要部件进行固定，并设置明显且不易除去的标识
		应将通信线缆铺设在隐蔽安全处
		应设置机房防盗报警系统或设置有专人值守的视频监控系统
4	防雷击	应将各类机柜、设施和设备等通过接地系统安全接地
		应采取措施防止感应雷，例如设置防雷保安器或过压保护装置等
5	防火	机房应设置火灾自动消防系统，能够自动检测火情、自动报警，并自动灭火
		机房及相关的工作房间和辅助房应采用具有耐火等级的建筑材料
		应对机房划分区域进行管理，区域和区域之间设置隔离防火措施
6	防水和防潮	应采取措施防止雨水通过机房窗户、屋顶和墙壁渗透
		应采取措施防止机房内水蒸气结露和地下积水的转移与渗透
		应安装对水敏感的检测仪表或元件，对机房进行防水检测和报警
7	防静电	应采用防静电地板或地面并采用必要的接地防静电措施
		应采取措施防止静电的产生，例如采用静电消除器、佩戴防静电手环等
8	温湿度控制	应设置温湿度自动调节设施，使机房温湿度的变化在设备运行所允许的范围之内
9	电力供应	应在机房供电线路上配置稳压器和过电压防护设备
		应提供短期的备用电力供应，至少满足设备在断电情况下的正常运行要求
		应设置冗余或并行的电力电缆线路为计算机系统供电
10	电磁防护	电源线和通信线缆应隔离铺设，避免互相干扰

3.2.2 安全通信网络设计要求

三级系统的等级保护针对安全通信网络（通用要求）测评指标见表3-24。

表3-24 安全通信网络（通用要求）测评指标

序号	安全子类	测评指标描述
1	网络架构	应保证网络设备的业务处理能力满足业务高峰期需要
		应保证网络各个部分的带宽满足业务高峰期需要
		应划分不同的网络区域，并按照方便管理和控制的原则为各网络区域分配地址
		应避免将重要网络区域部署在边界处，重要网络区域与其他网络区域之间应采取可靠的技术隔离手段
		应提供通信线路、关键网络设备和关键计算设备的硬件冗余，保证系统的可用性
2	通信传输	应采用校验技术或密码技术保证通信过程中数据的完整性
		应采用密码技术保证通信过程中数据的保密性
3	可信验证	可基于可信根对通信设备的系统引导程序、系统程序、重要配置参数和通信应用程序等进行可信验证，并在应用程序的关键执行环节进行动态可信验证，在检测到其可信性受到破坏后进行报警，并将验证结果形成审计记录送至安全管理中心

3.2.3 安全区域边界设计要求

三级系统的等级保护针对安全区域边界（通用要求）测评指标见表3-25。

表3-25 安全区域边界（通用要求）测评指标

序号	安全子类	测评指标描述
1	边界防护	应保证跨越边界的访问和数据流通过边界设备提供的受控接口进行通信
		应能够对非授权设备私自联到内部网络的行为进行检查或限制
		应能够对内部用户非授权联到外部网络的行为进行检查或限制
		应限制无线网络的使用，保证无线网络通过受控的边界设备接入内部网络
2	访问控制	应在网络边界或区域之间根据访问控制策略设置访问控制规则，默认情况下，除允许通信外受控接口拒绝所有通信
		应删除多余或无效的访问控制规则，优化访问控制列表，并保证访问控制规则数量最小化
		应对源地址、目的地址、源端口、目的端口和协议等进行检查，以允许/拒绝数据包进出
		应能根据会话状态信息为进出数据流提供明确的允许/拒绝访问的能力
		应对进出网络的数据流实现基于应用协议和应用内容的访问控制

（续）

序号	安全子类	测评指标描述
3	入侵防范	应在关键网络节点处检测、防止或限制从外部发起的网络攻击行为
		应在关键网络节点处检测、防止或限制从内部发起的网络攻击行为
		应采取技术措施对网络行为进行分析，实现对网络攻击特别是新型网络攻击行为的分析
		当检测到攻击行为时，记录攻击源 IP、攻击类型、攻击目标、攻击时间，在发生严重入侵事件时应提供报警
4	恶意代码和垃圾邮件防范	应在关键网络节点处对恶意代码进行检测和清除，并维护恶意代码防护机制的升级和更新
		应在关键网络节点处对垃圾邮件进行检测和防护，并维护垃圾邮件防护机制的升级和更新
5	安全审计	应在网络边界、重要网络节点进行安全审计，审计覆盖到每个用户，对重要的用户行为和重要安全事件进行审计
		审计记录应包括事件的日期和时间、用户、事件类型、事件是否成功及其他与审计相关的信息
		应对审计记录进行保护并定期备份，避免受到未预期的删除、修改或覆盖等
		应能对远程访问的用户行为、访问互联网的用户行为等单独进行行为审计和数据分析
6	可信验证	可基于可信根对边界设备的系统引导程序、系统程序、重要配置参数和边界防护应用程序等进行可信验证，并在应用程序的关键执行环节进行动态可信验证，在检测到其可信性受到破坏后进行报警，并将验证结果形成审计记录送至安全管理中心

3.2.4 安全计算环境设计要求

三级系统的等级保护针对安全计算环境（通用要求）测评指标见表 3-26。

表 3-26 安全计算环境（通用要求）测评指标

序号	安全子类	测评指标描述
1	身份鉴别	应对登录的用户进行身份标识和鉴别，身份标识具有唯一性，身份鉴别信息具有复杂度要求并定期更换
		应具有登录失败处理功能，应配置并启用结束会话、限制非法登录次数和当登录连接超时自动退出等相关措施
		当进行远程管理时，应采取必要措施防止鉴别信息在网络传输过程中被窃听
		应采用口令、密码技术、生物技术等两种或两种以上组合的鉴别技术对用户进行身份鉴别，且其中一种鉴别技术至少应使用密码技术来实现
2	访问控制	应对登录的用户分配账户和权限
		应重命名或删除默认账户，修改默认账户的默认口令
		应及时删除或停用多余的、过期的账户，避免共享账户的存在
		应授予管理用户所需的最小权限，实现管理用户的权限分离

（续）

序号	安全子类	测评指标描述
2	访问控制	应由授权主体配置访问控制策略，访问控制策略规定主体对客体的访问规则
		访问控制的粒度应达到主体为用户级或进程级，客体为文件、数据库表级
		应对重要主体和客体设置安全标记，并控制主体对有安全标记信息资源的访问
3	安全审计	应启用安全审计功能，审计覆盖到每个用户，对重要的用户行为和重要安全事件进行审计
		审计记录应包括事件的日期和时间、用户、事件类型、事件是否成功及其他与审计相关的信息
		应对审计记录进行保护并定期备份，避免受到未预期的删除、修改或覆盖等
		应对审计进程进行保护，防止未经授权的中断
4	入侵防范	应遵循最小安装的原则，仅安装需要的组件和应用程序
		应关闭不需要的系统服务、默认共享和高危端口
		应通过设定终端接入方式或网络地址范围对通过网络进行管理的终端采取限制
		应提供数据有效性检验功能，保证通过人机接口输入或通过通信接口输入的内容符合系统设定要求
		应能发现可能存在的已知漏洞，并在经过充分测试评估后及时修补漏洞
		应能够检测到对重要节点进行入侵的行为，并在发生严重入侵事件时提供报警
5	恶意代码防范	应采用免受恶意代码攻击的技术措施或主动免疫可信验证机制及时识别入侵和病毒行为，并将其有效阻断
6	可信验证	可基于可信根对计算设备的系统引导程序、系统程序、重要配置参数和应用程序等进行可信验证，并在应用程序的关键执行环节进行动态可信验证，在检测到其可信性受到破坏后进行报警，并将验证结果形成审计记录送至安全管理中心
7	数据完整性	应采用校验技术或密码技术保证重要数据在传输过程中的完整性，包括但不限于鉴别数据、重要业务数据、重要审计数据、重要配置数据、重要视频数据和重要个人信息等
		应采用校验技术或密码技术保证重要数据在存储过程中的完整性，包括但不限于鉴别数据、重要业务数据、重要审计数据、重要配置数据、重要视频数据和重要个人信息等
8	数据保密性	应采用密码技术保证重要数据在传输过程中的保密性，包括但不限于鉴别数据、重要业务数据和重要个人信息等
		应采用密码技术保证重要数据在存储过程中的保密性，包括但不限于鉴别数据、重要业务数据和重要个人信息等
9	数据备份恢复	应提供重要数据的本地数据备份与恢复功能
		应提供异地实时备份功能，利用通信网络将重要数据实时备份至备份场地
		应提供重要数据处理系统的热冗余，保证系统的高可用性
10	剩余信息保护	应保证鉴别信息所在的存储空间被释放或重新分配前得到完全清除
		应保证存有敏感数据的存储空间被释放或重新分配前得到完全清除

（续）

序号	安全子类	测评指标描述
11	个人信息保护	应仅采集和保存业务必需的用户个人信息
		应禁止未授权访问和非法使用用户个人信息

3.2.5　安全管理中心设计要求

三级系统的等级保护针对安全管理中心（通用要求）测评指标见表 3-27。

表 3-27　安全管理中心（通用要求）测评指标

序号	安全子类	测评指标描述
1	系统管理	应对系统管理员进行身份鉴别，只允许其通过特定的命令或操作界面进行系统管理操作，并对这些操作进行审计
		应通过系统管理员对系统的资源和运行进行配置、控制和管理，包括用户身份、系统资源配置、系统加载和启动、系统运行的异常处理、数据和设备的备份与恢复等
2	审计管理	应对审计管理员进行身份鉴别，只允许其通过特定的命令或操作界面进行安全审计操作，并对这些操作进行审计
		应通过审计管理员对审计记录进行分析，并根据分析结果进行处理，包括根据安全审计策略对审计记录进行存储、管理和查询等
3	安全管理	应对安全管理员进行身份鉴别，只允许其通过特定的命令或操作界面进行安全管理操作，并对这些操作进行审计
		应通过安全管理员对系统中的安全策略进行配置，包括安全参数的设置，主体、客体进行统一安全标记，对主体进行授权，配置可信验证策略等
4	集中管控	应划分出特定的管理区域，对分布在网络中的安全设备或安全组件进行管控
		应能够建立一条安全的信息传输路径，对网络中的安全设备或安全组件进行管理
		应对网络链路、安全设备、网络设备和服务器等的运行状况进行集中监测
		应对分散在各个设备上的审计数据进行收集汇总和集中分析，并保证审计记录的留存时间符合法律法规要求
		应对安全策略、恶意代码、补丁升级等安全相关事项进行集中管理
		应能对网络中发生的各类安全事件进行识别、报警和分析

3.2.6　安全管理制度设计要求

三级系统的等级保护针对安全管理制度（通用要求）测评指标见表 3-28。

表 3-28　安全管理制度（通用要求）测评指标

序号	安全子类	测评指标描述
1	安全策略	应制定网络安全工作的总体方针和安全策略，阐明机构安全工作的总体目标、范围、原则和安全框架等

（续）

序号	安全子类	测评指标描述
2	管理制度	应对安全管理活动中的各类管理内容建立安全管理制度
		应对管理人员或操作人员执行的日常管理操作建立操作规程
		应形成由安全策略、管理制度、操作规程、记录表单等构成全面的安全管理制度体系
3	制定和发布	应指定或授权专门的部门或人员负责安全管理制度的制定
		安全管理制度应通过正式、有效的方式发布，并进行版本控制
4	评审和修订	应定期对安全管理制度的合理性和适用性进行论证和审定，对存在不足或需要改进的安全管理制度进行修订

3.2.7 安全管理机构设计要求

三级系统的等级保护针对安全管理机构（通用要求）测评指标见表 3-29。

表 3-29 安全管理机构（通用要求）测评指标

序号	安全子类	测评指标描述
1	岗位设置	应成立指导和管理网络安全工作的委员会或领导小组，其最高领导由单位主管领导担任或授权
		应设立网络安全管理工作的职能部门，设立安全主管、安全管理各个方面的负责人岗位，并定义各负责人的职责
		应设立系统管理员、审计管理员和安全管理员等岗位，并定义部门及各个工作岗位的职责
2	人员配备	应配备一定数量的系统管理员、审计管理员和安全管理员等
		应配备专职安全管理员，不可兼任
3	授权和审批	应根据各个部门和岗位的职责明确授权审批事项、审批部门和批准人等
		应针对系统变更、重要操作、物理访问和系统接入等事项建立审批程序，按照审批程序执行审批过程，对重要活动建立逐级审批制度
		应定期审查审批事项，及时更新需授权和审批的项目、审批部门和审批人等信息
4	沟通和合作	应加强各类管理人员、组织内部机构和网络安全管理部门之间的合作与沟通，定期召开协调会议，共同协作处理网络安全问题
		应加强与网络安全职能部门、各类供应商、业界专家及安全组织的合作与沟通
		应建立外联单位联系列表，包括外联单位名称、合作内容、联系人和联系方式等信息
5	审核和检查	应定期进行常规安全检查，检查内容包括系统日常运行、系统漏洞和数据备份等情况
		应定期进行全面安全检查，检查内容包括现有安全技术措施的有效性、安全配置与安全策略的一致性、安全管理制度的执行情况等
		应制定安全检查表格实施安全检查，汇总安全检查数据，形成安全检查报告，并对安全检查结果进行通报

3.2.8 安全管理人员设计要求

三级系统的等级保护针对安全管理人员（通用要求）测评指标见表 3-30。

表 3-30 安全管理人员（通用要求）测评指标

序号	安全子类	测评指标描述
1	人员录用	应指定或授权专门的部门或人员负责人员录用
		应对被录用人员的身份、安全背景、专业资格或资质等进行审查，对其所具有的技术技能进行考核
		应与被录用人员签署保密协议，与关键岗位人员签署岗位责任协议
2	人员离岗	应及时终止离岗人员的所有访问权限，取回各种身份证件、钥匙、徽章等以及机构提供的软硬件设备
		应办理严格的调离手续，并承诺调离后的保密义务后方可离开
3	安全意识教育和培训	应对各类人员进行安全意识教育和岗位技能培训，并告知相关的安全责任和惩戒措施
		应针对不同岗位制定不同的培训计划，对安全基础知识、岗位操作规程等进行培训
		应定期对不同岗位的人员进行技能考核
4	外部人员访问管理	应在外部人员物理访问受控区域前先提出书面申请，批准后由专人全程陪同，并登记备案
		应在外部人员接入受控网络访问系统前先提出书面申请，批准后由专人开设账户、分配权限，并登记备案
		外部人员离场后应及时清除其所有的访问权限
		获得系统访问授权的外部人员应签署保密协议，不得进行非授权操作，不得复制和泄露任何敏感信息

3.2.9 安全建设管理设计要求

三级系统的等级保护针对安全建设管理（通用要求）测评指标见表 3-31。

表 3-31 安全建设管理（通用要求）测评指标

序号	安全子类	测评指标描述
1	定级与备案	应以书面的形式说明保护对象的安全保护等级及确定等级的方法和理由
		应组织相关部门和有关安全技术专家对定级结果的合理性和正确性进行论证和审定
		应保证定级结果经过相关部门的批准
		应将备案材料报主管部门和相应公安机关备案
2	安全方案设计	应根据安全保护等级选择基本安全措施，依据风险分析的结果补充和调整安全措施

（续）

序号	安全子类	测评指标描述
2	安全方案设计	应根据保护对象的安全保护等级及与其他级别保护对象的关系进行安全整体规划和安全方案设计，设计内容应包含密码技术相关内容，并形成配套文件
		应组织相关部门和有关安全专家对安全整体规划及其配套文件的合理性和正确性进行论证和审定，经过批准后才能正式实施
3	产品采购和使用	应确保网络安全产品的采购和使用符合国家的有关规定
		应确保密码产品与服务的采购和使用符合国家密码管理主管部门的要求
		应预先对产品进行选型测试，确定产品的候选范围，并定期审定和更新候选产品名单
4	自行软件开发	应将开发环境与实际运行环境物理分开，测试数据和测试结果受到控制
		应制定软件开发管理制度，明确说明开发过程的控制方法和人员行为准则
		应制定代码编写安全规范，要求开发人员参照规范编写代码
		应具备软件设计的相关文档和使用指南，并对文档使用进行控制
		应保证在软件开发过程中对安全性进行测试，在软件安装前对可能存在的恶意代码进行检测
		应对程序资源库的修改、更新、发布进行授权和批准，并严格进行版本控制
		应保证开发人员为专职人员，开发人员的开发活动受到控制、监视和审查
5	外包软件开发	应在软件交付前检测其中可能存在的恶意代码
		应保证开发单位提供软件设计文档和使用指南
		应保证开发单位提供软件源代码，并审查软件中可能存在的后门和隐蔽信道
6	工程实施	应指定或授权专门的部门或人员负责工程实施过程的管理
		应制定安全工程实施方案控制工程实施过程
		应通过第三方工程监理控制项目的实施过程
7	测试验收	应制定测试验收方案，并依据测试验收方案实施测试验收，形成测试验收报告
		应进行上线前的安全性测试，并出具安全测试报告，安全测试报告应包含密码应用安全性测试相关内容
8	系统交付	应制定交付清单，并根据交付清单对所交接的设备、软件和文档等进行清点
		应对负责运行维护的技术人员进行相应的技能培训
		应提供建设过程文档和运行维护文档
9	等级测评	应定期进行等级测评，发现不符合相应等级保护标准要求的及时整改
		应在发生重大变更或级别发生变化时进行等级测评
		应确保测评机构的选择符合国家有关规定
10	服务供应商选择	应确保服务供应商的选择符合国家的有关规定
		应与选定的服务供应商签订相关协议，明确整个服务供应链各方需履行的网络安全相关义务
		应定期监督、评审和审核服务供应商提供的服务，并对其变更服务内容加以控制

3.2.10 安全运维管理设计要求

三级系统的等级保护针对安全运维管理（通用要求）测评指标见表 3-32。

表 3-32 安全运维管理（通用要求）测评指标

序号	安全子类	测评指标描述
1	环境管理	应指定专门的部门或人员负责机房安全，对机房出入进行管理，定期对机房供配电、空调、温湿度控制、消防等设施进行维护管理
		应建立机房安全管理制度，对有关物理访问、物品带进出和环境安全等方面的管理做出规定
		应不在重要区域接待来访人员，不随意放置含有敏感信息的纸档文件和移动介质等
2	资产管理	应编制并保存与保护对象相关的资产清单，包括资产责任部门、重要程度和所处位置等内容
		应根据资产的重要程度对资产进行标识管理，根据资产的价值选择相应的管理措施
		应对信息分类与标识方法做出规定，并对信息的使用、传输和存储等进行规范化管理
3	介质管理	应将介质存放在安全的环境中，对各类介质进行控制和保护，实行存储环境专人管理，并根据存档介质的目录清单定期盘点
		应对介质在物理传输过程中的人员选择、打包、交付等情况进行控制，并对介质的归档和查询等进行登记记录
4	设备维护管理	应对各种设备（包括备份和冗余设备）、线路等指定专门的部门或人员定期进行维护管理
		应建立配套设施、软硬件维护方面的管理制度，对其维护进行有效的管理，包括明确维护人员的责任、维修和服务的审批、维修过程的监督控制等
		信息处理设备应经过审批才能带离机房或办公地点，含有存储介质的设备带出工作环境时其中重要数据应加密
		含有存储介质的设备在报废或重用前，应进行完全清除或被安全覆盖，保证该设备上的敏感数据和授权软件无法被恢复重用
5	漏洞和风险管理	应采取必要的措施识别安全漏洞和隐患，对发现的安全漏洞和隐患及时进行修补或评估可能的影响后进行修补
		应定期开展安全测评，形成安全测评报告，采取措施应对发现的安全问题
6	网络和系统安全管理	应划分不同的管理员角色进行网络和系统的运维管理，明确各个角色的责任和权限
		应指定专门的部门或人员进行账户管理，对申请账户、建立账户、删除账户等进行控制
		应建立网络和系统安全管理制度，对安全策略、账户管理、配置管理、日志管理、日常操作、升级与打补丁、口令更新周期等方面做出规定
		应制定重要设备的配置和操作手册，依据手册对设备进行安全配置和优化配置等
		应详细记录运维操作日志，包括日常巡检工作、运行维护记录、参数的设置和修改等内容

（续）

序号	安全子类	测评指标描述
6	网络和系统安全管理	应指定专门的部门或人员对日志、监测和报警数据等进行分析、统计，及时发现可疑行为
		应严格控制变更性运维，经过审批后才可改变连接、安装系统组件或调整配置参数，操作过程中应保留不可更改的审计日志，操作结束后应同步更新配置信息库
		应严格控制运维工具的使用，经过审批后才可接入进行操作，操作过程中应保留不可更改的审计日志，操作结束后应删除工具中的敏感数据
		应严格控制远程运维的开通，经过审批后才可开通远程运维接口或通道，操作过程中应保留不可更改的审计日志，操作结束后立即关闭接口或通道
		应保证所有与外部的连接均得到授权和批准，应定期检查违反规定无线上网及其他违反网络安全策略的行为
7	恶意代码防范管理	应提高所有用户的防恶意代码意识，对外来计算机或存储设备接入系统前进行恶意代码检查等
		应定期验证防范恶意代码攻击的技术措施的有效性
8	配置管理	应记录和保存基本配置信息，包括网络拓扑结构、各个设备安装的软件组件、软件组件的版本和补丁信息、各个设备或软件组件的配置参数等
		应将基本配置信息改变纳入变更范畴，实施对配置信息改变的控制，并及时更新基本配置信息库
9	密码管理	应遵循密码相关国家标准和行业标准
		应使用国家密码管理主管部门认证核准的密码技术和产品
10	变更管理	应明确变更需求，变更前根据变更需求制定变更方案，变更方案经过评审、审批后方可实施
		应建立变更的申报和审批控制程序，依据程序控制所有的变更，记录变更实施过程
		应建立中止变更并从失败变更中恢复的程序，明确过程控制方法和人员职责，必要时对恢复过程进行演练
11	备份与恢复管理	应识别需要定期备份的重要业务信息、系统数据及软件系统等
		应规定备份信息的备份方式、备份频度、存储介质、保存期等
		应根据数据的重要性和数据对系统运行的影响，制定数据的备份策略和恢复策略、备份程序和恢复程序等
12	安全事件处置	应及时向安全管理部门报告所发现的安全弱点和可疑事件
		应制定安全事件报告和处置管理制度，明确不同安全事件的报告、处置和响应流程，规定安全事件的现场处理、事件报告和后期恢复的管理职责等
		应在安全事件报告和响应处理过程中，分析和鉴定事件产生的原因，收集证据，记录处理过程，总结经验教训
		对造成系统中断和造成信息泄露的重大安全事件应采用不同的处理程序和报告程序
13	应急预案管理	应规定统一的应急预案框架，包括启动预案的条件、应急组织构成、应急资源保障、事后教育和培训等内容
		应制定重要事件的应急预案，包括应急处理流程、系统恢复流程等内容
		应定期对系统相关的人员进行应急预案培训，并进行应急预案的演练
		应定期对原有的应急预案重新评估，修订完善

（续）

序号	安全子类	测评指标描述
14	外包运维管理	应确保外包运维服务商的选择符合国家的有关规定
		应与选定的外包运维服务商签订相关的协议，明确约定外包运维的范围、工作内容
		应保证选择的外包运维服务商在技术和管理方面均应具有按照等级保护要求开展安全运维工作的能力，并将能力要求在签订的协议中明确
		应在与外包运维服务商签订的协议中明确所有相关的安全要求，如可能涉及对敏感信息的访问、处理、存储要求，对 IT 基础设施中断服务的应急保障要求等

3.3 扩展安全设计

本节介绍了等级保护测评各个层面对于扩展项的安全设计要求。

3.3.1 安全物理环境针对扩展项的设计要求

三级系统的等级保护针对安全物理环境（扩展要求）测评指标见表 3-33。

表 3-33 安全物理环境（扩展要求）测评指标

序号	扩展类型	安全子类	测评指标描述
1	云计算安全扩展要求	基础设施位置	应保证云计算基础设施位于中国境内
2	移动互联网安全扩展要求	无线接入点的物理位置	应为无线接入设备的安装选择合理位置，避免过度覆盖和电磁干扰
3	物联网安全扩展要求	感知节点设备物理防护	感知节点设备所处的物理环境应不对感知节点设备造成物理破坏，如挤压、强振动
			感知节点设备在工作状态所处物理环境应能正确反映环境状态（如温湿度传感器不能安装在阳光直射区域） 感知节点设备在工作状态所处物理环境应不对感知节点设备的正常工作造成影响，如强干扰、阻挡屏蔽等
			关键感知节点设备应具有可供长时间工作的电力供应（关键网关节点设备应具有持久稳定的电力供应能力）
4	工业控制系统安全扩展要求	室外控制设备物理防护	室外控制设备应放置于采用铁板或其他防火材料制作的箱体或装置中并紧固；箱体或装置具有透风、散热、防盗、防雨和防火等能力
			室外控制设备放置应远离强电磁干扰、强热源等环境，如无法避免应及时做好应急处置及检修，保证设备正常运行

（续）

<table>
<tr><th>序号</th><th>扩展类型</th><th>安全子类</th><th>测评指标描述</th></tr>
<tr><td rowspan="2">5</td><td rowspan="2">大数据安全扩展要求</td><td>大数据平台</td><td>应保证承载大数据存储、处理和分析的设备机房位于中国境内</td></tr>
<tr><td>基础设施位置</td><td>应保证承载大数据存储、处理和分析的设备机房位于中国境内</td></tr>
</table>

3.3.2 安全通信网络针对扩展项的设计要求

三级系统的等级保护针对安全通信网络（扩展要求）测评指标见表3-34。

表3-34 安全通信网络（扩展要求）测评指标

<table>
<tr><th>序号</th><th>扩展类型</th><th>安全子类</th><th>测评指标描述</th></tr>
<tr><td rowspan="5">1</td><td rowspan="5">云计算安全扩展要求</td><td rowspan="8">网络架构</td><td>应保证云计算平台不承载高于其安全保护等级的业务应用系统</td></tr>
<tr><td>应实现不同云服务客户虚拟网络之间的隔离</td></tr>
<tr><td>应具有根据云服务客户业务需求提供通信传输、边界防护、入侵防范等安全机制的能力</td></tr>
<tr><td>应具有根据云服务客户业务需求自主设置安全策略的能力，包括定义访问路径、选择安全组件、配置安全策略</td></tr>
<tr><td>应提供开放接口或开放性安全服务，允许云服务客户接入第三方安全产品或在云计算平台选择第三方安全服务</td></tr>
<tr><td rowspan="4">2</td><td rowspan="4">工业控制系统安全扩展要求</td><td>工业控制系统与企业其他系统之间应划分为两个区域，区域间应采用单向的技术隔离手段</td></tr>
<tr><td>工业控制系统内部应根据业务特点划分为不同的安全域，安全域之间应采用技术隔离手段</td></tr>
<tr><td>涉及实时控制和数据传输的工业控制系统，应使用独立的网络设备组网，在物理层面上实现与其他数据网及外部公共信息网的安全隔离</td></tr>
<tr><td>通信传输</td><td>在工业控制系统内使用广域网进行控制指令或相关数据交换的应采用加密认证技术手段实现身份认证、访问控制和数据加密传输</td></tr>
<tr><td rowspan="5">3</td><td rowspan="5">大数据安全扩展要求</td><td rowspan="2">大数据平台</td><td>应保证大数据平台不承载高于其安全保护等级的大数据应用</td></tr>
<tr><td>应保证大数据平台的管理流量与系统业务流量分离</td></tr>
<tr><td rowspan="3">网络架构</td><td>应保证大数据平台不承载高于其安全保护等级的大数据应用和大数据资源</td></tr>
<tr><td>保证大数据平台的管理流量与系统业务流量分离</td></tr>
<tr><td>应提供开放接口或开放性安全服务，允许客户接入第三方安全产品或在大数据平台选择第三方安全服务</td></tr>
</table>

3.3.3 安全区域边界针对扩展项的设计要求

三级系统的等级保护针对安全区域边界（扩展要求）测评指标见表 3-35。

表 3-35 安全区域边界（扩展要求）测评指标

序号	扩展类型	安全子类	测评指标描述
1	云计算安全扩展要求	访问控制	应在虚拟化网络边界部署访问控制机制，并设置访问控制规则
			应在不同等级的网络区域边界部署访问控制机制，设置访问控制规则
		入侵防范	应能检测到云服务客户发起的网络攻击行为，并能记录攻击类型、攻击时间、攻击流量等
			应能检测到对虚拟网络节点的网络攻击行为，并能记录攻击类型、攻击时间、攻击流量等
			应能检测到虚拟机与宿主机、虚拟机与虚拟机之间的异常流量
			应在检测到网络攻击行为、异常流量情况时进行告警
		安全审计	应对云服务商和云服务客户在远程管理时执行的特权命令进行审计，至少包括虚拟机删除、虚拟机重启
			应保证云服务商对云服务客户系统和数据的操作可被云服务客户审计
2	移动互联网安全扩展要求	边界防护	应保证有线网络与无线网络边界之间的访问和数据流通过无线接入网关设备
		访问控制	无线接入设备应开启接入认证功能，并支持采用认证服务器认证或国家密码管理机构批准的密码模块进行认证
		入侵防范	应能够检测到非授权无线接入设备和非授权移动终端的接入行为
			应能够检测到针对无线接入设备的网络扫描、DDoS 攻击、密钥破解、中间人攻击和欺骗攻击等行为
			应能够检测到无线接入设备的 SSID 广播、WPS 等高风险功能的开启状态
			应禁用无线接入设备和无线接入网关存在风险的功能，如 SSID 广播、WEP 认证等
			应禁止多个 AP 使用同一个认证密钥
			应能够阻断非授权无线接入设备或非授权移动终端

（续）

序号	扩展类型	安全子类	测评指标描述
3	物联网安全扩展要求	接入控制	应保证只有授权的感知节点可以接入
		入侵防范	应能够限制与感知节点通信的目标地址，以避免对陌生地址的攻击行为
			应能够限制与网关节点通信的目标地址，以避免对陌生地址的攻击行为
4	工业控制系统安全扩展要求	访问控制	应在工业控制系统与企业其他系统之间部署访问控制设备，配置访问控制策略，禁止任何穿越区域边界的 E-Mail、Web、Telnet、Rlogin、FTP 等通用网络服务
			应在工业控制系统内安全域和安全域之间的边界防护机制失效时，及时进行报警
		拨号使用控制	工业控制系统确需使用拨号访问服务的，应限制具有拨号访问权限的用户数量，并采取用户身份鉴别和访问控制等措施
			拨号服务器和客户端均应使用经安全加固的操作系统，并采取数字证书认证、传输加密和访问控制等措施
		无线使用控制	应对所有参与无线通信的用户（人员、软件进程或者设备）提供唯一性标识和鉴别
			应对所有参与无线通信的用户（人员、软件进程或者设备）进行授权以及执行使用进行限制
			应对无线通信采取传输加密的安全措施，实现传输报文的机密性保护
			对采用无线通信技术进行控制的工业控制系统，应能识别其物理环境中发射的未经授权的无线设备，报告未经授权试图接入或干扰控制系统的行为

3.3.4 安全计算环境针对扩展项的设计要求

三级系统的等级保护针对安全计算环境（扩展要求）测评指标见表 3-36。

表 3-36　安全计算环境（扩展要求）测评指标

序号	扩展类型	安全子类	测评指标描述
1	云计算安全扩展要求	身份鉴别	当远程管理云计算平台中设备时，管理终端和云计算平台之间应建立双向身份验证机制
		访问控制	应保证当虚拟机迁移时，访问控制策略随其迁移
			应允许云服务客户设置不同虚拟机之间的访问控制策略

（续）

序号	扩展类型	安全子类	测评指标描述
1	云计算安全扩展要求	入侵防范	应能检测虚拟机之间的资源隔离失效，并进行告警
			应能检测非授权新建虚拟机或者重新启用虚拟机，并进行告警
			应能够检测恶意代码感染及在虚拟机间蔓延的情况，并进行告警
		镜像和快照保护	应针对重要业务系统提供加固的操作系统镜像或操作系统安全加固服务
			应提供虚拟机镜像、快照完整性校验功能，防止虚拟机镜像被恶意篡改
			应采取密码技术或其他技术手段防止虚拟机镜像、快照中可能存在的敏感资源被非法访问
		数据完整性和保密性	应确保云服务客户数据、用户个人信息等存储于中国境内，如需出境应遵循国家相关规定
			应确保只有在云服务客户授权下，云服务商或第三方才具有云服务客户数据的管理权限
			应使用校验码或密码技术确保虚拟机迁移过程中重要数据的完整性，并在检测到完整性受到破坏时采取必要的恢复措施
			应支持云服务客户部署密钥管理解决方案，保证云服务客户自行实现数据的加解密过程
		数据备份恢复	云服务客户应在本地保存其业务数据的备份
			应提供查询云服务客户数据及备份存储位置的能力
			云服务商的云存储服务应保证云服务客户数据存在若干个可用的副本，各副本之间的内容应保持一致
			应为云服务客户将业务系统及数据迁移到其他云计算平台，并为本地系统提供技术手段，从而协助完成迁移过程
		剩余信息保护	应保证虚拟机所使用的内存和存储空间回收时得到完全清除
			云服务客户删除业务应用数据时，云计算平台应将云存储中所有副本删除
2	移动互联网安全扩展要求	移动终端管控	应保证移动终端安装、注册并运行终端管理客户端软件
			移动终端应接受移动终端管理服务端的设备生命周期管理、设备远程控制，如远程锁定、远程擦除等
			应具有选择应用软件安装、运行的功能
		移动应用管控	应只允许指定证书签名的应用软件安装和运行
			应具有软件白名单功能，应能根据白名单控制应用软件安装、运行

（续）

序号	扩展类型	安全子类	测评指标描述
3	物联网安全扩展要求	感知节点设备安全	应保证只有授权的用户可以对感知节点设备上的软件应用进行配置或变更
			应具有对其连接的网关节点设备（包括读卡器）进行身份标识和鉴别的能力
			应具有对其连接的其他感知节点设备（包括路由节点）进行身份标识和鉴别的能力
		网关节点设备安全	应具备对合法连接设备（包括终端节点、路由节点、数据处理中心）进行标识和鉴别的能力
			应具备过滤非法节点和伪造节点所发送数据的能力
			授权用户应能够在设备使用过程中对关键密钥进行在线更新
			授权用户应能够在设备使用过程中对关键配置参数进行在线更新
		抗数据重放	应能够鉴别数据的新鲜性，避免历史数据的重放攻击
			应能够鉴别历史数据的非法修改，避免数据的修改重放攻击
		数据融合处理	应对来自传感网的数据进行数据融合处理，使不同种类的数据可以在同一个平台被使用
4	工业控制系统安全扩展要求	控制设备安全	控制设备自身应实现相应级别安全通用要求提出的身份鉴别、访问控制和安全审计等安全要求，如受条件限制控制设备无法实现上述要求，应由其上位控制或管理设备实现同等功能或通过管理手段控制
			应在经过充分测试评估后，在不影响系统安全稳定运行的情况下对控制设备进行补丁更新、固件更新等工作
			应关闭或拆除控制设备的软盘驱动、光盘驱动、USB 接口、串行口或多余网口等，确需保留的应通过相关的技术措施实施严格的监控管理
			应使用专用设备和专用软件对控制设备进行更新
			应保证控制设备在上线前经过安全性检测，避免控制设备固件中存在恶意代码程序
5	大数据安全扩展要求	大数据平台	大数据平台应对数据采集终端、数据导入服务组件、数据导出终端、数据导出服务组件的使用实施身份鉴别
			大数据平台应能对不同客户的大数据应用实施标识和鉴别
			大数据平台应为大数据应用提供集中管控其计算和存储资源使用状况的能力

（续）

序号	扩展类型	安全子类	测评指标描述
5	大数据安全扩展要求	大数据平台	大数据平台应对其提供的辅助工具或服务组件，实施有效管理
			大数据平台应屏蔽计算、内存、存储资源故障，保障业务正常运行
			大数据平台应提供静态脱敏和去标识化的工具或服务组件技术
			对外提供服务的大数据平台或第三方平台只有在大数据应用授权下才可以对大数据应用的数据资源进行访问、使用和管理
			大数据平台应提供数据分类分级安全管理功能，供大数据应用针对不同类别级别的数据采取不同的安全保护措施
			大数据平台应提供设置数据安全标记功能，基于安全标记的授权和访问控制措施，满足细粒度授权访问控制管理能力要求
			大数据平台应在数据采集、存储、处理、分析等各个环节，支持对数据进行分类分级处置，并保证安全保护策略保持一致
			涉及重要数据接口、重要服务接口的调用，应实施访问控制，包括但不限于数据处理、使用、分析、导出、共享、交换等相关操作
			应在数据清洗和转换过程中对重要数据进行保护，以保证重要数据清洗和转换后的一致性，避免数据失真，并在产生问题时能有效还原和恢复
			应跟踪和记录数据采集、处理、分析和挖掘等过程，保证溯源数据能重现相应过程，溯源数据满足合规审计要求
			大数据平台应保证不同客户大数据应用的审计数据隔离存放，并提供不同客户审计数据收集汇总和集中分析的能力
		身份鉴别	大数据平台应提供双向认证功能，能对不同客户的大数据应用、大数据资源进行双向身份鉴别
			应采用口令和密码技术组合的鉴别技术对使用数据采集终端、数据导入服务组件、数据导出终端、数据导出服务组件的主体实施身份鉴别
			应对向大数据系统提供数据的外部实体实施身份鉴别
			大数据系统提供的各类外部调用接口应依据调用主体的操作权限实施相应强度的身份鉴别
		访问控制	对外提供服务的大数据平台或第三方平台应在服务客户授权下才可以对其数据资源进行访问、使用和管理

（续）

序号	扩展类型	安全子类	测评指标描述
5	大数据安全扩展要求	访问控制	大数据系统应提供数据分类分级标识功能
			应在数据采集、传输、存储、处理、交换及销毁等各个环节，根据数据分类分级标识对数据进行不同处置，最高等级数据的相关保护措施不低于第三级安全要求，安全保护策略在各环节保持一致
			大数据系统应对其提供的各类接口的调用实施访问控制，包括但不限于数据采集、处理、使用、分析、导出、共享、交换等相关操作
			应最小化各类接口操作权限
			应最小化数据使用、分析、导出、共享、交换的数据集
			大数据系统应提供隔离不同客户应用数据资源的能力
			应对重要数据的数据流转、泄露和滥用情况进行监控，及时对异常数据操作行为进行预警，并能够对突发的严重异常操作及时定位和阻断
		安全审计	大数据系统应保证不同客户的审计数据隔离存放，并提供不同客户审计数据收集汇总和集中分析的能力
			大数据系统应对其提供的各类接口的调用情况以及各类账号的操作情况进行审计
			应保证大数据系统服务商对服务客户数据的操作可被服务客户审计
		入侵防范	应对所有进入系统的数据进行检测，避免出现恶意数据输入
		数据完整性	应采用技术手段对数据交换过程进行数据完整性检测
			数据在存储过程中的完整性保护应满足数据提供方系统的安全保护要求
		数据保密性	大数据平台应提供静态脱敏和去标识化的工具或服务组件技术
			应依据相关安全策略和数据分类分级标识对数据进行静态脱敏和去标识化处理
			数据在存储过程中的保密性保护应满足数据提供方系统的安全保护要求
			应采取技术措施保证汇聚大量数据时不暴露敏感信息
			可采用多方计算、同态加密等数据隐私计算技术实现数据共享的安全性
		数据备份恢复	备份数据应采取与原数据一致的安全保护措施
			大数据平台应保证用户数据存在若干个可用的副本，各副本之间的内容应保持一致
			应提供对关键溯源数据的异地备份

（续）

序号	扩展类型	安全子类	测评指标描述
5	大数据安全扩展要求	剩余信息保护	大数据平台应提供主动迁移功能，数据整体迁移的过程中应杜绝数据残留
			应基于数据分类分级保护策略，明确数据销毁要求和方式
			大数据平台应能够根据服务客户提出的数据销毁要求和方式实施数据销毁
		个人信息保护	采集、处理、使用、转让、共享、披露个人信息应在个人信息处理的授权同意范围内，并保留操作审计记录
			应采取措施防止在数据处理、使用、分析、导出、共享、交换等过程中识别出个人身份信息
			对个人信息的重要操作应设置内部审批流程，审批通过后才能对个人信息进行相应的操作
			保存个人信息的时间应满足最小化要求，并能够对超出保存期限的个人信息进行删除或匿名化处理
		数据溯源	应跟踪和记录数据采集、处理、分析和挖掘等过程，保证溯源数据能重现相应过程
			溯源数据应满足数据业务要求和合规审计要求
			应采取技术手段保证数据源的真实可信

3.3.5 安全管理中心针对扩展项的设计要求

三级系统的等级保护针对安全管理中心（扩展要求）测评指标见表 3-37。

表 3-37 安全管理中心（扩展要求）测评指标

序号	扩展类型	安全子类	测评指标描述
1	云计算安全扩展要求	集中管控	应能对物理资源和虚拟资源按照策略做统一管理调度与分配
			应保证云计算平台管理流量与云服务客户业务流量分离
			应根据云服务商和云服务客户的职责划分，收集各自控制部分的审计数据并实现各自的集中审计
			应根据云服务商和云服务客户的职责划分，实现各自控制部分，包括虚拟化网络、虚拟机、虚拟化安全设备等的运行状况的集中监测
2	大数据安全扩展要求	系统管理	大数据平台应为服务客户提供管理其计算和存储资源使用状况的能力
			大数据平台应对其提供的辅助工具或服务组件实施有效管理

（续）

序号	扩展类型	安全子类	测评指标描述
2	大数据安全扩展要求	系统管理	大数据平台应屏蔽计算、内存、存储资源故障，保障业务正常运行
			大数据平台在系统维护、在线扩容等情况下，应保证大数据应用和大数据资源的正常业务处理能力
		集中管控	应对大数据系统提供的各类接口的使用情况进行集中审计和监测，并在发生问题时提供报警

3.3.6 安全建设管理针对扩展项的设计要求

三级系统的等级保护针对安全建设管理（扩展要求）测评指标见表3-38。

表3-38 安全建设管理（扩展要求）测评指标

序号	扩展类型	安全子类	测评指标描述
1	云计算安全扩展要求	云服务商选择	应选择安全合规的云服务商，其所提供的云计算平台应为其所承载的业务应用系统提供相应等级的安全保护能力
			应在服务水平协议中规定云服务的各项服务内容和具体技术指标
			应在服务水平协议中规定云服务商的权限与责任，包括管理范围、职责划分、访问授权、隐私保护、行为准则、违约责任等
			应在服务水平协议中规定服务合约到期时，完整提供云服务客户数据，并承诺相关数据在云计算平台上清除
			应与选定的云服务商签署保密协议，要求其不得泄露云服务客户数据
		供应链管理	应确保供应商的选择符合国家有关规定
			应将供应链安全事件信息或安全威胁信息及时传达到云服务客户
			应将供应商的重要变更及时传达到云服务客户，并评估变更带来的安全风险，采取措施对风险进行控制
2	移动互联网安全扩展要求	移动应用软件采购	应保证移动终端安装、运行的应用软件来自可靠分发渠道或使用可靠证书签名
			应保证移动终端安装、运行的应用软件由指定的开发者开发
		移动应用软件开发	应对移动业务应用软件开发者进行资格审查
			应保证开发移动业务应用软件的签名证书合法性

（续）

序号	扩展类型	安全子类	测评指标描述
3	工业控制系统安全扩展要求	产品采购和使用	工业控制系统重要设备应通过专业机构的安全性检测后方可采购使用
		外包软件开发	应在外包开发合同中规定针对开发单位、供应商的约束条款，包括设备及系统在生命周期内有关保密、禁止关键技术扩散和设备行业专用等方面的内容
4	大数据安全扩展要求	大数据平台	应选择安全合规的大数据平台，其所提供的大数据平台服务应为其所承载的大数据应用提供相应等级的安全保护能力
			应以书面方式约定大数据平台提供者的权限与责任、各项服务内容和具体技术指标等，尤其是安全服务内容
			应明确约束数据交换、共享的接收方对数据的保护责任，并确保接收方有足够或相当的安全防护能力
		服务供应商选择	应选择安全合规的大数据平台，所提供的大数据平台服务应为其所承载的大数据应用和大数据资源提供相应等级的安全保护能力
			应以书面方式约定大数据平台提供者和大数据平台使用者的权限与责任、各项服务内容和具体技术指标等，尤其是安全服务内容
		供应链管理	应确保供应商的选择符合国家有关规定
			应以书面方式约定数据交换、共享的接收方对数据的保护责任，并明确数据安全保护要求
			应将供应链安全事件信息或安全威胁信息及时传达到数据交换、共享的接收方
		数据源管理	应通过合法正当的渠道获取各类数据

3.3.7 安全运维管理针对扩展项的设计要求

三级系统的等级保护针对安全运维管理（扩展要求）测评指标见表 3-39。

表 3-39 安全运维管理（扩展要求）测评指标

序号	扩展类型	安全子类	测评指标描述
1	云计算安全扩展要求	云计算环境管理	云计算平台的运维地点应位于中国境内，境外对境内云计算平台实施运维操作应遵循国家相关规定
2	移动互联网安全扩展要求	配置管理	应建立合法无线接入设备和合法移动终端配置库，用于对非法无线接入设备和非法移动终端的识别

（续）

序号	扩展类型	安全子类	测评指标描述
3	物联网安全扩展要求	感知节点管理	应指定人员定期巡视感知节点设备、网关节点设备的部署环境，对可能影响感知节点设备、网关节点设备正常工作的环境异常进行记录和维护
			应对感知节点设备及网关节点设备的入库、存储、部署、携带、维修、丢失和报废等过程做出明确规定，并进行全程管理
			应加强对感知节点设备、网关节点设备部署环境的保密性管理，包括负责检查和维护的人员调离工作岗位应立即交还相关检查工具和检查维护记录等
4	大数据安全扩展要求	大数据平台	应建立数字资产安全管理策略，对数据全生命周期的操作规范、保护措施、管理人员职责等进行规定，包括但不限于数据采集、存储、处理、应用、流动、销毁等过程
			应制定并执行数据分类分级保护策略，针对不同类别级别的数据制定不同的安全保护措施
			应在数据分类分级的基础上，划分重要数字资产范围，明确重要数据进行自动脱敏或去标识的使用场景和业务处理流程
			应定期评审数据的类别和级别，如需要变更数据的类别或级别，应依据变更审批流程执行变更
		资产管理	应建立数据资产安全管理策略，对数据全生命周期的操作规范、保护措施、管理人员职责等进行规定，包括但不限于数据采集、传输、存储、处理、交换、销毁等过程
			应制定并执行数据分类分级保护策略，针对不同类别级别的数据制定相应强度的安全保护要求
			应定期评审数据的类别和级别，如需要变更数据所属类别或级别，应依据变更审批流程执行变更
			应对数据资产和对外数据接口进行登记管理，建立相应的资产清单
		介质管理	应在中国境内对数据进行清除或销毁
			对存储重要数据的存储介质或物理设备应采取难恢复的技术手段，如物理粉碎、消磁、多次擦写等
		网络和系统安全管理	应建立对外数据接口安全管理机制，所有的接口调用均应获得授权和批准

3.4　等保 2.0 建设咨询与差距分析

网络安全时代，随着信息化不断发展，对信息系统的依赖程度也越来越高，大部分行业信息化都是以信息资源为核心、信息网络为基础、信息人才为依托，有关信息、法规、政策、标准、管理为保障的综合体系。为了贯彻和响应国家及行业等级保护相关文件要求，保护对象系统的安全性，根据公安部的相关要求，开展等级保护相关工作，为了更进一步了解信息系统与等级保护二级要求的差距，我们需要对系统进行等保差距分析，明确与等级保护设计要求（上一节）的具体差距，并为后期安全整改提供有力的依据和指导。

本节是一个关于等保差距分析的介绍，所以我们找了一个二级比较简单要求的示例，根据等级保护二级基本要求，对目标系统信息系统分别从安全物理环境、安全通信网络、安全区域边界、安全计算环境、安全管理中心、安全管理制度、安全管理机构、安全管理人员、安全建设管理、安全运维管理等方面的现状进行对比，找出对象系统信息系统与等级保护二级要求的差距。

3.4.1 安全技术层面差距分析

等级保护二级针对安全技术方面测评差距分析总表见表 3-40。

表 3-40 安全技术方面测评项总表

编号	类　别	测评项数量	未符合数量	符合率	未符合项
安全技术方面					
A	安全物理环境				
B	安全通信网络				
C	安全区域边界				
D	安全计算环境				
E	安全管理中心				

接下来，挨个展开每一项类别的差距分析具体要求。

1. 安全物理环境

等级保护二级针对物理位置选择方面测评差距分析表见表 3-41。

表 3-41 物理位置选择差距分析测评项

测　评　项	现　状	是否符合
机房场地应选择在具有防震、防风和防雨等能力的建筑内		
机房场地应避免设在建筑物的顶层或地下室，否则应加强防水和防潮措施		

等级保护二级针对物理访问控制方面测评差距分析表见表 3-42。

表 3-42 物理访问控制差距分析测评项

测　评　项	现　状	是否符合
机房出入口应安排专人值守或配置电子门禁系统，控制、鉴别和记录进入的人员		

等级保护二级针对防盗窃和防破坏方面测评差距分析表见表3-43。

表3-43　防盗窃和防破坏差距分析测评项

测评项	现状	是否符合
应将设备或主要部件进行固定，并设置明显且不易除去的标记		
应将通信线缆铺设在隐蔽安全处		

等级保护二级针对防雷击方面测评差距分析表见表3-44。

表3-44　防雷击差距分析测评项

测评项	现状	是否符合
应将各类机柜、设施和设备等通过接地系统安全接地		

等级保护二级针对防火方面测评差距分析表见表3-45。

表3-45　防火差距分析测评项

测评项	现状	是否符合
机房应设置火灾自动消防系统，能够自动检测火情、自动报警，并自动灭火		
机房及相关的工作房间和辅助房应采用具有耐火等级的建筑材料		

等级保护二级针对防水和防潮方面测评差距分析表见表3-46。

表3-46　防水和防潮差距分析测评项

测评项	现状	是否符合
应采取措施防止雨水通过机房窗户、屋顶和墙壁渗透		
应采取措施防止机房内水蒸气结露和地下积水的转移与渗透		

等级保护二级针对防静电方面测评差距分析表见表3-47。

表3-47　防静电差距分析测评项

测评项	现状	是否符合
应采用防静电地板或地面并采用必要的接地防静电措施		

等级保护二级针对温湿度控制方面测评差距分析表见表3-48。

表3-48　温湿度控制差距分析测评项

测评项	现状	是否符合
应设置温湿度自动调节设施，使机房温湿度的变化在设备运行所允许的范围之内		

等级保护二级针对电力供应方面测评差距分析表见表3-49。

表 3-49 电力供应差距分析测评项

测 评 项	现 状	是否符合
应在机房供电线路上配置稳压器和过电压防护设备		
应提供短期的备用电力供应，至少满足设备在断电情况下的正常运行要求		

等级保护二级针对电磁防护方面测评差距分析表见表 3-50。

表 3-50 电磁防护差距分析测评项

测 评 项	现 状	是否符合
电源线和通信线缆应隔离铺设，避免互相干扰		

2. 安全通信网络

等级保护二级针对网络架构方面测评差距分析表见表 3-51。

表 3-51 网络架构差距分析测评项

测 评 项	现 状	是否符合
应划分不同的网络区域，并按照方便管理和控制的原则为各网络区域分配地址		
应避免将重要网络区域部署在网络边界处，重要网络区域和其他网络区域之间应采取可靠的技术隔离手段		

等级保护二级针对通信传输方面测评差距分析表见表 3-52。

表 3-52 通信传输差距分析测评项

测 评 项	现 状	是否符合
应采用校验技术保证通信过程中数据的完整性		

等级保护二级针对可信验证方面测评差距分析表见表 3-53。

表 3-53 可信验证差距分析测评项

测 评 项	现 状	是否符合
可基于可信根对通信设备的系统引导程序、系统程序、重要配置参数和通信应用程序等进行可信验证，在检测到其可信性受到破坏后进行报警，并将验证结果形成审计记录送至安全管理中心		

3. 安全区域边界

等级保护二级针对边界防护方面测评差距分析表见表 3-54。

表 3-54 边界防护差距分析测评项

测 评 项	现 状	是否符合
应保证跨越边界的访问和数据流通过边界设备提供的受控接口进行通信		

等级保护二级针对访问控制方面测评差距分析表见表3-55。

表3-55 访问控制差距分析测评项

测评项	现状	是否符合
应在网络边界或区域之间根据访问控制策略设置访问控制规则，默认情况下除允许通信外受控接口拒绝所有通信		
应删除多余或无效的访问控制规则，优化访问控制列表，并保证访问控制规则数量最小化		
应对源地址、目的地址、源端口、目的端口和协议等进行检查，以允许/拒绝数据包进出		
应能根据会话状态信息为进出数据流提供明确的允许/拒绝访问的能力		

等级保护二级针对入侵防范方面测评差距分析表见表3-56。

表3-56 入侵防范差距分析测评项

测评项	现状	是否符合
应在关键网络节点处监视网络攻击行为		

等级保护二级针对恶意代码和垃圾邮件防范方面测评差距分析表见表3-57。

表3-57 恶意代码和垃圾邮件防范差距分析测评项

测评项	现状	是否符合
应在关键网络节点处对恶意代码进行检测和清除，并维护恶意代码防护机制的升级和更新		

等级保护二级针对安全审计方面测评差距分析表见表3-58。

表3-58 安全审计差距分析测评项

测评项	现状	是否符合
应在网络边界、重要网络节点进行安全审计，审计覆盖到每个用户，对重要的用户行为和重要安全事件进行审计		
审计记录应包括事件的日期和时间、用户、事件类型、事件是否成功及其他与审计相关的信息		
应对审计记录进行保护并定期备份，避免受到未预期的删除、修改或覆盖等		

等级保护二级针对可信验证方面测评差距分析表见表3-59。

表3-59 可信验证差距分析测评项

测评项	现状	是否符合
可基于可信根对边界设备的系统引导程序、系统程序、重要配置参数和边界防护应用程序等进行可信验证，并在检测到其可信性受到破坏后进行报警，并将验证结果形成审计记录送至安全管理中心		

4. 安全计算环境

等级保护二级针对身份鉴别方面测评差距分析表见表 3-60。

表 3-60 身份鉴别差距分析测评项

测 评 项	现 状	是否符合
应对登录的用户进行身份标识和鉴别，身份标识具有唯一性，身份鉴别信息具有复杂度要求并定期更换		
应具有登录失败处理功能，应配置并启用结束会话、限制非法登录次数和当登录连接超时自动退出等相关措施		
当进行远程管理时，应采取必要措施防止鉴别信息在网络传输过程中被窃听		

等级保护二级针对访问控制方面测评差距分析表见表 3-61。

表 3-61 访问控制差距分析测评项

测 评 项	现 状	是否符合
应对登录的用户分配账户和权限		
应重命名或删除默认账户，修改默认账户的默认口令		
应及时删除或停用多余的、过期的账户，避免共享账户的存在		
应授予管理用户所需的最小权限，实现管理用户的权限分离		

等级保护二级针对安全审计方面测评差距分析表见表 3-62。

表 3-62 安全审计差距分析测评项

测 评 项	现 状	是否符合
应启用安全审计功能，审计覆盖到每个用户，对重要的用户行为和重要安全事件进行审计		
审计记录应包括事件的日期和时间、用户、事件类型、事件是否成功及其他与审计相关的信息		
应对审计记录进行保护并定期备份，避免受到未预期的删除、修改或覆盖等		

等级保护二级针对入侵防范方面测评差距分析表见表 3-63。

表 3-63 入侵防范差距分析测评项

测 评 项	现 状	是否符合
应遵循最小安装的原则，仅安装需要的组件和应用程序		
应关闭不需要的系统服务、默认共享和高危端口		
应通过设定终端接入方式或网络地址范围对通过网络进行管理的终端采取限制		

（续）

测 评 项	现 状	是否符合
应提供数据有效性检验功能，保证通过人机接口输入或通过通信接口输入的内容符合系统设定要求		
应能发现可能存在的已知漏洞，并在经过充分测试评估后及时修补漏洞		

等级保护二级针对恶意代码防范方面测评差距分析表见表 3-64。

表 3-64　恶意代码防范差距分析测评项

测 评 项	现 状	是否符合
应安装防恶意代码软件或配置具有相应功能的软件，并定期进行升级和更新防恶意代码库		

等级保护二级针对可信验证方面测评差距分析表见表 3-65。

表 3-65　可信验证差距分析测评项

测 评 项	现 状	是否符合
可基于可信根对计算设备的系统引导程序、系统程序、重要配置参数和应用程序等进行可信验证，并在检测到其可信性受到破坏后进行报警，并将验证结果形成审计记录送至安全管理中心		

等级保护二级针对数据完整性方面测评差距分析表见表 3-66。

表 3-66　数据完整性差距分析测评项

测 评 项	现 状	是否符合
应采用校验技术保证重要数据在传输过程中的完整性		

等级保护二级针对数据备份恢复方面测评差距分析表见表 3-67。

表 3-67　数据备份恢复差距分析测评项

测 评 项	现 状	是否符合
应提供重要数据的本地数据备份与恢复功能		
应提供异地实时备份功能，利用通信网络将重要数据实时备份至备份场地		

等级保护二级针对剩余信息保护方面测评差距分析表见表 3-68。

表 3-68　剩余信息保护差距分析测评项

测 评 项	现 状	是否符合
应保证鉴别信息所在的存储空间被释放或重新分配前得到完全清除		

等级保护二级针对个人信息保护方面测评差距分析表见表 3-69。

表 3-69　个人信息保护差距分析测评项

测 评 项	现 状	是否符合
应仅采集和保存业务必需的用户个人信息		
应禁止未授权访问和非法使用用户个人信息		

5. 安全管理中心

等级保护二级针对系统管理方面测评差距分析表见表 3-70。

表 3-70　系统管理差距分析测评项

测 评 项	现 状	是否符合
应对系统管理员进行身份鉴别，只允许其通过特定的命令或操作界面进行系统管理操作，并对这些操作进行审计		
应通过系统管理员对系统的资源和运行进行配置、控制和管理，包括用户身份、系统资源配置、系统加载和启动、系统运行的异常处理、数据和设备的备份与恢复等		

等级保护二级针对审计管理方面测评差距分析表见表 3-71。

表 3-71　审计管理差距分析测评项

测 评 项	现 状	是否符合
应对审计管理员进行身份鉴别，只允许其通过特定的命令或操作界面进行安全审计操作，并对这些操作进行审计		
应通过审计管理员对审计记录进行分析，并根据分析结果进行处理，包括根据安全审计策略对审计记录进行存储、管理和查询等		

3.4.2　安全管理层面差距分析

等级保护二级针对安全管理方面测评差距分析总表见表 3-72。

表 3-72　安全管理方面测评项总表

编号	类 别	测评项数量	未符合数量	符合率	未符合项
安全管理方面					
A	安全管理制度				
B	安全管理机构				
C	安全管理人员				
	小计				
	合计				

1. 安全管理制度

等级保护二级针对安全策略方面测评差距分析表见表 3-73。

表 3-73 安全策略差距分析测评项

测评项	现状	是否符合
应制定网络安全工作的总体方针和安全策略，阐明机构安全工作的总体目标、范围、原则和安全框架等		

等级保护二级针对安全制度方面测评差距分析表见表 3-74。

表 3-74 安全制度差距分析测评项

测评项	现状	是否符合
应对安全管理活动中的各类管理内容建立安全管理制度		
应对管理人员或操作人员执行的日常管理操作建立操作规程		

等级保护二级针对制定和发布方面测评差距分析表见表 3-75。

表 3-75 制定和发布差距分析测评项

测评项	现状	是否符合
应指定或授权专门的部门或人员负责安全管理制度的制定		
安全管理制度应通过正式、有效的方式发布，并进行版本控制		

等级保护二级针对评审和修订方面测评差距分析表见表 3-76。

表 3-76 评审和修订差距分析测评项

测评项	现状	是否符合
应定期对安全管理制度的合理性和适用性进行论证和审定，对存在不足或需要改进的安全管理制度进行修订		

2. 安全管理机构

等级保护二级针对岗位设置方面测评差距分析表见表 3-77。

表 3-77 岗位设置差距分析测评项

测评项	现状	是否符合
应设立网络安全管理工作的职能部门，设立安全主管、安全管理各个方面的负责人岗位，并定义各负责人的职责		
应设立系统管理员、审计管理员和安全管理员等岗位，并定义部门及各个工作岗位的职责		

等级保护二级针对人员配备方面测评差距分析表见表 3-78。

表 3-78　人员配备差距分析测评项

测　评　项	现　　状	是否符合
应配备一定数量的系统管理员、审计管理员和安全管理员等		

等级保护二级针对授权和审批方面测评差距分析表见表 3-79。

表 3-79　授权和审批差距分析测评项

测　评　项	现　　状	是否符合
应根据各个部门和岗位的职责明确授权审批事项、审批部门和批准人等		
应针对系统变更、重要操作、物理访问和系统接入等事项执行审批过程		

等级保护二级针对沟通和合作方面测评差距分析表见表 3-80。

表 3-80　沟通和合作差距分析测评项

测　评　项	现　　状	是否符合
应加强各类管理人员、组织内部机构和网络安全管理部门之间的合作与沟通，定期召开协调会议，共同协作处理网络安全问题		
应加强与网络安全职能部门、各类供应商、业界专家及安全组织的合作与沟通		
应建立外联单位联系列表，包括外联单位名称、合作内容、联系人和联系方式等信息		

等级保护二级针对审核和检查方面测评差距分析表见表 3-81。

表 3-81　审核和检查差距分析测评项

测　评　项	现　　状	是否符合
应定期进行常规安全检查，检查内容包括系统日常运行、系统漏洞和数据备份等情况		

3. 安全管理人员

等级保护二级针对人员录用方面测评差距分析表见表 3-82。

表 3-82　人员录用差距分析测评项

测　评　项	现　　状	是否符合
应指定或授权专门的部门或人员负责人员录用		
应对被录用人员的身份、安全背景、专业资格或资质等进行审查		

等级保护二级针对人员离岗方面测评差距分析表见表 3-83。

表 3-83　人员离岗差距分析测评项

测　评　项	现　　状	是否符合
应及时终止离岗人员的所有访问权限，取回各种身份证件、钥匙、徽章等以及机构提供的软硬件设备		

等级保护二级针对外部人员访问管理方面测评差距分析表见表 3-84。

表 3-84　外部人员访问管理差距分析测评项

测　评　项	现　　状	是否符合
应在外部人员物理访问受控区域前先提出书面申请，批准后由专人全程陪同，并登记备案		
应在外部人员接入受控网络访问系统前先提出书面申请，批准后由专人开设账户、分配权限，并登记备案		
外部人员离场后应及时清除其所有的访问权限		

3.4.3　安全运维评估及加固

1. 安全运维管理差距分析

等级保护二级针对环境管理方面测评差距分析表见表 3-85。

表 3-85　环境管理差距分析测评项

测　评　项	现　　状	是否符合
应指定专门的部门或人员负责机房安全，对机房出入进行管理，定期对机房供配电、空调、温湿度控制、消防等设施进行维护管理		
应对机房的安全管理做出规定，包括物理访问、物品进出和环境安全等		
应不在重要区域接待来访人员，不随意放置含有敏感信息的纸档文件和移动介质等		

等级保护二级针对资产管理方面测评差距分析表见表 3-86。

表 3-86　资产管理差距分析测评项

测　评　项	现　　状	是否符合
应编制并保存与保护对象相关的资产清单，包括资产责任部门、重要程度和所处位置等内容		

等级保护二级针对介质管理方面测评差距分析表见表 3-87。

表 3-87　介质管理差距分析测评项

测　评　项	现　　状	是否符合
应将介质存放在安全的环境中，对各类介质进行控制和保护，实行存储环境专人管理，并根据存档介质的目录清单定期盘点		

（续）

测 评 项	现 状	是否符合
应对介质在物理传输过程中的人员选择、打包、交付等情况进行控制，并对介质的归档和查询等进行登记记录		

等级保护二级针对设备维护管理方面测评差距分析表见表 3-88。

表 3-88 设备维护管理差距分析测评项

测 评 项	现 状	是否符合
应对各种设备（包括备份和冗余设备）、线路等指定专门的部门或人员定期进行维护管理		
应建立配套设施、软硬件维护方面的管理制度，对其维护进行有效的管理，包括明确维护人员的责任、维修和服务的审批、维修过程的监督控制等		

等级保护二级针对漏洞和风险管理方面测评差距分析表见表 3-89。

表 3-89 漏洞和风险管理差距分析测评项

测 评 项	现 状	是否符合
应采取必要的措施识别安全漏洞和隐患，对发现的安全漏洞和隐患及时进行修补或评估可能的影响后进行修补		

等级保护二级针对网络和系统安全管理方面测评差距分析表见表 3-90。

表 3-90 网络和系统安全管理差距分析测评项

测 评 项	现 状	是否符合
应划分不同的管理员角色进行网络和系统的运维管理，明确各个角色的责任和权限		
应指定专门的部门或人员进行账户管理，对申请账户、建立账户、删除账户等进行控制		
应建立网络和系统安全管理制度，对安全策略、账户管理、配置管理、日志管理、日常操作、升级与打补丁、口令更新周期等方面做出规定		
应制定重要设备的配置和操作手册，依据手册对设备进行安全配置和优化配置等		
应详细记录运维操作日志，包括日常巡检工作、运行维护记录、参数的设置和修改等内容		

等级保护二级针对恶意代码防范管理方面测评差距分析表见表 3-91。

表 3-91 恶意代码防范管理差距分析测评项

测 评 项	现 状	是否符合
应提高所有用户的防恶意代码意识，对外来计算机或存储设备接入系统前进行恶意代码检查等		

（续）

测 评 项	现 状	是否符合
应对恶意代码防范要求做出规定，包括防恶意代码软件的授权使用、恶意代码库升级、恶意代码的定期查杀等		
应定期检查恶意代码库的升级情况，对截获的恶意代码进行及时分析处理		

等级保护二级针对配置管理方面测评差距分析表见表3-92。

表3-92 配置管理差距分析测评项

测 评 项	现 状	是否符合
应记录和保存基本配置信息，包括网络拓扑结构、各个设备安装的软件组件、软件组件的版本和补丁信息、各个设备或软件组件的配置参数等		

等级保护二级针对密码管理方面测评差距分析表见表3-93。

表3-93 密码管理差距分析测评项

测 评 项	现 状	是否符合
应遵循密码相关国家标准和行业标准		
应使用国家密码管理主管部门认证核准的密码技术和产品		

等级保护二级针对变更管理方面测评差距分析表见表3-94。

表3-94 变更管理差距分析测评项

测 评 项	现 状	是否符合
应明确变更需求，变更前根据变更需求制定变更方案，变更方案经过评审、审批后方可实施。		

等级保护二级针对备份与恢复管理方面测评差距分析表见表3-95。

表3-95 备份与恢复管理差距分析测评项

测 评 项	现 状	是否符合
应识别需要定期备份的重要业务信息、系统数据及软件系统等		
应规定备份信息的备份方式、备份频度、存储介质、保存期等		
应根据数据的重要性和数据对系统运行的影响，制定数据的备份策略和恢复策略、备份程序和恢复程序等		

等级保护二级针对安全事件处置方面测评差距分析表见表3-96。

表 3-96　安全事件处置差距分析测评项

测　评　项	现　　状	是否符合
应及时向安全管理部门报告所发现的安全弱点和可疑事件		
应制定安全事件报告和处置管理制度，明确不同安全事件的报告、处置和响应流程，规定安全事件的现场处理、事件报告和后期恢复的管理职责等		
应在安全事件报告和响应处理过程中，分析和鉴定事件产生的原因、收集证据、记录处理过程、总结经验教训		

等级保护二级针对外包运维管理方面测评差距分析表见表 3-97。

表 3-97　外包运维管理差距分析测评项

测　评　项	现　　状	是否符合
应确保外包运维服务商的选择符合国家的有关规定		
应与选定的外包运维服务商签订相关的协议，明确约定外包运维的范围、工作内容		

2. 安全管理体系建设

等级保护二级针对定级与备案方面测评差距分析表见表 3-98。

表 3-98　定级与备案差距分析测评项

测　评　项	现　　状	是否符合
应以书面的形式说明保护对象的安全保护等级及确定等级的方法和理由		
应组织相关部门和有关安全技术专家对定级结果的合理性和正确性进行论证和审定		
应保证定级结果经过相关部门的批准		
应将备案材料报主管部门和相应公安机关备案		

等级保护二级针对安全方案设计方面测评差距分析表见表 3-99。

表 3-99　安全方案设计差距分析测评项

测　评　项	现　　状	是否符合
应根据安全保护等级选择基本安全措施，依据风险分析的结果补充和调整安全措施		
应根据保护对象的安全保护等级进行安全方案设计		
应组织相关部门和有关安全专家对安全方案的合理性和正确性进行论证和审定，经过批准后才能正式实施		

等级保护二级针对产品采购和使用方面测评差距分析表见表 3-100。

表 3-100　产品采购和使用差距分析测评项

测评项	现状	是否符合
应确保网络安全产品采购和使用符合国家的有关规定		
应确保密码产品与服务的采购和使用符合国家密码管理主管部门的要求		

等级保护二级针对自行软件开发方面测评差距分析表见表 3-101。

表 3-101　自行软件开发差距分析测评项

测评项	现状	是否符合
应将开发环境与实际运行环境物理分开，测试数据和测试结果受到控制		
应制定软件开发管理制度，明确说明开发过程的控制方法和人员行为准则		

等级保护二级针对外包软件开发方面测评差距分析表见表 3-102。

表 3-102　外包软件开发差距分析测评项

测评项	现状	是否符合
应在软件交付前检测其中可能存在的恶意代码		
应保证开发单位提供软件设计文档和使用指南		

等级保护二级针对工程实施方面测评差距分析表见表 3-103。

表 3-103　工程实施差距分析测评项

测评项	现状	是否符合
应指定或授权专门的部门或人员负责工程实施过程的管理		
应制定安全工程实施方案，从而控制工程实施过程		

等级保护二级针对测试验收方面测评差距分析表见表 3-104。

表 3-104　测试验收差距分析测评项

测评项	现状	是否符合
应制定测试验收方案，并依据测试验收方案实施测试验收，形成测试验收报告		
应进行上线前的安全性测试，并出具安全测试报告		

等级保护二级针对系统交付方面测评差距分析表见表 3-105。

表 3-105　系统交付差距分析测评项

测评项	现状	是否符合
应制定交付清单，并根据交付清单对所交接的设备、软件和文档等进行清点		

（续）

测 评 项	现 状	是否符合
应对负责运行维护的技术人员进行相应的技能培训		
应提供建设过程文档和运行维护文档		

等级保护二级针对等级测评方面测评差距分析表见表 3-106。

表 3-106 等级测评差距分析测评项

测 评 项	现 状	是否符合
应定期进行等级测评，发现不符合相应等级保护标准要求的要及时整改		
应在发生重大变更或级别发生变化时进行等级测评		
应确保测评机构的选择符合国家有关规定		

等级保护二级针对服务供应商方面测评差距分析表见表 3-107。

表 3-107 服务供应商差距分析测评项

测 评 项	现 状	是否符合
应确保服务供应商的选择符合国家的有关规定		
应与选定的服务供应商签订相关协议，明确整个服务供应链各方需履行的网络安全相关义务		

3. 应急响应及演练

等级保护二级针对应急预案管理方面测评差距分析表见表 3-108。

表 3-108 应急预案管理差距分析测评项

测 评 项	现 状	是否符合
应制定重要事件的应急预案，包括应急处理流程、系统恢复流程等内容		
应定期对系统相关的人员进行应急预案培训，并进行应急预案的演练		

4. 安全培训

等级保护二级针对安全意识教育和培训测评差距分析表见表 3-109。

表 3-109 安全意识教育和培训差距分析测评项

测 评 项	现 状	是否符合
应对各类人员进行安全意识教育和岗位技能培训，并告知相关的安全责任和惩戒措施		

第4章　等级保护2.0定级与备案

本章主要介绍在等级保护 2.0 最新标准下的评估定级规范工作要求以及定级与备案信息规范。

4.1　等级保护 2.0 评估定级

在等保 2.0 正式发布之后，许多公司不得不关注其业务信息的安全以及公司所有信息系统的网络安全。做等保，首先自身的系统要被定级，许多要被定级的企业并不清楚流程，其实不必急着找服务商或测评机构，先来厘清一些等保 2.0 需要定级的内容。

等级保护的定级对象主要包括基础网络设施、信息系统（如云计算平台、物联网系统、工业控制系统、移动互联系统、其他系统）和数据资源对象。应避免将某一个组成部分（如终端或服务器、网络设备）作为定级对象。一旦企业的商务信息和信息系统服务出现安全问题，会影响到哪些方面的群体或个人，以此来预先判断保护的等级。

具体的定级规则和原则如下。

4.1.1　定级范围和定级原理

1. 定级范围

网络安全等级保护基本要求根据 GB/T 22239—2019 的定义等级保护分级方法，适用于为网络安全等级保护的定级工作提供指导。

2. 规范性引用文件

下列文件对于定义的规范性引用是必不可少的。凡是注日期的引用文件，仅注日期的版本适用于本文件。凡是不注日期的引用文件，其最新版本（包括所有的修改单）适用于本文件：（GB 17859—1999）《计算机信息系统　安全保护等级划分准则》；（GB/T 22240—2020）《信息安全技术　网络安全等级保护定级指南》；（GB/T 25069—2022）《信息安全技术　术语》；（GB/T 31167—2023）《信息安全技术　云计算服务安全指南》；（GB/T 31168—2023）《信息安全技术　云计算服务安全能力要求》；（GB/T 32919—2016）《信息安全技术　工业控制系统安全控制应用指南》。

3. 等级保护对象

等级保护对象是指网络安全等级保护工作中的对象，通常是指由计算机或者其他信息终端及相关设备组成的按照一定规则和程序对信息进行收集、存储、传输交换、处理的系统，主要包括基础信息网络、云计算平台/系统、大数据应用/平台/资源、物联网（IoT）、工业控制系统和采用移动互联技术的系统等。

等级保护对象根据其在国家安全、经济建设、社会生活中的重要程度，遭到破坏后对国家安全、社会秩序、公共利益以及公民、法人和其他组织的合法权益的危害程度等，由低到高被划分为五个安全保护等级。

保护对象的安全保护等级确定方法见后续章节。

4. 不同级别的安全保护能力

不同级别的等级保护对象应具备的基本安全保护能力如下。

第一级安全保护能力：应能够防护免受来自个人的、拥有很少资源的威胁源发起的恶意攻击、一般的自然灾难，以及其他相当危害程度的威胁所造成的关键资源损害，在自身遭到损害后，能够恢复部分功能。

第二级安全保护能力：应能够防护免受来自外部小型组织的、拥有少量资源的威胁源发起的恶意攻击、一般的自然灾难，以及其他相当危害程度的威胁所造成的重要资源损害，能够发现重要的安全漏洞和处置安全事件，在自身遭到损害后，能够在一段时间内恢复部分功能。

第三级安全保护能力：应能够在统一安全策略下防护免受来自外部有组织的团体、拥有较为丰富资源的威胁源发起的恶意攻击、较为严重的自然灾难，以及其他相当危害程度的威胁所造成的主要资源损害，能够及时发现、监测攻击行为和处置安全事件，在自身遭到损害后，能够较快恢复绝大部分功能。

第四级安全保护能力：应能够在统一安全策略下防护免受来自国家级别的、敌对组织的、拥有丰富资源的威胁源发起的恶意攻击、严重的自然灾难，以及其他相当危害程度的威胁所造成的资源损害，能够及时发现、监测攻击行为和安全事件，在自身遭到损害后，能够迅速恢复所有功能。

第五级安全保护能力：略。

5. 安全通用要求和安全扩展要求

由于不同的业务目标、使用技术、应用场景等因素，不同的等级保护对象会以不同的形态出现，表现形式可能称之为基础信息网络、信息系统（包含采用移动互联等技术的系统）、云计算平台/系统、大数据平台/系统、物联网、工业控制系统等。

以上定义来自（GB/T 22239—2019）《信息安全技术　网络安全等级保护基本要求》（以下简称“本标准”）。

形态不同的等级保护对象面临的威胁有所不同，安全保护需求也会有所差异。为了便于实现对不同级别、不同形态的等级保护对象的共性化和个性化保护，等级保护要求分为安全通用要求和安全扩展要求。

安全通用要求针对共性化保护需求提出，等级保护对象无论以何种形式出现，应根据安全保护等级实现相应级别的安全通用要求；安全扩展要求针对个性化保护需求提出，需要根据安全保护等级和使用的特定技术或特定的应用场景选择性实现安全扩展要求。安全通用要求和安全扩展要求共同构成了对等级保护对象的安全要求。

本标准针对云计算、移动互联、物联网、工业控制系统提出了安全扩展要求。对于采用其他特威技术或处于特殊应用场景的等级保护对象，应在安全风险评估的基础上，针对安全风险采取特殊的安全设施进行补充。

6. 关于安全通用要求和安全扩展要求的选择和使用

由于等级保护对象承载的业务不同，对其的安全关注点会有所不同，有的更关注信息的安全性，即更关注搭线窃听、假冒用户等可能导致信息泄密、非法篡改的情况；有的更关注业务的连续性，即更关注保证系统连续正常的运行，免受对系统未授权的修改、破坏而导致系统不可用引起业务中断的情况。不同级别的等级保护对象，其对业务信息的安全性要求和系统服务的连续性要求是有差异的，即使相同级别的等级保护对象，其对业务信息的安全性要求和系统服务的连续性要求也有差异。等级保护对象定级后，可能形成的定级结果组合见表 4-1。

表 4-1　等级保护对象定级结果组合

安全保护等级	定级结果的组合
第一级	S1A1
第二级	S1A2，S2A2，S2A1
第三级	S1A3，S2A3，S3A3，S3A2，S3A1
第四级	S1A4，S2A4，S3A4，S4A4，S4A3，S4A2，S4A1
第五级	S1A5，S2A5，S3A5，S4A5，S5A4，S5A3，S5A2，S5A1

安全保护措施的选择应依据上述定级结果，本标准中的技术安全要求可进一步细分：保护数据在存储、传输、处理过程中不被泄露、破坏和免受未授权修改的信息安全类要求（简记为 S）；保护系统连续正常的运行，免受对系统的未授权修改、破坏而导致系统不可用的服务保证类要求（简记为 A）；其他安全保护类要求（简记为 G）。本标准中所有安全管理要求和安全扩展要求均标注为 G，安全要求及属性标识见表 4-2~表 4-5。

表 4-2　安全要求及属性标识（一）

技术/管理	分　类	安全控制点	属性标识
安全技术要求	安全物理环境	物理位置选择	G
		物理访问控制	G
		防盗窃和防破坏	G
		防雷击	G
		防火	G
		防水和防潮	G
		防静电	G
		温湿度控制	G
		电力供应	A
		电磁防护	S

表 4-3 安全要求及属性标识（二）

技术/管理	分 类	安全控制点	属性标识
安全技术要求	安全通信网络	网络架构	G
		通信传输	G
		可信验证	S
	安全区域边界	边界防护	G
		访问控制	G
		入侵防范	G
		可信验证	S
		恶意代码防范	G
		安全审计	G
	安全计算环境	身份鉴别	S
		访问控制	S
		安全审计	G
		可信验证	S
		入侵防范	G
		恶意代码防范	G
		数据完整性	S
		数据保密性	S
		数据备份恢复	A
		剩余信息保护	S
		个人信息保护	S
	安全管理中心	系统管理	G
		审计管理	G
		安全管理	G
		集中管控	G
安全管理要求	安全管理制度	安全策略	G
		管理制度	G
		制定和发布	G

表 4-4 安全要求及属性标识（三）

技术/管理	分 类	安全控制点	属性标识
安全管理要求	安全管理制度	评审和修订	G
	安全管理机构	岗位设置	G
		人员配备	G
		授权和审批	G
		沟通和合作	G
		审核和检查	G

（续）

技术/管理	分　类	安全控制点	属性标识
安全管理要求	安全管理人员	人员录用	G
		人员离岗	G
		安全意识教育和培训	G
		外部人员访问管理	G
	安全建设管理	定级与备案	G
		安全方案设计	G
		产品采购和使用	G
		自行软件开发	G
		外包软件开发	G
		工程实施	G
		测试验收	G
		系统交付	G
		等级测评	G
		服务供应商管理	G
	安全运维管理	环境管理	G
		资产管理	G
		介质管理	G
		设备维护管理	G
		漏洞和风险管理	G
		网络与系统安全管理	G
		恶意代码防范管理	G
		配置管理	G

对于确定了级别的等级保护对象，应依据表 4-1 的定级结果，结合表 4-2~表 4-5 的使用安全要求，按照以下过程进行安全要求的选择。

1）根据等级保护对象的级别选择安全要求。方法是根据本标准，第一级选择第一级安全要求，第二级选择第二级安全要求，第三级选择第三级安全要求，第四级选择第四级安全要求，以此作为出发点。

2）根据定级结果，基于表 4-1 和表 4-2 对安全要求进行调整。根据系统服务保证性等级选择相应级别的系统服务保证类（A 类）安全要求；根据业务信息安全性等级选择相应级别的业务信息安全类（S 类）安全要求；根据系统安全等级选择相应级别的安全通用要求（G 类）和安全扩展要求（G 类）。

3）根据等级保护对象采用新技术和新应用的情况，选用相应级别的安全扩展要求作为补充。采用云计算技术的选用云计算安全扩展要求，采用移动互联技术的选用移动互联安全扩展要求，物联网选用物联网安全扩展要求，工业控制系统选用工业控制系统安全扩展要求。

4）针对不同行业或不同对象的特点，分析可能在某些方面的特殊安全保护能力要求，选择较高级别的安全要求或其他标准的补充安全要求。对于本标准中提出的安全要求无法实现或有更加有效的安全措施可以替代的，可以对安全要求进行调整，调整的原则是保证不降低整体安全保护能力。总之，保证不同安全保护等级的对象具有相应级别的安全保护能力，是安全等级保护的核心。选用本标准中提供的安全通用要求和安全扩展要求是保证等级保护对象具备一定安全保护能力的一种途径和出发点，在此出发点的基础上，可以参考等级保护的其他相关标准和安全方面的其他相关标准，调整和补充安全要求，从而实现等级保护对象在满足等级保护安全要求基础上，又具有自身特点的保护。

表 4-5　安全要求及属性标识（四）

技术/管理	分　类	安全控制点	属性标识
安全管理要求	安全运维管理	密码管理	G
		变更管理	G
		备份与恢复管理	G
		安全事件处置	G
		应急预案管理	G
		外包运维管理	G

7. 关于等级保护对象整体安全保护能力的要求

网络安全等级保护的核心是保证不同安全保护等级的对象具有相适应的安全保护能力[引自（GB/T 22239—2019）《信息安全技术　网络安全等级保护基本要求》，以下简称“本标准”]。

依据本标准分层面采取各种安全措施时，还应考虑以下总体性要求，保证等级保护对象的整体安全保护能力。

（1）构建纵深的防御体系

本标准从技术和管理两个方面提出安全要求，在采取由点到面的各种安全措施时，整体上还应保证各种安全措施的组合从外到内构成一个纵深的安全防御体系，保证等级保护对象整体的安全保护能力。应从通信网络、网络边界、局域网络内部、各种业务应用平台等层次落实本标准中提到的各种安全措施，形成纵深防御体系。

（2）采取互补的安全措施

本标准以安全控制的形式提出安全要求，在将各种安全控制落实到特定等级保护对象中时，应考虑各个安全控制之间的互补性，关注各个安全控制在层面内、层面间和功能间产生的连接、交互、依赖、协调、协同等相互关联关系，保证各个安全控制共同综合作用于等级保护对象上，使得等级保护对象的整体安全保护能力得以保证。

（3）保证一致的安全强度

本标准将安全功能要求，如身份鉴别、访问控制、安全审计、入侵防范等内容，分解到等级保护对象的各个层面，在实现各个层面安全功能时，应保证各个层面安全功能实现强度的一致性。应防止某个层面安全功能的减弱导致整体安全保护能力在这个安全功能上削弱。例如，要实现双因子身份鉴别，则应在各个层面的身份鉴别上均实现双因子身份鉴别；要实现基于标记的访问控制，则应保证在各个层面均实现基于标记的访问控制，并保证标记数据在整个等级保护对象内部流动时标记的唯一性等。

（4）建立统一的支撑平台

本标准针对较高级别的等级保护对象，提到了使用密码技术、可信技术等，多数安全功能（如身份鉴别、访问控制、数据完整性、数据保密性等）为了获得更高的强度，均要基于密码技术或可信技术，为了保证等级保护对象的整体安全防护能力，应建立基于密码技术的统一支撑平台，支持高强度身份鉴别、访问控制、数据完整性、数据保密性等安全功能的实现。

（5）进行集中的安全管理

本标准针对较高级别的等级保护对象，提到了实现集中的安全管理、安全监控和安全审计等要求，为了保证分散于各个层面的安全功能在统一策略的指导下实现，各个安全控制在可控情况下发挥各自的作用，应建立集中的管理中心，集中管理等级保护对象中的各个安全控制组件，支持统一安全管理。

4.1.2 定级方法

等级保护对象是网络安全等级保护工作的作用对象，主要包括基础信息网络、信息系统（如工业控制系统、云计算平台、物联网、使用移动互联技术的信息系统，以及其他信息系统）和大数据等。以上定义来自（GA/T 1389—2017）《信息安全技术　网络安全等级保护定级指南》。

甲方可以自己独立完成信息系统定级与备案工作，也可以聘请等保测评机构、有等保安全建设服务机构的安全厂商及其他有资质单位协助完成该工作。

1. 安全保护等级

根据等级保护对象在国家安全、经济建设、社会生活中的重要程度，以及一旦遭到破坏、丧失功能或者数据被篡改、泄露、丢失、损毁后，对国家安全、社会秩序、公共利益以及公民、法人和其他组织的合法权益的侵害程度等因素，等级保护对象的安全保护等级分为以下五级。

1）第一级，等级保护对象受到破坏后，会对相关公民、法人和其他组织的合法权益造成损害，但不危害国家安全、社会秩序和公共利益。

2）第二级，等级保护对象受到破坏后，会对相关公民、法人和其他组织的合法权益造成严重损害，或者对社会秩序和公共利益造成危害，但不危害国家安全。

3）第三级，等级保护对象受到破坏后，会对社会秩序和公共利益造成严重危害，或者对国家安全造成危害。

4）第四级，等级保护对象受到破坏后，会对社会秩序和公共利益造成特别严重危害，或者对国家安全造成严重危害。

5）第五级，等级保护对象受到破坏后，会对国家安全造成特别严重危害。

2. 定级要素

（1）定级要素概述

等级保护对象的定级要素包括受侵害的客体、对客体的侵害程度。

（2）受侵害的客体

1）等级保护对象受到破坏时所侵害的客体包括以下三个方面。

- 公民、法人和其他组织的合法权益。
- 社会秩序、公共利益。
- 国家安全。

2）侵害国家安全的事项包括以下方面。

- 影响国家政权稳固和国防实力。
- 影响国家统一、民族团结和社会安定。
- 影响国家对外活动中的政治、经济利益。
- 影响国家重要的安全保卫工作。
- 影响国家经济竞争力和科技实力。
- 其他影响国家安全的事项。

3）侵害社会秩序的事项包括以下方面。

- 影响国家机关社会管理和公共服务的工作秩序。
- 影响各种类型的经济活动秩序。
- 影响各行业的科研、生产秩序。
- 影响公众在法律约束和道德规范下的正常生活秩序。
- 其他影响社会秩序的事项。

4）侵害公共利益的事项包括以下方面。

- 影响社会成员使用公共设施。
- 影响社会成员获取公开信息资源。
- 影响社会成员接受公共服务等方面。
- 其他影响公共利益的事项。

5）侵害公民、法人和其他组织的合法权益是指由法律确认的并受法律保护的公民、法人和其他组织所享有的一定的社会权力和利益等受到损害。

4.2 定级要素和流程

本节从各个角度分析和详解介绍了等级保护 2.0 的定级要素和流程。

4.2.1 对客体的侵害程度

对客体的侵害程度由客观方面的不同外在表现综合决定。由于对客体的侵害是通过对等级保护对象的破坏实现的，因此，对客体的侵害外在表现为对等级保护对象的破坏，通过侵害方式、侵害后果和侵害程度加以描述。

等级保护对象受到破坏后对客体造成侵害的程度归结为以下三种：一般损害、严重损害和特别严重损害。

- 一般损害：工作职能受到局部影响，业务能力有所降低但不影响主要功能的执行，出现较轻的法律问题，较低的财产损失，有限的社会不良影响，对其他组织和个人造成较低损害。

- 严重损害：工作职能受到严重影响，业务能力显著下降且严重影响主要功能执行，出现较严重的法律问题，较高的财产损失，较大范围的社会不良影响，对其他组织和个人造成较严重损害。
- 特别严重损害：工作职能受到特别严重影响或丧失行使能力，业务能力严重下降且/或功能无法执行，出现极其严重的法律问题，极高的财产损失，大范围的社会不良影响，对其他组织和个人造成非常严重损害。

定级要素与安全保护等级的关系见表 4-6。

表 4-6 定级要素与安全保护等级的关系

受侵害的客体	对客体的侵害程度		
	一般损害	严重损害	特别严重损害
公民、法人和其他组织的合法权益	第一级	第二级	第三级
社会秩序、公共利益	第二级	第三级	第四级
国家安全	第三级	第四级	第五级

以上表格来自（GA/T 1389—2017）《信息安全技术　网络安全等级保护定级指南》。

4.2.2 定级流程

等级保护 2.0 对象定级工作的一般流程如图 4-1 所示。

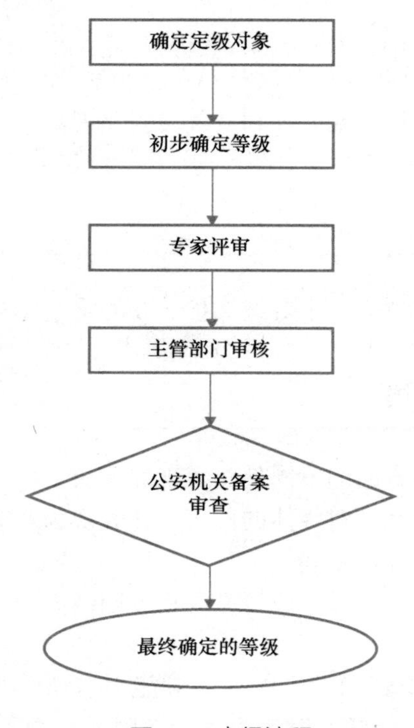

图 4-1 定级流程

4.2.3 基础信息网络和各个系统确定定级对象

1. 基础信息网络

对于电信网、广播电视传输网、互联网等基础信息网络，应分别依据服务类型、服务地域和安全责任主体等因素将其划分为不同的定级对象。跨省全国性业务专网可作为一个整体对象定级，也可以按区域划分为若干个定级对象。

2. 工业控制系统

工业控制系统主要由生产管理层、现场设备层、现场控制层和过程监控层构成。其中，生产管理层的定级对象确定原则见“其他信息系统”。现场设备层、现场控制层和过程监控层应作为一个整体对象定级，各层次要素不单独定级。经过确定定级对象、初步确定等级、专家评审、主管部门审核、公安机关备案审查的流程最终确定的等级，对于大型工业控制系统，可以根据系统功能、控制对象和生产厂商等因素划分为多个定级对象。

3. 云计算平台

在云计算环境中，应将云服务方侧的云计算平台单独作为定级对象定级，云租户侧的等级保护对象也应作为单独的定级对象定级。对于大型云计算平台，应将云计算基础设施和有关辅助服务系统划分为不同的定级对象。

4. 物联网

物联网应作为一个整体对象定级，主要包括感知层、网络传输层和处理应用层等要素。

5. 采用移动互联技术的信息系统

采用移动互联技术的等级保护对象应作为一个整体对象定级，主要包括移动终端、移动应用、无线网络以及相关应用系统等。

6. 其他信息系统

作为定级对象的其他信息系统应具有如下基本特征。

1）具有确定的主要安全责任单位。作为定级对象的信息系统应能够明确其主要安全责任单位。

2）承载相对独立的业务应用。作为定级对象的信息系统应承载相对独立的业务应用，完成不同业务目标或者支撑不同单位或不同部门职能的多个信息系统应划分为不同的定级对象。

3）具有信息系统的基本要素。作为定级对象的信息系统应该是由相关的和配套的设备、设施按照一定的应用目标和规则组合而成的多资源集合，单一设备（如服务器、终端、网络设备等）不单独定级。

7. 大数据系统

应将具有统一安全责任单位的大数据作为一个整体对象定级，或将其与责任主体相同的相关支撑平台统一定级。

4.3 初步确定安全保护等级

在了解定级要素和定级流程后，需要初步确定被测系统的安全保护等级。

4.3.1 定级方法概述

定级对象的安全主要包括业务信息安全和系统服务安全，与之相关的受侵害客体和对客体的侵害程度可能不同。因此，安全保护等级也应由业务信息安全和系统服务安全两方面确定。从业务信息安全角度反映的定级对象安全保护等级称为业务信息安全保护等级；从系统服务安全角度反映的定级对象安全保护等级称为系统服务安全保护等级。

定级方法如图4-2所示，具体涵盖内容如下。

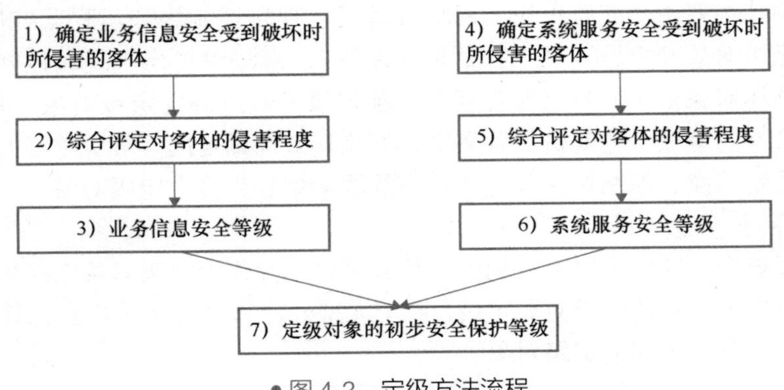

●图4-2　定级方法流程

1）确定受到破坏时所侵害的客体：①确定业务信息受到破坏时所侵害的客体；②确定系统服务受到破坏时所侵害的客体。

2）确定对客体的侵害程度：①根据不同的受侵害客体，从多个方面综合评定业务信息安全被破坏对客体的侵害程度；②根据不同的受侵害客体，从多个方面综合评定系统服务安全被破坏对客体的侵害程度；③确定安全保护等级。

3）确定业务信息安全保护等级。

4）确定系统服务安全保护等级。

5）将业务信息安全保护等级和系统服务安全保护等级的较高者初步确定为定级对象的安全保护等级。

各级等级保护对象定级工作具体要求如下。

1）安全保护等级初步确定为第一级的等级保护对象，其运营使用单位应当依据本标准进行自主定级。

2）安全保护等级初步确定为第二级以上的等级保护对象，其运营使用单位应当依据本标准进行初步定级、专家评审、主管部门审批、公安机关备案审查，最终确定其安全保护等级。

3）安全保护等级初步确定为第四级的等级保护对象，在开展专家评审工作时，其运营使用单位应当请国家信息安全等级保护专家评审委员会进行评审。

对于大数据等定级对象，应综合考虑数据规模、数据价值等因素，根据其在国家安全、经济建设、社会生活中的重要程度，以及数据资源遭到破坏后对国家安全、社会秩序、公共利益以及公民、法人和其他组织的合法权益的危害程度等因素确定其安全保护等级。原则上大数据安全保护等级为第三级以上。对于基础信息网络、云计算平台等定级对象，应根据其承载或将要承载的等级保护对象的重要程度确定其安全保护等级，原则上应不低于其承载的等级保护对象的安全保护等级。国家关键信息基础设施的安全保护等级应不低于第三级。

4.3.2　确定受侵害的客体和侵害程度

1. 确定被侵害的客体

定级对象受到破坏时所侵害的客体包括国家安全、社会秩序、公共利益以及公民、法人和其他组织的合法权益。确定受侵害的客体时，应首先判断是否侵害国家安全，然后判断是否侵害社会秩序或公共利益，最后判断是否侵害公民、法人和其他组织的合法权益。

2. 分析侵害的客观方面

在客观方面，对客体的侵害外在表现为对定级对象的破坏，其危害方式表现为对业务信息安全的破坏和对信息系统服务的破坏，其中业务信息安全是指确保信息系统内信息的保密性、完整性和可用性等；系统服务安全是指确保定级对象可以及时、有效地提供服务，以完成预定的业务目标。由于业务信息安全和系统服务安全受到破坏所侵害的客体和对客体的侵害程度可能会有所不同，在定级过程中，需要分别处理这两种危害方式。

业务信息安全和系统服务安全受到破坏后，可能产生以下危害后果：影响行使工作职能；导致业务能力下降；引起法律纠纷；导致财产损失；造成社会不良影响；对其他组织和个人造成损失；其他影响。

3. 综合判定侵害程度

侵害程度是客观方面的不同外在表现的综合体现，因此，应首先根据不同的受侵害客体、不同危害后果分别确定其危害程度。对不同危害后果确定其危害程度所采取的方法和所考虑的角度可能不同。例如，系统服务安全被破坏导致业务能力下降的程度可以从定级对象服务覆盖的区域范围、用户人数或业务量等方面确定；业务信息安全被破坏导致的财物损失可以从直接的资金损失大小、间接的信息恢复费用等方面进行确定。

在针对不同的受侵害客体进行侵害程度的判断时，应按照以下的判别基准：如果受侵害客体是公民、法人或其他组织的合法权益，则应以本人或本单位的总体利益作为判断侵害程度的基准；如果受侵害客体是社会秩序、公共利益或国家安全，则应以整个行业或国家的总体利益作为判断侵害程度的基准。

业务信息安全和系统服务安全被破坏后对客体的侵害程度，由对不同危害结果的危害程度进行综合评定得出。由于各行业定级对象所处理的信息种类和系统服务特点各不相同，业务信息安全和系统服务安全受到破坏后关注的危害结果、危害程度的计算方式均可能不同，各行业可根据本行业信息特点和系统服务特点，制定危害程度的综合评定方法，并给出侵害不同客体造成一般损害、严重损害、特别严重损害的具体定义。

4.3.3　确定安全保护等级

根据业务信息安全被破坏时所侵害的客体以及对相应客体的侵害程度，依据表 4-7 所示的业务信息安全保护等级矩阵，即可得到业务信息安全保护等级。

表 4-7　业务信息安全保护等级矩阵

业务信息安全被破坏时所侵害的客体	对相应客体的侵害程度		
	一般损害	严重损害	特别严重损害
公民、法人和其他组织的合法权益	第一级	第二级	第三级
社会秩序、公共利益	第二级	第三级	第四级
国家安全	第三级	第四级	第五级

根据系统服务安全被破坏时所侵害的客体以及对相应客体的侵害程度，依据表 4-8 所示的系统服务安全保护等级矩阵，即可得到系统服务安全保护等级。

表 4-8　系统服务安全保护等级矩阵

系统服务安全被破坏时所侵害的客体	对相应客体的侵害程度		
	一般损害	严重损害	特别严重损害
公民、法人和其他组织的合法权益	第一级	第二级	第三级
社会秩序、公共利益	第二级	第三级	第四级
国家安全	第三级	第四级	第五级

定级对象的安全保护等级由业务信息安全保护等级和系统服务安全保护等级的较高者决定。

4.3.4　等级评审、审核和变更

1. 专家评审

定级对象的运营、使用单位应组织信息安全专家和业务专家，对初步定级结果的合理性进行评审，出具专家评审意见。

2. 主管部门审核

定级对象的运营、使用单位应将初步定级结果上报行业主管部门或上级主管部门进行审核。

3. 公安机关备案审查

定级对象的运营、使用单位应按照相关管理规定，将初步定级结果提交公安机关进行备案审查。审查不通过则其运营使用单位应组织重新定级；审查通过后则最终确定定级对象的安全保护等级。

4. 等级变更

当等级保护对象所处理的信息、业务状态和系统服务范围发生变化，可能导致业务信息安全或系统服务安全受到破坏后的受侵害客体和对客体的侵害程度有较大的变化时，应根据本标准要求重新确定定级对象和安全保护等级。

4.4　网络安全等级保护备案表

本节介绍网络安全等级保护备案表的内容和格式。

4.4.1 单位备案信息表

等保被测评单位的备案信息表见表 4-9。

表 4-9 单位备案信息表

<table>
<tr><td colspan="2">01 系统名称</td><td></td><td>02 系统编号</td></tr>
<tr><td rowspan="2">03 系统承载业务情况</td><td>业务类型</td><td colspan="2">□1 生产作业 □2 指挥调度 □3 管理控制 □4 内部办公
□5 公众服务 □9 其他</td></tr>
<tr><td>业务描述</td><td colspan="2"></td></tr>
<tr><td rowspan="2">04 系统服务情况</td><td>服务范围</td><td colspan="2">□10 全国 □11 跨省（区、市）跨 个
□20 全省（区、市） □21 跨地（市、区）跨 个
□30 地（市、区）内
□99 其他</td></tr>
<tr><td>服务对象</td><td colspan="2">□1 单位内部人员 □2 社会公众人员 □3 两者均包括 □9 其他___________</td></tr>
<tr><td rowspan="2">05 系统网络平台</td><td>覆盖范围</td><td colspan="2">□1 局域网 □2 城域网 □3 广域网 □9 其他</td></tr>
<tr><td>网络性质</td><td colspan="2">□1 业务专网 □2 互联网 □9 其他</td></tr>
<tr><td colspan="2">06 系统互联情况</td><td colspan="2">□1 与其他行业系统连接 □2 与本行业其他单位系统连接
□3 与本单位其他系统连接 □9 其他</td></tr>
<tr><td colspan="2">07 关键产品使用情况</td><td colspan="2">
<table>
<tr><td rowspan="2">序号</td><td rowspan="2">产品类型</td><td rowspan="2">数量</td><td colspan="3">使用国产品率</td></tr>
<tr><td>全部使用</td><td>全部未使用</td><td>部分使用及使用率</td></tr>
<tr><td>1</td><td>安全专用产品</td><td></td><td>□</td><td>□</td><td>□</td></tr>
<tr><td>2</td><td>网络产品</td><td></td><td>□</td><td>□</td><td>□</td></tr>
<tr><td>3</td><td>操作系统</td><td></td><td>□</td><td>□</td><td>□</td></tr>
<tr><td>4</td><td>数据库</td><td></td><td>□</td><td>□</td><td>□</td></tr>
<tr><td>5</td><td>服务器</td><td></td><td>□</td><td>□</td><td>□</td></tr>
<tr><td>6</td><td>其他________</td><td></td><td>□</td><td>□</td><td>□</td></tr>
</table>
</td></tr>
<tr><td colspan="2">08 系统采用服务情况</td><td colspan="2">
<table>
<tr><td rowspan="2">序号</td><td rowspan="2" colspan="2">服务类型</td><td colspan="3">服务责任方类型</td></tr>
<tr><td>本行业（单位）</td><td>国内其他服务商</td><td>国外服务商</td></tr>
<tr><td>1</td><td>等级测评</td><td>□有□无</td><td>□</td><td>□</td><td>□</td></tr>
<tr><td>2</td><td>风险评估</td><td>□有□无</td><td>□</td><td>□</td><td>□</td></tr>
<tr><td>3</td><td>灾难恢复</td><td>□有□无</td><td>□</td><td>□</td><td>□</td></tr>
<tr><td>4</td><td>应急响应</td><td>□有□无</td><td>□</td><td>□</td><td>□</td></tr>
<tr><td>5</td><td>系统集成</td><td>□有□无</td><td>□</td><td>□</td><td>□</td></tr>
<tr><td>6</td><td>安全咨询</td><td>□有□无</td><td>□</td><td>□</td><td>□</td></tr>
<tr><td>7</td><td>安全培训</td><td>□有□无</td><td>□</td><td>□</td><td>□</td></tr>
<tr><td>8</td><td colspan="2">其他________</td><td>□</td><td>□</td><td>□</td></tr>
</table>
</td></tr>
<tr><td colspan="2">09 等级测评单位名称</td><td colspan="2"></td></tr>
<tr><td colspan="2">10 何时投入运行使用</td><td colspan="2">年 月</td></tr>
<tr><td colspan="2">11 系统是否是分系统</td><td colspan="2">□是 □否（如选择是请填下两项）</td></tr>
<tr><td colspan="2">12 上级系统名称</td><td colspan="2"></td></tr>
<tr><td colspan="2">13 上级系统所属单位名称</td><td colspan="2"></td></tr>
</table>

4.4.2 信息系统情况表（安全通用要求指标表）

被测单位需要填写的信息系统情况表见表 4-10。

表 4-10 单位信息系统情况表

<table>
<tr><td colspan="2">14 系统名称</td><td colspan="3"></td><td colspan="3">15 系统编号</td></tr>
<tr><td rowspan="2">16 系统承载业务情况</td><td>业务类型</td><td colspan="6">□1 生产作业 □2 指挥调度 □3 管理控制 □4 内部办公
□5 公众服务 □9 其他</td></tr>
<tr><td>业务描述</td><td colspan="6"></td></tr>
<tr><td rowspan="2">17 系统服务情况</td><td>服务范围</td><td colspan="6">□10 全国 □11 跨省（区、市）跨________个
□20 全省（区、市） □21 跨地（市、区）跨________个
□30 地（市、区）内
□99 其他</td></tr>
<tr><td>服务对象</td><td colspan="6">□1 单位内部人员 □2 社会公众人员 □3 两者均包括 □9 其他____________</td></tr>
<tr><td rowspan="2">18 系统网络平台</td><td>覆盖范围</td><td colspan="6">□1 局域网 □2 城域网 □3 广域网 □9 其他________</td></tr>
<tr><td>网络性质</td><td colspan="6">□1 业务专网 □2 互联网 □9 其他________</td></tr>
<tr><td colspan="2">19 系统互联情况</td><td colspan="6">□1 与其他行业系统连接 □2 与本行业其他单位系统连接
□3 与本单位其他系统连接 □9 其他________</td></tr>
<tr><td colspan="2" rowspan="8">20 关键产品使用情况</td><td rowspan="2">序号</td><td rowspan="2">产品类型</td><td rowspan="2">数量</td><td colspan="3">使用国产品率</td></tr>
<tr><td>全部使用</td><td>全部未使用</td><td>部分使用及使用率</td></tr>
<tr><td>1</td><td>安全专用产品</td><td></td><td>□</td><td>□</td><td>□</td></tr>
<tr><td>2</td><td>网络产品</td><td></td><td>□</td><td>□</td><td>□</td></tr>
<tr><td>3</td><td>操作系统</td><td></td><td>□</td><td>□</td><td>□</td></tr>
<tr><td>4</td><td>数据库</td><td></td><td>□</td><td>□</td><td>□</td></tr>
<tr><td>5</td><td>服务器</td><td></td><td>□</td><td>□</td><td>□</td></tr>
<tr><td>6</td><td>其他________</td><td></td><td>□</td><td>□</td><td>□</td></tr>
<tr><td colspan="2" rowspan="9">21 系统采用服务情况</td><td rowspan="2">序号</td><td colspan="2" rowspan="2">服务类型</td><td colspan="3">服务责任方类型</td></tr>
<tr><td>本行业（单位）</td><td>国内其他服务商</td><td>国外服务商</td></tr>
<tr><td>1</td><td>等级测评</td><td>□有□无</td><td>□</td><td>□</td><td>□</td></tr>
<tr><td>2</td><td>风险评估</td><td>□有□无</td><td>□</td><td>□</td><td>□</td></tr>
<tr><td>3</td><td>灾难恢复</td><td>□有□无</td><td>□</td><td>□</td><td>□</td></tr>
<tr><td>4</td><td>应急响应</td><td>□有□无</td><td>□</td><td>□</td><td>□</td></tr>
<tr><td>5</td><td>系统集成</td><td>□有□无</td><td>□</td><td>□</td><td>□</td></tr>
<tr><td>6</td><td>安全咨询</td><td>□有□无</td><td>□</td><td>□</td><td>□</td></tr>
<tr><td>7</td><td>安全培训</td><td>□有□无</td><td>□</td><td>□</td><td>□</td></tr>
<tr><td colspan="2">22 等级测评单位名称</td><td colspan="6"></td></tr>
<tr><td colspan="2">23 何时投入运行使用</td><td colspan="6">年 月</td></tr>
<tr><td colspan="2">24 系统是否是分系统</td><td colspan="6">□是 □否（如选择是请填下两项）</td></tr>
<tr><td colspan="2">25 上级系统名称</td><td colspan="6"></td></tr>
<tr><td colspan="2">26 上级系统所属单位名称</td><td colspan="6"></td></tr>
</table>

4.4.3 信息系统定级结果表

被测单位信息系统定级结果表见表 4-11。

表 4-11 ×××公司×××系统定级结果表

被测对象名称	安全保护等级	业务信息安全等级	系统服务安全等级
×××公司×××系统	第×级	第×级	第×级

被测单位信息系统定级情况表见表 4-12。

表 4-12 ×××公司×××系统定级情况表

备案审核民警： 审核日期： 年 月 日

	损害客体及损害程度	级 别
01 确定业务信息安全保护等级	□仅对公民、法人和其他组织的合法权益造成损害	□第一级
	□对公民、法人和其他组织的合法权益造成**严重**损害 □对社会秩序和公共利益造成损害	□第二级
	□对社会秩序和公共利益造成**严重**损害 □对国家安全造成损害	□第三级
	□对社会秩序和公共利益造成**特别严重**损害 □对国家安全造成**严重**损害	□第四级
	□对国家安全造成**特别严重**损害	□第五级
02 确定系统服务安全保护等级	□仅对公民、法人和其他组织的合法权益造成损害	□第一级
	□对公民、法人和其他组织的合法权益造成**严重**损害 □对社会秩序和公共利益造成损害	□第二级
	□对社会秩序和公共利益造成**严重**损害 □对国家安全造成损害	□第三级
	□对社会秩序和公共利益造成**特别严重**损害 □对国家安全造成**严重**损害	□第四级
	□对国家安全造成**特别严重**损害	□第五级
03 信息系统安全保护等级	□第一级 □第二级 □第三级 □第四级 □第五级	
04 定级时间	年 月 日	
05 专家评审情况	□已评审 □未评审	
06 是否有主管部门	□有 □无（如选择有请填下两项）	
07 主管部门名称		
08 主管部门审批定级情况	□已审批 □未审批	
09 系统定级报告	□有 □无 附件名称________________	
填表人：	填表日期： 年 月 日	

4.4.4 第三级以上信息系统提交材料情况表

第三级以上信息系统需要提交单独的材料情况见表 4-13。

表 4-13　第三级以上信息系统提交材料情况

01 系统拓扑结构及说明	□有　□无　附件名称________________
02 系统安全组织机构及管理制度	□有　□无　附件名称________________
03 系统安全保护设施设计实施方案或改建实施方案	□有　□无　附件名称________________
04 系统使用的安全产品清单及认证、销售许可证明	□有　□无　附件名称________________
05 系统等级测评报告	□有　□无　附件名称________________
06 专家评审情况	□有　□无　附件名称________________
07 上级主管部门审批意见	□有　□无　附件名称________________

根据网络安全等级保护制度 2.0 标准，2019 年 12 月 1 日起，系统定级必须经过专家评审和主管部门核准，才能到公安机关备案。

4.4.5　网络安全等级保护定级报告

本节展示了网络安全等级保护 2023 年最新的定级报告格式。

《信息系统安全等级保护定级报告》

一、×××信息系统描述

简述确定该系统为定级对象的理由。从三方面进行说明：一是描述承担信息系统安全责任的相关单位或部门，说明本单位或部门对信息系统具有信息安全保护责任，该信息系统为本单位或部门的定级对象；二是该定级对象是否具有信息系统的基本要素，描述基本要素、系统网络结构、系统边界和边界设备；三是该定级对象是否承载着单一或相对独立的业务，业务情况描述。

二、×××信息系统安全保护等级确定（定级方法参见国家标准《信息系统安全等级保护定级指南》）

（一）业务信息安全保护等级的确定

1. 业务信息描述

描述信息系统处理的主要业务信息等。

2. 业务信息受到破坏时所侵害客体的确定

说明信息受到破坏时侵害的客体是什么，即对三个客体（国家安全；社会秩序和公共利益；公民、法人和其他组织的合法权益）中的哪些客体造成侵害。

3. 信息受到破坏后对侵害客体的侵害程度的确定

说明信息受到破坏后，会对侵害客体造成什么程度的侵害，即说明是一般损害、严重损害还是特别严重损害。

4. 业务信息安全等级的确定

依据信息受到破坏时所侵害的客体以及侵害程度，确定业务信息安全等级。

（二）系统服务安全保护等级的确定

1. 系统服务描述

描述信息系统的服务范围、服务对象等。

2. 系统服务受到破坏时所侵害客体的确定

说明系统服务受到破坏时侵害的客体是什么，即对三个客体（国家安全；社会秩序和公共利益；公民、法人和其他组织的合法权益）中的哪些客体造成侵害。

3. 系统服务受到破坏后对侵害客体的侵害程度的确定

说明系统服务受到破坏后，会对侵害客体造成什么程度的侵害，即说明是一般损害、严重损害还是特别严重损害。

4. 系统服务安全等级的确定

依据系统服务受到破坏时所侵害的客体以及侵害程度确定系统服务安全等级。

（三）安全保护等级的确定

信息系统的安全保护等级由业务信息安全等级和系统服务安全等级较高者决定，最终确定×××系统安全保护等级为第几级，如下表所示。

信息系统名称	安全保护等级	业务信息安全等级	系统服务安全等级
××× 信息系统	×	×	×

第5章　网络安全等级保护2.0与企业合规执行标准及规范

本章主要介绍网络安全等级保护的执行测评的全流程要求，包括等保2.0流程、项目内容、测评对象和方法、项目实施管理方案和项目质量控制措施要求、测评问题总结和成果物交付，以及企业合规检查的执行标准与规范要求。

5.1　测评流程介绍

等级保护合规测评是等保测评机构依据国家信息安全等级保护制度规定，受被测评单位委托，按照网络安全有关管理规范和技术标准，运用科学的手段和方法，对处理特定应用的信息系统的保护状况进行检测评估，判定受测系统的技术和管理项与所定安全等级要求的符合程度，基于符合程度给出是否满足所定安全等级合规的结论，以及针对安全不合规项提出安全整改建议。

本节详细叙述了等保2.0测评流程，为读者贯彻等保知识和概念提供线性指导。

5.1.1　测评目标

网络安全等保测评的目的是通过对目标企业单位的被测评系统在安全技术、管理及其他相关方面的测评，对目标系统的安全技术状态及安全管理状况做出判断，给出目标系统在安全技术及安全管理方面与其相应安全等级保护要求之间的差距。测评结论作为被测评企业和单位完善系统安全策略及安全技术防护措施依据。

5.1.2　测评范围

测评机构受被测评公司委托，于×年×月至×年×月对被测评公司的平台进行了系统安全等级测评工作。本次安全测评的范围主要包括被测评公司平台的物理环境、主机、网络、业务应用系统、安全管理制度和人员等。安全测评通过静态评估、现场测试、人员访谈、综合评估等相关环节和阶段，从安全物理环境、安全通信网络、安全区域边界、安全计算环境、安全管理中心、安全管理制度、安全管理机构、安全管理人员、安全建设管理、安全运维管理十个方面，对被测评公司平台进行综合测评。

5.1.3　测评依据

测评过程中主要依据的标准如下。

（1）主要依据

- （GB/T 22239—2019）《信息安全技术　网络安全等级保护基本要求》。
- （GB/T 28448—2019）《信息安全技术　网络安全等级保护测评要求》。
- （GB/T 28449—2018）《信息安全技术　网络安全等级保护测评过程指南》。
- （GB/T 20984—2007）《信息安全技术　信息安全风险评估规范》。

（2）参考依据

- 《××××系统网络安全等级测评调研表》。
- 《××××系统安全等级保护定级报告》。

5.1.4　测评流程和时间安排

等级保护的标准测评流程如图 5-1 所示。

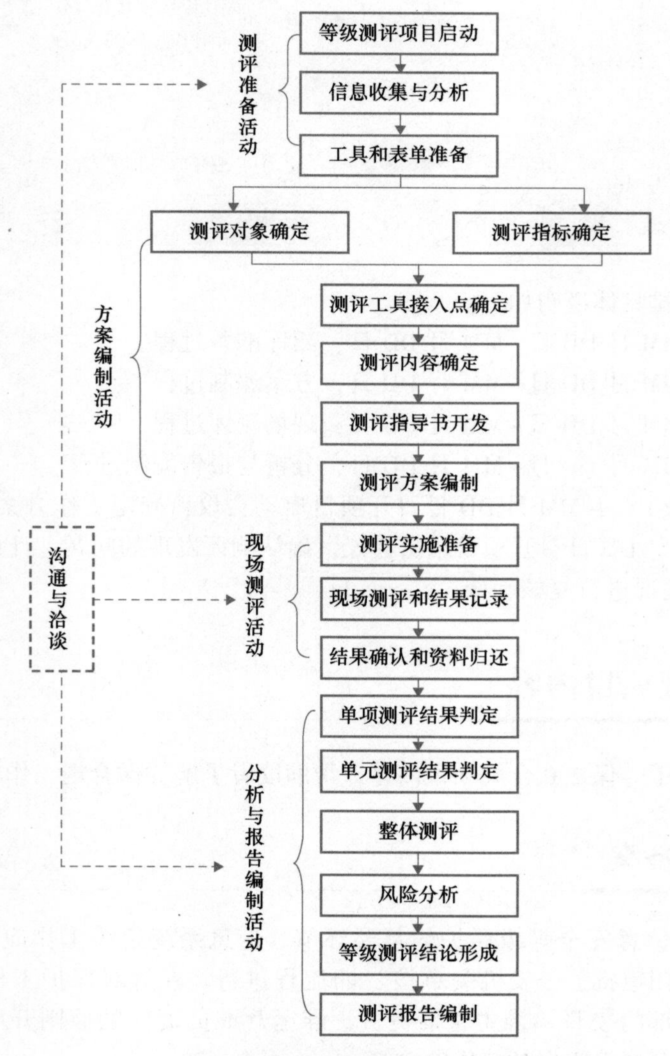

● 图 5-1　等级测评基本工作流程

等级测评分为四个过程：测评准备、方案编制、现场测评、分析与报告编制，具体如图5-1所示。其中，各阶段的时间安排见表5-1。

表5-1 各阶段时间安排

<table>
<tr><th colspan="2">测评过程</th><th>时间安排</th><th>配合人员</th><th>主要工作成果</th></tr>
<tr><td rowspan="3">测评准备</td><td>项目启动</td><td rowspan="3">年 月— 年 月</td><td rowspan="2">委托单位、开发方和测评单位相关人员</td><td>项目计划书</td></tr>
<tr><td>信息收集和分析</td><td>填好的调查表</td></tr>
<tr><td>工具和表单准备</td><td>测评单位相关人员</td><td>选用的测评工具清单与打印的各类表单</td></tr>
<tr><td rowspan="3">方案编制</td><td>测评对象和指标确定</td><td rowspan="3">年 月— 年 月</td><td rowspan="3">测评单位相关人员</td><td rowspan="3">测评指导书
测评方案</td></tr>
<tr><td>开发测评指导书</td></tr>
<tr><td>制定测评方案</td></tr>
<tr><td rowspan="3">现场测评</td><td>测评实施准备</td><td rowspan="3">年 月— 年 月</td><td rowspan="3">委托单位、开发方和测评单位相关人员</td><td rowspan="3">测评结果记录与主要的问题汇总</td></tr>
<tr><td>现场测评与记录</td></tr>
<tr><td>结果确认与资料归还</td></tr>
<tr><td rowspan="4">分析与报告编制</td><td>结果判定和风险分析</td><td rowspan="4">年 月— 年 月</td><td rowspan="4">测评单位相关人员</td><td rowspan="3">测评报告</td></tr>
<tr><td>测试报告编制</td></tr>
<tr><td>测试报告评审</td></tr>
<tr><td>归档</td><td>测评过程文档</td></tr>
</table>

各阶段时间安排具体说明如下。

1）YYYY年MM月DD日~MM月DD日，测评准备过程。

2）YYYY年MM月DD日~MM月DD日，方案编制过程。

3）YYYY年MM月DD日~MM月DD日，现场测评过程。

4）YYYY年MM月DD日~MM月DD日，分析与报告编制过程。

其中，计划YYYY年MM月DD日召开项目启动会议，确定工作方案及项目人员名单；计划YYYY年MM月DD日召开项目末次会议，确认测评发现的问题；计划YYYY年MM月DD日对系统整改情况进行复核确认。

5.2 等保合规项目内容

本节详细叙述了等保2.0合规项目内容，帮助读者了解等保合规工作的分类和内容。

5.2.1 定级与备案

定级与备案是信息安全等级保护的首要环节。信息系统定级工作应按照“自主定级、专家评审、主管部门审批、公安机关审核”的流程进行。在等级保护工作中，信息系统运营使用单位和主管部门按照“谁主管谁负责，谁运营谁负责”的原则开展工作，并接受信息安全监管部门对开展等级保护工作的监管。

关于定级与备案详细内容方法详见本书第 4 章

5.2.2　差距分析工作

当确定了被测评系统的等级后，随后开展差距分析工作。

为了贯彻和响应国家及行业等级保护相关文件要求，保护被测系统的安全性，被测单位相应部门根据公安部的相关要求，开展等级保护相关工作，并委托测评公司进行信息系统安全评估等工作。为了更进一步了解信息系统与等级保护二级要求的差距，测评公司安全咨询顾问对被测单位相应系统进行等保差距分析，明确与等级保护的具体差距，并为后期安全整改提供了有力的依据和指导。

1. 被测系统简介

被测系统简介模板如下。

×××公司建立了一套×××系统，并对该系统具有信息安全保护责任。系统面向×××提供×××服务。×××系统的建设依托于×××云平台，在互联网区域和政务外网区域均有应用发布，各主要业务服务器均有冗余。互联网和政务外网网络边界均部署了防火墙、态势感知、网络审计、DDoS 防护等安全设备提供网络安全防护。

（1）定级结果

×××公司 ×××系统定级结果

被测对象名称	安全保护等级	业务信息安全等级	系统服务安全等级
×××公司×××系统	第×级	第×级	第×级

（2）承载的业务情况

×××系统由×××、×××、×××模块组成，主要提供×××、×××、×××功能……

（3）网络结构和拓扑图

×××公司×××系统网络拓扑图如下所示，×××公司×××系统的建设依托于×××，系统分别部署在×××，各服务器均有冗余。网络边界部署×××等设备提供网络安全防护。详见 3.1.3 节。

（4）系统构成

详见 3.1.4 节。

2. 差距分析

等保测评单位安全顾问根据信息系统等级保护二级基本要求，对被测单位相应系统信息系统分别从安全物理环境、安全通信网络、安全区域边界、安全计算环境、安全管理中心、安全管理制度、安全管理机构、安全管理人员、安全建设管理、安全运维管理等方面的现状进行对比，找出系统信息系统与等级保护二级要求的差距。

通过对被测相关系统的安全现状与等级保护的××级（示例）要求进行了差距分析，可见系统在安全技术和安全管理方面还存在一定的差距。具体的分析结果统计将会填写在统计表里，表格内容见表 5-2。

表 5-2 差距分析统计表

编号	类　别	测评项数量	未符合数量	符合率	未符合项
安全技术方面					
1	安全物理环境				
2	安全通信网络				
3	安全区域边界				
4	安全计算环境				
5	安全管理中心				
	小计				
安全管理方面					
1	安全管理制度				
2	安全管理机构				
3	安全管理人员				
4	安全建设管理				
5	安全运维管理				
	小计	×××	×××	××%	
	合计	×××	×××	××%	

通过本次信息安全等级保护评估，发现被核查的信息系统未符合或未完全符合项为×××项，需要进行整改，以达到信息系统等级保护×××级的相关要求。

3. 差距分析细节表

针对上节的差距分析展开差距分析细节项。填写的表格见表 5-3 和表 5-4。

表 5-3 差距分析测评项表（符合）

测　评　项	现　　状	是否符合
×××	×××满足测评项要求	符合

表 5-4 差距分析测评项表（不符合）

测　评　项	现　　状	是否符合
×××	×××不满足测评项要求	不符合

5.2.3 等级测评工作

首先，在开始等级测评工作的最开始，需要先了解等级测评流程图（详见 5.1.4 节中图 5-1）。

1. 测评准备活动阶段

首先，被测评单位在选定测评机构后，双方签订《测评服务合同》（合同模板见 5.2.9 节）合同中对项目范围、项目内容、项目周期、项目实施方案、项目人员、项目验收标准、付款方式、违约条款等内容逐一进行约定。并且，测评机构应签署《保密协议》。《保密协议》一般分两种：一种是测评机构与被测单位（公对公）签署，约定测评机构在测评过程中的保密责任；一种是测评机构项目组成员与被测单位之间签署。

项目启动会后测评方开展调研，通过填写《信息系统基本情况调查表》掌握被测系统的详细情况，为编制测评方案做好准备。

2. 方案编制活动阶段

该阶段的主要任务是确定与被测信息系统相适应的测评对象、测评指标及测评内容等，并根据需要重用或开发测评实施手册形成测评方案。方案编制活动为现场测评提供最基本的文档依据和指导方案。

3. 现场测评活动阶段

现场测评活动是开展等级测评工作的核心活动，包括技术测评和管理测评。其中技术测评包括物理与环境安全、网络与通信安全、设备与计算安全、应用和数据安全；管理测评包括安全策略与管理制度、安全管理机构和人员、安全建设管理、安全运维管理。

4. 分析与报告编制活动阶段

此阶段主要任务是根据现场测评结果，通过单项测评结果判定、单元测评结果判定、整体测评和风险分析等方法，找出整个系统的安全保护现状与相应等级的保护要求之间的差距，并分析这些差距导致被测系统面临的风险，从而给出等级测评结论并形成测评报告文本。

5.2.4 网络安全等级保护 2.0 第一级安全要求

本节介绍了第一级等保测评的各项要求。

1. 安全通用要求

（1）安全物理环境

1）物理访问控制：机房出入口应安排专人值守或配置电子门禁系统，控制、鉴别和记录进入的人员。

2）防盗窃和防破坏：应将设备或主要部件进行固定，并设置明显且不易除去的标识。

3）防雷击：应将各类机柜、设施和设备等通过接地系统安全接地。

4）防火：机房应设置灭火设备。

5）防水和防潮：应采取措施防止雨水通过机房窗户、屋顶和墙壁渗透。

6）温湿度控制：应设置必要的温湿度调节设施，使机房温湿度的变化在设备运行所允许的范围之内。

7）电力供应：应在机房供电线路上配置稳压器和过电压防护设备。

（2）安全通信网络

1）通信传输：应采用校验技术保证通信过程中数据的完整性。

2）可信验证：可基于可信根对通信设备的系统引导程序、系统程序等进行可信验证，并在检测到其可信性受到破坏后进行报警。

（3）安全区域边界

1）边界防护：应保证跨越边界的访问和数据流通过边界设备提供的受控接口进行通信。

2）访问控制：应在网络边界根据访问控制策略设置访问控制规则，默认情况下除允许通信外受控接口拒绝所有通信；应删除多余或无效的访问控制规则，优化访问控制列表，并保证访问控制规则数量最小化；应对源地址、目的地址、源端口、目的端口和协议等进行检查，以允许/拒绝数据包进出。

3）可信验证：可基于可信根对边界设备的系统引导程序、系统程序等进行可信验证，并在检测到其可信性受到破坏后进行报警。

（4）安全计算环境

1）身份鉴别：应对登录的用户进行身份标识和鉴别，身份标识具有唯一性，身份鉴别信息具有复杂度要求并定期更换；应具有登录失败处理功能，应配置并启用结束会话、限制非法登录次数和当登录连接超时自动退出等相关措施。

2）访问控制：应对登录的用户分配账户和权限；应重命名或删除默认账户，修改默认账户的默认口令；应及时删除或停用多余的、过期的账户，避免共享账户的存在。

3）入侵防范：应遵循最小安装的原则，仅安装需要的组件和应用程序；应关闭不需要的系统服务、默认共享和高危端口。

4）恶意代码防范：应安装防恶意代码软件或配置具有相应功能的软件，并定期进行升级和更新防恶意代码库。

5）可信验证：可基于可信根对计算设备的系统引导程序、系统程序等进行可信验证，并在检测到其可信性受到破坏后进行报警。

6）数据完整性：应采用校验技术保证重要数据在传输过程中的完整性。

7）数据备份恢复：应提供重要数据的本地数据备份与恢复功能。

（5）安全管理制度

管理制度：应建立日常管理活动中常用的安全管理制度。

（6）安全管理机构

1）岗位设置：应设立系统管理员等岗位，并定义各个工作岗位的职责。

2）人员配备：应配备一定数量的系统管理员。

3）授权和审批：应根据各个部门和岗位的职责明确授权审批事项、审批部门和批准人等。

（7）安全管理人员

1）人员录用：应指定或授权专门的部门或人员负责人员录用。

2）人员离岗：应及时终止离岗人员的所有访问权限，取回各种身份证件、钥匙、徽章等以及机构提供的软硬件设备。

3）安全意识教育和培训：应对各类人员进行安全意识教育和岗位技能培训，并告知相关的安全责任和惩戒措施。

4）外部人员访问管理：应保证在外部人员访问受控区域前得到授权或审批。

（8）安全建设管理

1）定级与备案：应以书面的形式说明保护对象的安全保护等级及确定等级的方法和理由。

2）安全方案设计：应根据安全保护等级选择基本安全措施，依据风险分析的结果补充和调整安全措施。

3）产品采购和使用：应确保网络安全产品采购和使用符合国家的有关规定。

4）工程实施：应指定或授权专门的部门或人员负责工程实施过程的管理。

5）测试验收：应进行安全性测试验收。

6）系统交付：应制定交付清单，并根据交付清单对所交接的设备、软件和文档等进行清点；应对负责运行维护的技术人员进行相应的技能培训。

7）服务供应商选择：应确保服务供应商的选择符合国家的有关规定；应与选定的服务供应商签订与安全相关的协议，明确约定相关责任。

（9）安全运维管理

1）环境管理：应指定专门的部门或人员负责机房安全，对机房出入进行管理，定期对机房供配电、空调、温湿度控制、消防等设施进行维护管理；应对机房的安全管理做出规定，包括物理访问、物品进出和环境安全等方面。

2）介质管理：应将介质存放在安全的环境中，对各类介质进行控制和保护，实行存储环境专人管理，并根据存档介质的目录清单定期盘点。

3）设备维护管理：应对各种设备（包括备份和冗余设备）、线路等指定专门的部门或人员定期进行维护管理。

4）漏洞和风险管理：应采取必要的措施识别安全漏洞和隐患，对发现的安全漏洞和隐患及时进行修补或评估可能的影响后进行修补。

5）网络和系统安全管理：应划分不同的管理员角色进行网络和系统的运维管理，明确各个角色的责任和权限；应指定专门的部门或人员进行账户管理，对申请账户、建立账户、删除账户等进行控制。

6）恶意代码防范管理：应提高所有用户的防恶意代码意识，对外来计算机或存储设备接入系统前进行恶意代码检查等；应对恶意代码防范要求做出规定，包括防恶意代码软件的授权使用、恶意代码库升级、恶意代码的定期查杀等。

7）备份与恢复管理：应识别需要定期备份的重要业务信息、系统数据及软件系统等；应规定备份信息的备份方式、备份频度、存储介质、保存期等。

8）安全事件处置：应及时向安全管理部门报告所发现的安全弱点和可疑事件；应明确安全事件的报告和处置流程，规定安全事件的现场处理、事件报告和后期恢复的管理职责。

2. 云计算安全扩展要求

（1）安全物理环境

基础设施位置：应保证云计算基础设施位于中国境内。

（2）安全通信网络

网络架构：应保证云计算平台不承载高于其安全保护等级的业务应用系统；应实现不同云服务客户虚拟网络之间的隔离。

（3）安全区域边界

访问控制：应在虚拟化网络边界部署访问控制机制，并设置访问控制规则。

（4）安全计算环境

1）访问控制：应保证当虚拟机迁移时，访问控制策略随其迁移；应允许云服务客户设置不同虚拟机之间的访问控制策略。

2）数据完整性和保密性：应确保云服务客户数据、用户个人信息等存储于中国境内，如需出境应遵循国家相关规定。

（5）安全建设管理

1）云服务商选择：应选择安全合规的云服务商，其所提供的云计算平台应为其所承载的业务应用系统提供相应等级的安全保护能力；应在服务水平协议中规定云服务的各项服务内容和具体技术指标；应在服务水平协议中规定云服务商的权限与责任，包括管理范围、职责划分、访问授权、隐私保护、行为准则、违约责任等。

2）供应链管理：应确保供应商的选择符合国家有关规定。

3. 移动互联安全扩展要求

（1）安全物理环境

无线接入点的物理位置：应为无线接入设备的安装选择合理位置，避免过度覆盖和电磁干扰。

（2）安全区域边界

1）边界防护：应保证有线网络与无线网络边界之间的访问和数据流通过无线接入安全网关设备。

2）访问控制：无线接入设备应开启接入认证功能，并且禁止使用WEP方式进行认证，如使用口令，长度不小于8位字符。

（3）安全计算环境

移动应用管控：应具有选择应用软件安装、运行的功能。

（4）安全建设管理

移动应用软件采购：应保证移动终端安装、运行的应用软件来自可靠分发渠道或使用可靠证书签名。

4. 物联网安全扩展要求

（1）安全物理环境

感知节点设备物理防护：感知节点设备所处的物理环境应不对感知节点设备造成物理破坏，如挤压、强振动；感知节点设备在工作状态所处物理环境应能正确反映环境状态（如温湿度传感器不能安装在阳光直射区域）。

（2）安全区域边界

接入控制：应保证只有授权的感知节点可以接入。

（3）安全运维管理

感知节点管理：应指定人员定期巡视感知节点设备、网关节点设备的部署环境，对可能影响感知节点设备、网关节点设备正常工作的环境异常进行记录和维护。

5. 工业控制系统安全扩展要求

（1）安全物理环境

室外控制设备物理防护：室外控制设备应放置于采用铁板或其他防火材料制作的箱体或装置中并紧固；箱体或装置具有透风、散热、防盗、防雨和防火等能力；室外控制设备放置应远离强电磁干扰、强热源等环境，如无法避免应及时做好应急处置及检修，保证设备正常运行。

（2）安全通信网络

网络架构：工业控制系统与企业其他系统之间应划分为两个区域，区域间应采用技术隔离手段；工业控制系统内部应根据业务特点划分为不同的安全域，安全域之间应采用技术隔离手段。

（3）安全区域边界

1）访问控制：应在工业控制系统与企业其他系统之间部署访问控制设备，配置访问控制策略，禁止任何穿越区域边界的 E-Mail、Web、Telnet、Rlogin、FTP 等通用网络服务。

2）无线使用控制：应对所有参与无线通信的用户（人员、软件进程或者设备）提供唯一性标识和鉴别；应对无线连接的授权、监视以及执行使用进行限制。

（4）安全计算环境

控制设备安全：控制设备自身应实现相应级别安全通用要求提出的身份鉴别、访问控制和安全审计等安全要求，如受条件限制控制设备无法实现上述要求，应由其上位控制或管理设备实现同等功能或通过管理手段控制；应在经过充分测试评估后，在不影响系统安全稳定运行的情况下对控制设备进行补丁更新、固件更新等工作。

5.2.5　网络安全等级保护 2.0 第二级安全要求

本节介绍了第二级等保测评的各项要求。

1. 安全通用要求

（1）安全物理环境

1）物理位置选择：机房场地应选择在具有防震、防风和防雨等能力的建筑内；机房场地应避免设在建筑物的顶层或地下室，否则应加强防水和防潮措施。

2）物理访问控制：机房出入口应安排专人值守或配置电子门禁系统，控制、鉴别和记录进入的人员。

3）防盗窃和防破坏：应将设备或主要部件进行固定，并设置明显且不易除去的标识；应将通信线缆铺设在隐蔽安全处。

4）防雷击：应将各类机柜、设施和设备等通过接地系统安全接地。

5）防火：机房应设置火灾自动消防系统，能够自动检测火情、自动报警，并自动灭火；机房及相关的工作房间和辅助房应采用具有耐火等级的建筑材料。

6）防水和防潮：应采取措施防止雨水通过机房窗户、屋顶和墙壁渗透；应采取措施防止机房内水蒸气结露和地下积水的转移与渗透。

7）防静电：应采用防静电地板或地面并采用必要的接地防静电措施。

8）温湿度控制：应设置温湿度自动调节设施，使机房温湿度的变化在设备运行所允许的范围之内。

9）电力供应：应在机房供电线路上配置稳压器和过电压防护设备；应提供短期的备用电力供应，至少满足设备在断电情况下的正常运行要求。

10）电磁防护：电源线和通信线缆应隔离铺设，避免互相干扰。

（2）安全通信网络

1）网络架构：应划分不同的网络区域，并按照方便管理和控制的原则为各网络区域分配地址；应避免将重要网络区域部署在边界处，重要网络区域与其他网络区域之间应采取可靠的技术隔离手段。

2）通信传输：应采用校验技术保证通信过程中数据的完整性。

3）可信验证：可基于可信根对通信设备的系统引导程序、系统程序、重要配置参数和通信应用程序等进行可信验证，并在检测到其可信性受到破坏后进行报警，并将验证结果形成审计记录送至安全管理中心。

（3）安全区域边界

1）边界防护：应保证跨越边界的访问和数据流通过边界设备提供的受控接口进行通信。

2）访问控制：应在网络边界或区域之间根据访问控制策略设置访问控制规则，默认情况下除允许通信外受控接口拒绝所有通信；应删除多余或无效的访问控制规则，优化访问控制列表，并保证访问控制规则数量最小化；应对源地址、目的地址、源端口、目的端口和协议等进行检查，以允许/拒绝数据包进出；应能根据会话状态信息为进出数据流提供明确的允许/拒绝访问的能力。

3）入侵防范：应在关键网络节点处监视网络攻击行为。

4）恶意代码防范：应在关键网络节点处对恶意代码进行检测和清除，并维护恶意代码防护机制的升级和更新。

5）安全审计：应在网络边界、重要网络节点进行安全审计，审计覆盖到每个用户，对重要的用户行为和重要安全事件进行审计；审计记录应包括事件的日期和时间、用户、事件类型、事件是否成功及其他与审计相关的信息；应对审计记录进行保护并定期备份，避免受到未预期的删除、修改或覆盖等。

6）可信验证：可基于可信根对边界设备的系统引导程序、系统程序、重要配置参数和边界防护应用程序等进行可信验证，并在检测到其可信性受到破坏后进行报警，并将验证结果形成审计记录送至安全管理中心。

（4）安全计算环境

1）身份鉴别：应对登录的用户进行身份标识和鉴别，身份标识具有唯一性，身份鉴别信息具有复杂度要求并定期更换；应具有登录失败处理功能，应配置并启用结束会话、限制非法登录次数和当登录连接超时自动退出等相关措施；当进行远程管理时，应采取必要措施防止鉴别信息在网络传输过程中被窃听。

2）访问控制：应对登录的用户分配账户和权限；应重命名或删除默认账户，修改默认账户的默认口令；应及时删除或停用多余的、过期的账户，避免共享账户的存在；应授予管理用户所需的最小权限，实现管理用户的权限分离。

3）安全审计：应启用安全审计功能，审计覆盖到每个用户，对重要的用户行为和重要安全事件进行审计；审计记录应包括事件的日期和时间、用户、事件类型、事件是否成功及其他与审计相关的信息；应对审计记录进行保护并定期备份，避免受到未预期的删除、修改或覆盖等。

4）入侵防范：应遵循最小安装的原则，仅安装需要的组件和应用程序；应关闭不需要的系统服务、默认共享和高危端口。应通过设定终端接入方式或网络地址范围对通过网络进行管理的终端采取限制；应提供数据有效性检验功能，保证通过人机接口输入或通过通信接口输入的内容符合系统设定要求；应能发现可能存在的已知漏洞，并在经过充分测试评估后及时修补漏洞。

5）恶意代码防范：应安装防恶意代码软件或配置具有相应功能的软件，并定期进行升级和更新防恶意代码库。

6）可信验证：可基于可信根对计算设备的系统引导程序、系统程序、重要配置参数和应用程序等进行可信验证，并在检测到其可信性受到破坏后进行报警，并将验证结果形成审计记录送至安全管理中心。

7）数据完整性：应采用校验技术保证重要数据在传输过程中的完整性。

8）数据备份恢复：应提供重要数据的本地数据备份与恢复功能；应提供异地数据备份功能，利用通信网络将重要数据定时批量传送至备用场地。

9）剩余信息保护：应保证鉴别信息所在的存储空间被释放或重新分配前得到完全清除。

10）个人信息保护：应仅采集和保存业务必需的用户个人信息；应禁止未授权访问和非法使用用户个人信息。

（5）安全管理中心

1）系统管理：应对系统管理员进行身份鉴别，只允许其通过特定的命令或操作界面进行系统管理操作，并对这些操作进行审计；应通过系统管理员对系统的资源和运行进行配置、控制和管理，包括用户身份、系统资源配置、系统加载和启动、系统运行的异常处理、数据和设备的备份与恢复等。

2）审计管理：应对审计管理员进行身份鉴别，只允许其通过特定的命令或操作界面进行安全审计操作，并对这些操作进行审计；应通过审计管理员对审计记录进行分析，并根据分析结果进行处理，包括根据安全审计策略对审计记录进行存储、管理和查询等。

（6）安全管理制度

1）安全策略：应制定网络安全工作的总体方针和安全策略，阐明机构安全工作的总体目标、范围、原则和安全框架等。

2）管理制度：应对安全管理活动中的主要管理内容建立安全管理制度；应对管理人员或操作人员执行的日常管理操作建立操作规程。

3）制定和发布：应指定或授权专门的部门或人员负责安全管理制度的制定；安全管理制度应通过正式、有效的方式发布，并进行版本控制。

4）评审和修订：应定期对安全管理制度的合理性和适用性进行论证和审定，对存在不足或需要改进的安全管理制度进行修订。

（7）安全管理机构

1）岗位设置：应设立网络安全管理工作的职能部门，设立安全主管、安全管理各个方面的负责人岗位，并定义各负责人的职责；应设立系统管理员、审计管理员和安全管理员等岗位，并定义部门及各个工作岗位的职责。

2）人员配备：应配备一定数量的系统管理员、审计管理员和安全管理员等。

3）授权和审批：应根据各个部门和岗位的职责明确授权审批事项、审批部门和批准人等；应针对系统变更、重要操作、物理访问和系统接入等事项执行审批过程。

4）沟通和合作：应加强各类管理人员、组织内部机构和网络安全管理部门之间的合作与沟通，定期召开协调会议，共同协作处理网络安全问题；应加强与网络安全职能部门、各类供应商、业界专家及安全组织的合作与沟通；应建立外联单位联系列表，包括外联单位名称、合作内容、联系人和联系方式等信息。

5）审核和检查：应定期进行常规安全检查，检查内容包括系统日常运行、系统漏洞和数据备份等情况。

（8）安全管理人员

1）人员录用：应指定或授权专门的部门或人员负责人员录用；应对被录用人员的身份、安全背景、专业资格或资质等进行审查。

2）人员离岗：应及时终止离岗人员的所有访问权限，取回各种身份证件、钥匙、徽章等以及机构提供的软硬件设备。

（9）安全意识教育和培训

应对各类人员进行安全意识教育和岗位技能培训，并告知相关的安全责任和惩戒措施。

外部人员访问管理：应在外部人员物理访问受控区域前先提出书面申请，批准后由专人全程陪同，并登记备案；应在外部人员接入受控网络访问系统前先提出书面申请，批准后由专人开设账户、分配权限，并登记备案；外部人员离场后应及时清除其所有的访问权限。

（10）安全建设管理

1）定级与备案：应以书面的形式说明保护对象的安全保护等级及确定等级的方法和理由；应组织相关部门和有关安全技术专家对定级结果的合理性和正确性进行论证和审定；应保证定级结果经过相关部门的批准；应将备案材料报主管部门和相应公安机关备案。

2）安全方案设计：应根据安全保护等级选择基本安全措施，依据风险分析的结果补充和调整安全措施；应根据保护对象的安全保护等级进行安全方案设计；应组织相关部门和有关安全专家对安全方案的合理性和正确性进行论证和审定，经过批准后才能正式实施。

3）产品采购和使用：应确保网络安全产品采购和使用符合国家的有关规定；应确保密码产品与服务的采购和使用符合国家密码管理主管部门的要求。

4）自行软件开发：应将开发环境与实际运行环境物理分开，测试数据和测试结果受到控制；应在软件开发过程中对安全性进行测试，在软件安装前对可能存在的恶意代码进行检测。

5）外包软件开发：应在软件交付前检测其中可能存在的恶意代码；应保证开发单位提供软件设计文档和使用指南。

6）工程实施：应指定或授权专门的部门或人员负责工程实施过程的管理；应制定安全工程实施方案控制工程实施过程。

7）测试验收：应制定测试验收方案，并依据测试验收方案实施测试验收，形成测试验收报告；应进行上线前的安全性测试，并出具安全测试报告。

8）系统交付：应制定交付清单，并根据交付清单对所交接的设备、软件和文档等进行清点；应对运行维护的技术人员进行相应的技能培训；应提供建设过程文档和运行维护文档。

9）等级测评：应定期进行等级测评，发现不符合相应等级保护标准要求的及时整改；应在发生重大变更或级别发生变化时进行等级测评；应确保测评机构的选择符合国家有关规定。

10）服务供应商选择：应确保服务供应商的选择符合国家的有关规定；应与选定的服务供应商签订相关协议，明确整个服务供应链各方需履行的网络安全相关义务。

（11）安全运维管理

1）环境管理：应指定专门的部门或人员负责机房安全，对机房出入进行管理，定期对机房供配电、空调、温湿度控制、消防等设施进行维护管理；应对机房的安全管理做出规定，包括物理访问、物品进出和环境安全等；应不在重要区域接待来访人员，不随意放置含有敏感信息的纸档文件和移动介质等。

2）资产管理：应编制并保存与保护对象相关的资产清单，包括资产责任部门、重要程度和所处位置等内容。

3）介质管理：应将介质存放在安全的环境中，对各类介质进行控制和保护，实行存储环境专人管理，并根据存档介质的目录清单定期盘点；应对介质在物理传输过程中的人员选择、打包、交付等情况进行控制，并对介质的归档和查询等进行登记记录。

4）设备维护管理：应对各种设备（包括备份和冗余设备）、线路等指定专门的部门或人员定期进行维护管理；应对配套设施、软硬件维护管理做出规定，包括明确维护人员的责任、维修和服务的审批、维修过程的监督控制等。

5）漏洞和风险管理：应采取必要的措施识别安全漏洞和隐患，对发现的安全漏洞和隐患及时进行修补或评估可能的影响后进行修补。

6）网络和系统安全管理：应划分不同的管理员角色进行网络和系统的运维管理，明确各个角色的责任和权限；应指定专门的部门或人员进行账户管理，对申请账户、建立账户、删除账户等进行控制；应建立网络和系统安全管理制度，对安全策略、账户管理、配置管理、日志管理、日常操作、升级与打补丁、口令更新周期等方面做出规定；应制定重要设备的配置和操作手册，依据手册对设备进行安全配置和优化配置等；应详细记录运维操作日志，包括日常巡检工作、运行维护记录、参数的设置和修改等内容。

7）恶意代码防范管理：应提高所有用户的防恶意代码意识，对外来计算机或存储设备接入系统前进行恶意代码检查等；应对恶意代码防范要求做出规定，包括防恶意代码软件的授权使用、恶意代码库升级、恶意代码的定期查杀等；应定期检查恶意代码库的升级情况，对截获的恶意代码进行及时分析处理。

8）配置管理：应记录和保存基本配置信息，包括网络拓扑结构、各个设备安装的软件组件、软件组件的版本和补丁信息、各个设备或软件组件的配置参数等。

9）密码管理：应遵循密码相关国家标准和行业标准；应使用国家密码管理主管部门认证核准的密码技术和产品。

10）变更管理：应明确变更需求，变更前根据变更需求制定变更方案，变更方案经过评审，审批后方可实施。

11）备份与恢复管理：应识别需要定期备份的重要业务信息、系统数据及软件系统等；应规定备份信息的备份方式、备份频度、存储介质、保存期等；应根据数据的重要性和数据对系统运行的影响，制定数据的备份策略和恢复策略、备份程序和恢复程序等。

12）安全事件处置：应及时向安全管理部门报告所发现的安全弱点和可疑事件；应制定安全事件报告和处置管理制度，明确不同安全事件的报告、处置和响应流程，规定安全事件的现场处理、事件报告和后期恢复的管理职责等；应在安全事件报告和响应处理过程中，分析和鉴定事件产生的原因、收集证据、记录处理过程、总结经验教训。

13）应急预案管理：应制定重要事件的应急预案，包括应急处理流程、系统恢复流程等内容；应定期对系统相关的人员进行应急预案培训，并进行应急预案的演练。

14）外包运维管理：应确保外包运维服务商的选择符合国家的有关规定；应与选定的

外包运维服务商签订相关的协议，明确约定外包运维的范围、工作内容。

2. 云计算安全扩展要求

（1）安全物理环境

基础设施位置：应保证云计算基础设施位于中国境内。

（2）安全通信网络

网络架构：应保证云计算平台不承载高于其安全保护等级的业务应用系统；应实现不同云服务客户虚拟网络之间的隔离；应具有根据云服务客户业务需求提供通信传输、边界防护、入侵防范等安全机制的能力。

（3）安全区域边界

1）访问控制：应在虚拟化网络边界部署访问控制机制，并设置访问控制规则；应在不同等级的网络区域边界部署访问控制机制，设置访问控制规则。

2）入侵防范：应能检测到云服务客户发起的网络攻击行为，并能记录攻击类型、攻击时间、攻击流量等；应能检测到对虚拟网络节点的网络攻击行为，并能记录攻击类型、攻击时间、攻击流量等；应能检测到虚拟机与宿主机、虚拟机与虚拟机之间的异常流量。

3）安全审计：应对云服务商和云服务客户在远程管理时执行的特权命令进行审计，至少包括虚拟机删除、虚拟机重启；应保证云服务商对云服务客户系统和数据的操作可被云服务客户审计。

（4）安全计算环境

1）访问控制：应保证当虚拟机迁移时，访问控制策略随其迁移；应允许云服务客户设置不同虚拟机之间的访问控制策略。

2）镜像和快照保护：应针对重要业务系统提供加固的操作系统镜像或操作系统安全加固服务；应提供虚拟机镜像、快照完整性校验功能，防止虚拟机镜像被恶意篡改。

3）数据完整性和保密性：应确保云服务客户数据、用户个人信息等存储于中国境内，如需出境应遵循国家相关规定；应确保只有在云服务客户授权下，云服务商或第三方才具有云服务客户数据的管理权限；应确保虚拟机迁移过程中重要数据的完整性，并在检测到完整性受到破坏时采取必要的恢复措施。

4）数据备份恢复：云服务客户应在本地保存其业务数据的备份；应提供查询云服务客户数据及备份存储位置的能力。

5）剩余信息保护：应保证虚拟机所使用的内存和存储空间回收时得到完全清除；云服务客户删除业务应用数据时，云计算平台应将云存储中所有副本删除。

（5）安全建设管理

1）云服务商选择：应选择安全合规的云服务商，其所提供的云计算平台应为其所承载的业务应用系统提供相应等级的安全保护能力；应在服务水平协议中规定云服务的各项服务内容和具体技术指标；应在服务水平协议中规定云服务商的权限与责任，包括管理范围、职责划分、访问授权、隐私保护、行为准则、违约责任等；应在服务水平协议中规定服务合约到期时，完整提供云服务客户数据，并承诺相关数据在云计算平台上清除。

2）供应链管理：应确保供应商的选择符合国家有关规定；应将供应链安全事件信息或安全威胁信息及时传达到云服务客户。

（6）安全运维管理

云计算环境管理：云计算平台的运维地点应位于中国境内，境外对境内云计算平台实施运维操作应遵循国家相关规定。

3. 移动互联安全扩展要求

（1）安全物理环境

无线接入点的物理位置：应为无线接入设备的安装选择合理位置，避免过度覆盖和电磁干扰。

（2）安全区域边界

1）边界防护：应保证有线网络与无线网络边界之间的访问和数据流通过无线接入网关设备。

2）访问控制：无线接入设备应开启接入认证功能，并且禁止使用 WEP 方式进行认证，如使用口令，长度不小于 8 位字符。

3）入侵防范：应能够检测到非授权无线接入设备和非授权移动终端的接入行为；应能够检测到针对无线接入设备的网络扫描、DDoS 攻击、密钥破解、中间人攻击和欺骗攻击等行为；应能够检测到无线接入设备的 SSID 广播、WPS 等高风险功能的开启状态；应禁用无线接入设备和无线接入网关存在风险的功能，如 SSID 广播、WEP 认证等；应禁止多个 AP 使用同一个认证密钥。

（3）安全计算环境

移动应用管控：应具有选择应用软件安装、运行的功能；应只允许可靠证书签名的应用软件安装和运行。

（4）安全建设管理

1）移动应用软件采购：应保证移动终端安装、运行的应用软件来自可靠分发渠道或使用可靠证书签名；应保证移动终端安装、运行的应用软件由可靠的开发者开发。

2）移动应用软件开发：应对移动业务应用软件开发者进行资格审查；应保证开发移动业务应用软件的签名证书合法性。

4. 物联网安全扩展要求

（1）安全物理环境

感知节点设备物理防护：感知节点设备所处的物理环境应不对感知节点设备造成物理破坏，如挤压、强振动；感知节点设备在工作状态所处物理环境应能正确反映环境状态（如温湿度传感器不能安装在阳光直射区域）。

（2）安全区域边界

1）接入控制：应保证只有授权的感知节点可以接入。

2）入侵防范：应能够限制与感知节点通信的目标地址，以避免对陌生地址的攻击行为；应能够限制与网关节点通信的目标地址，以避免对陌生地址的攻击行为。

（3）安全运维管理

感知节点管理：应指定人员定期巡视感知节点设备、网关节点设备的部署环境，对可能影响感知节点设备、网关节点设备正常工作的环境异常进行记录和维护；应对感知节点设备、网关节点设备入库、存储、部署、携带、维修、丢失和报废等过程做出明确规定，并进行全程管理。

5. 工业控制系统安全扩展要求

（1）安全物理环境

室外控制设备物理防护：室外控制设备应放置于采用铁板或其他防火材料制作的箱体或装置中并紧固；箱体或装置具有透风、散热、防盗、防雨和防火等能力；室外控制设备放置应远离强电磁干扰、强热源等环境，如无法避免应及时做好应急处置及检修，保证设备正常运行。

（2）安全通信网络

1）网络架构：工业控制系统与企业其他系统之间应划分为两个区域，区域间应采用技术隔离手段；工业控制系统内部应根据业务特点划分为不同的安全域，安全域之间应采用技术隔离手段；涉及实时控制和数据传输的工业控制系统，应使用独立的网络设备组网，在物理层面上实现与其他数据网及外部公共信息网的安全隔离。

2）通信传输：在工业控制系统内使用广域网进行控制指令或相关数据交换的应采用加密认证技术手段实现身份认证、访问控制和数据加密传输。

（3）安全区域边界

1）访问控制：应在工业控制系统与企业其他系统之间部署访问控制设备，配置访问控制策略，禁止任何穿越区域边界的 E-Mail、Web、Telnet、Rlogin、FTP 等通用网络服务；应在工业控制系统内安全域和安全域之间的边界防护机制失效时，及时进行报警。

2）拨号使用控制：工业控制系统确需使用拨号访问服务的，应限制具有拨号访问权限的用户数量，并采取用户身份鉴别和访问控制等措施。

3）使用控制：应对所有参与无线通信的用户（人员、软件进程或者设备）提供唯一性标识和鉴别；应对所有参与无线通信的用户（人员、软件进程或者设备）进行授权以及执行使用进行限制。

（4）安全计算环境

控制设备安全：控制设备自身应实现相应级别安全通用要求提出的身份鉴别、访问控制和安全审计等安全要求，如受条件限制控制设备无法实现上述要求，应由其上位控制或管理设备实现同等功能或通过管理手段控制；应在经过充分测试评估后，在不影响系统安全稳定运行的情况下对控制设备进行补丁更新、固件更新等工作。

（5）安全建设管理

1）产品采购和使用：工业控制系统重要设备应通过专业机构的安全性检测后方可采购使用。

2）外包软件开发：应在外包开发合同中规定针对开发单位、供应商的约束条款，包括设备及系统在生命周期内有关保密、禁止关键技术扩散和设备行业专用等方面的内容。

5.2.6 网络安全等级保护 2.0 第三级安全要求

本节介绍了第三级等保测评的各项要求。

1. 安全通用要求

（1）安全物理环境

1）物理位置选择：机房场地应选择在具有防震、防风和防雨等能力的建筑内；机房场地应避免设在建筑物的顶层或地下室，否则应加强防水和防潮措施。

2）物理访问控制：机房出入口应配置电子门禁系统，控制、鉴别和记录进入的人员。

3）防盗窃和防破坏：应将设备或主要部件进行固定，并设置明显且不易除去的标识；应将通信线缆铺设在隐蔽安全处；应设置机房防盗报警系统或设置有专人值守的视频监控系统。

4）防雷击：应将各类机柜、设施和设备等通过接地系统安全接地；应采取措施防止感应雷，例如设置防雷保安器或过压保护装置等。

5）防火：机房应设置火灾自动消防系统，能够自动检测火情、自动报警，并自动灭火；机房及相关的工作房间和辅助房应采用具有耐火等级的建筑材料。应对机房划分区域进行管理，区域和区域之间设置隔离防火措施。

6）防水和防潮：应采取措施防止雨水通过机房窗户、屋顶和墙壁渗透；应采取措施防止机房内水蒸气结露和地下积水的转移与渗透；应安装对水敏感的检测仪表或元件，对机房进行防水检测和报警。

7）防静电：应采用防静电地板或地面并采用必要的接地防静电措施；应采取措施防止静电的产生，例如采用静电消除器、佩戴防静电手环等。

8）温湿度控制：应设置温湿度自动调节设施，使机房温湿度的变化在设备运行所允许的范围之内。

9）电力供应：应在机房供电线路上配置稳压器和过电压防护设备；应提供短期的备用电力供应，至少满足设备在断电情况下的正常运行要求；应设置冗余或并行的电力电缆线路为计算机系统供电。

10）电磁防护：电源线和通信线缆应隔离铺设，避免互相干扰；应对关键设备实施电磁屏蔽。

（2）安全通信网络

1）网络架构：应保证网络设备的业务处理能力满足业务高峰期需要；应保证网络各个部分的带宽满足业务高峰期需要；应划分不同的网络区域，并按照方便管理和控制的原则为各网络区域分配地址；应避免将重要网络区域部署在边界处，重要网络区域与其他网络区域之间应采取可靠的技术隔离手段；应提供通信线路、关键网络设备和关键计算设备的硬件冗余，保证系统的可用性。

2）通信传输：应采用校验技术保证通信过程中数据的完整性；应采用密码技术保证通信过程中数据的保密性。

3）可信验证：可基于可信根对通信设备的系统引导程序、系统程序、重要配置参数和通信应用程序等进行可信验证，并在应用程序的关键执行环节进行动态可信验证，在检测到其可信性受到破坏后进行报警，并将验证结果形成审计记录送至安全管理中心。

（3）安全区域边界

1）边界防护：应保证跨越边界的访问和数据流通过边界设备提供的受控接口进行通信；应能够对非授权设备私自联到内部网络的行为进行检查或限制；应能够对内部用户非授权联到外部网络的行为进行检查或限制；应限制无线网络的使用，保证无线网络通过受控的边界设备接入内部网络。

2）访问控制：应在网络边界或区域之间根据访问控制策略设置访问控制规则，默认情况下除允许通信外受控接口拒绝所有通信；应删除多余或无效的访问控制规则，优化访问控制列表，并保证访问控制规则数量最小化；应对源地址、目的地址、源端口、目的端口和协议等进行检查，以允许/拒绝数据包进出；应能根据会话状态信息为进出数据流提供明确的允许/拒绝访问的能力。应对进出网络的数据流实现基于应用协议和应用内容的访问控制。

3）入侵防范：应在关键网络节点处检测、防止或限制从外部发起的网络攻击行为；应在关键网络节点处检测、防止或限制从内部发起的网络攻击行为；应采取技术措施对网络行为进行分析、实现对网络攻击特别是新型网路攻击行为的分析；当检测到攻击行为时，记录攻击源 IP、攻击类型、攻击目标、攻击时间，在发生严重入侵事件时应提供报警。

4）恶意代码和垃圾邮件防范：应在关键网络节点处对恶意代码进行检测和清除，并维护恶意代码防护机制的升级和更新；应在关键网络节点处对垃圾邮件进行检测和防护，并维护垃圾邮件防护机制的升级和更新。

5）安全审计：应在网络边界、重要网络节点进行安全审计，审计覆盖到每个用户，对重要的用户行为和重要安全事件进行审计；审计记录应包括事件的日期和时间、用户、事件类型、事件是否成功及其他与审计相关的信息；应对审计记录进行保护并定期备份，避免受到未预期的删除、修改或覆盖等；应能对远程访问的用户行为、访问互联网的用户行为等单独进行行为审计和数据分析。

6）可信验证：可基于可信根对边界设备的系统引导程序、系统程序、重要配置参数和边界防护应用程序等进行可信验证，并在应用程序的关键执行环节进行动态可信验证，在检测到其可信性受到破坏后进行报警，并将验证结果形成审计记录送至安全管理中心。

（4）安全计算环境

1）身份鉴别：应对登录的用户进行身份标识和鉴别，身份标识具有唯一性，身份鉴别信息具有复杂度要求并定期更换；应具有登录失败处理功能，应配置并启用结束会话、限制非法登录次数和当登录连接超时自动退出等相关措施；当进行远程管理时，应采取必要措施防止鉴别信息在网络传输过程中被窃听；应采用口令、密码技术、生物技术等两种或两种以上组合的鉴别技术对用户进行身份鉴别，且其中一种鉴别技术至少应使用密码技术来实现。

2）访问控制：应对登录的用户分配账户和权限；应重命名或删除默认账户，修改默认账户的默认口令；应及时删除或停用多余的、过期的账户，避免共享账户的存在；应授予管理用户所需的最小权限，实现管理用户的权限分离；应由授权主体配置访问控制策略，访问控制策略规定主体对客体的访问规则；访问控制的粒度应达到主体为用户级或进程级，客体为文件、数据库表级；应对重要主体和客体设置安全标记，并控制主体对有安全标记信息资源的访问。

3）安全审计：应启用安全审计功能，审计覆盖到每个用户，对重要的用户行为和重要安全事件进行审计；审计记录应包括事件的日期和时间、用户、事件类型、事件是否成功及其他与审计相关的信息；应对审计记录进行保护并定期备份，避免受到未预期的删除、修改或覆盖等；应对审计进程进行保护，防止未经授权的中断。

4）入侵防范：应遵循最小安装的原则，仅安装需要的组件和应用程序；应关闭不需要的系统服务、默认共享和高危端口；应通过设定终端接入方式或网络地址范围对通过网络进行管理的终端采取限制；应提供数据有效性检验功能，保证通过人机接口输入或通过通信接口输入的内容符合系统设定要求；应能发现可能存在的已知漏洞，并在经过充分测试评估后及时修补漏洞；应能够检测到对重要节点进行入侵的行为，并在发生严重入侵事件时提供报警。

5）恶意代码防范：应采用免受恶意代码攻击的技术措施或主动免疫可信验证机制及时识别入侵和病毒行为，并将其有效阻断。

6）可信验证：可基于可信根对计算设备的系统引导程序、系统程序、重要配置参数和应用程序等进行可信验证，并在应用程序的关键执行环节进行动态可信验证，在检测到其可信性受到破坏后进行报警，并将验证结果形成审计记录送至安全管理中心。

7）数据完整性：应采用校验技术或密码技术保证重要数据在传输过程中的完整性，包括但不限于鉴别数据，重要业务数据、重要审计数据、重要配置数据、重要视频数据和重要个人信息等；应采用校验技术或密码技术保证重要数据在存储过程中的完整性，包括但不限于鉴别数据、重要业务数据、重要审计数据、重要配置数据、重要视频数据和重要个人信息等。

8）数据保密性：应采用密码技术保证重要数据在传输过程中的保密性，包括但不限于鉴别数据、重要业务数据和重要个人信息等；应采用密码技术保证重要数据在存储过程中的保密性，包括但不限于鉴别数据、重要业务数据和重要个人信息等。

9）数据备份恢复：应提供重要数据的本地数据备份与恢复功能；应提供异地数据备份功能，利用通信网络将重要数据定时批量传送至备用场地；应提供重要数据处理系统的热冗余，保证系统的高可用性。

10）剩余信息保护：应保证鉴别信息所在的存储空间被释放或重新分配前得到完全清除；

应保证存有敏感数据的存储空间被释放或重新分配前得到完全清除。

11）个人信息保护：应仅采集和保存业务必需的用户个人信息；应禁止未授权访问和非法使用用户个人信息。

（5）安全管理中心

1）系统管理：应对系统管理员进行身份鉴别，只允许其通过特定的命令或操作界面进行系统管理操作，并对这些操作进行审计；应通过系统管理员对系统的资源和运行进行配置、控制和管理，包括用户身份、系统资源配置、系统加载和启动、系统运行的异常处理、数据和设备的备份与恢复等。

2）审计管理：应对审计管理员进行身份鉴别，只允许其通过特定的命令或操作界面进行安全审计操作，并对这些操作进行审计；应通过审计管理员对审计记录进行分析，并根据分析结果进行处理，包括根据安全审计策略对审计记录进行存储、管理和查询等。

3）安全管理：应对安全管理员进行身份鉴别，只允许其通过特定的命令或操作界面进行安全管理操作，并对这些操作进行审计；应通过安全管理员对系统中的安全策略进行配置，包括安全参数的设置，主体、客体进行统一安全标记，对主体进行授权，配置可信验证策略等。

4）集中管控：应划分出特定的管理区域，对分布在网络中的安全设备或安全组件进行管控；应能够建立一条安全的信息传输路径，对网络中的安全设备或安全组件进行管理；应对网络链路、安全设备、网络设备和服务器等的运行状况进行集中监测；应对分散在各个设备上的审计数据进行收集汇总和集中分析，并保证审计记录的留存时间符合法律法规要求；

应对安全策略、恶意代码、补丁升级等安全相关事项进行集中管理；应能对网络中发生的各类安全事件进行识别、报警和分析。

（6）安全管理制度

1）安全策略：应制定网络安全工作的总体方针和安全策略，阐明机构安全工作的总体目标、范围、原则和安全框架等。

2）管理制度：应对安全管理活动中的各类管理内容建立安全管理制度；应对管理人员或操作人员执行的日常管理操作建立操作规程；应形成由安全策略、管理制度、操作规程、记录表单等构成的全面的安全管理制度体系。

3）制定和发布：应指定或授权专门的部门或人员负责安全管理制度的制定；安全管理制度应通过正式、有效的方式发布，并进行版本控制。

4）评审和修订：应定期对安全管理制度的合理性和适用性进行论证和审定，对存在不足或需要改进的安全管理制度进行修订。

（7）安全管理机构

1）岗位设置：应成立指导和管理网络安全工作的委员会或领导小组，其最高领导由单位主管领导担任或授权；应设立网络安全管理工作的职能部门，设立安全主管、安全管理各个方面的负责人岗位，并定义各负责人的职责；应设立系统管理员、审计管理员和安全管理员等岗位，并定义部门及各个工作岗位的职责。

2）人员配备：应配备一定数量的系统管理员、审计管理员和安全管理员等；应配备专职安全管理员，不可兼任。

3）授权和审批：应根据各个部门和岗位的职责明确授权审批事项、审批部门和批准人等；应针对系统变更、重要操作、物理访问和系统接入等事项建立审批程序，按照审批程序执行审批过程，对重要活动建立逐级审批制度；应定期审查审批事项，及时更新需授权和审批的项目、审批部门和审批人等信息。

4）沟通和合作：应加强各类管理人员、组织内部机构和网络安全管理部门之间的合作与沟通，定期召开协调会议，共同协作处理网络安全问题；应加强与网络安全职能部门、各类供应商、业界专家及安全组织的合作与沟通；应建立外联单位联系列表，包括外联单位名称、合作内容、联系人和联系方式等信息。

5）审核和检查：应定期进行常规安全检查，检查内容包括系统日常运行、系统漏洞和数据备份等情况；应定期进行全面安全检查，检查内容包括现有安全技术措施的有效性、安全配置与安全策略的一致性、安全管理制度的执行情况等；应制定安全检查表格实施安全检查，汇总安全检查数据，形成安全检查报告，并对安全检查结果进行通报。

（8）安全管理人员

1）人员录用：应指定或授权专门的部门或人员负责人员录用；应对被录用人员的身份、安全背景、专业资格或资质等进行审查，对其所具有的技术技能进行考核；应与被录用人员签署保密协议，与关键岗位人员签署岗位责任协议。

2）人员离岗：应及时终止离岗人员的所有访问权限，取回各种身份证件、钥匙、徽章等以及机构提供的软硬件设备；应办理严格的调离手续，并承诺调离后的保密义务后方可离开。

3）安全意识教育和培训：应对各类人员进行安全意识教育和岗位技能培训，并告知相关的安全责任和惩戒措施；应针对不同岗位制定不同的培训计划，对安全基础知识、岗位操作规程等进行培训；应定期对不同岗位的人员进行技能考核。

4）外部人员访问管理：应在外部人员物理访问受控区域前先提出书面申请，批准后由专人全程陪同，并登记备案；应在外部人员接入受控网络访问系统前先提出书面申请，批准后由专人开设账户、分配权限，并登记备案；外部人员离场后应及时清除其所有的访问权限；获得系统访问授权的外部人员应签署保密协议，不得进行非授权操作，不得复制和泄露任何敏感信息。

（9）安全建设管理

1）定级与备案：应以书面的形式说明保护对象的安全保护等级及确定等级的方法和理由；应组织相关部门和有关安全技术专家对定级结果的合理性和正确性进行论证和审定；应保证定级结果经过相关部门的批准；应将备案材料报主管部门和相应公安机关备案。

2）安全方案设计：应根据安全保护等级选择基本安全措施，依据风险分析的结果补充和调整安全措施；应根据保护对象的安全保护等级及与其他级别保护对象的关系进行安全整体规划和安全方案设计，设计内容应包含密码技术相关内容，并形成配套文件；应组织相关部门和有关安全专家对安全整体规划及其配套文件的合理性和正确性进行论证和审定，经过批准后才能正式实施。

3）产品采购和使用：应确保网络安全产品采购和使用符合国家的有关规定；应确保密码产品与服务的采购和使用符合国家密码管理主管部门的要求；应预先对产品进行选型测试，确定产品的候选范围，并定期审定和更新候选产品名单。

4）自行软件开发：应将开发环境与实际运行环境物理分开，测试数据和测试结果受到控制；应制定软件开发管理制度，明确说明开发过程的控制方法和人员行为准则；应制定代码编写安全规范，要求开发人员参照规范编写代码；应具备软件设计的相关文档和使用指南，并对文档使用进行控制；应保证在软件开发过程中对安全性进行测试，在软件安装前对可能存在的恶意代码进行检测；应对程序资源库的修改、更新、发布进行授权和批准，并严格进行版本控制；应保证开发人员为专职人员，开发人员的开发活动受到控制、监视和审查。

5）外包软件开发：应在软件交付前检测其中可能存在的恶意代码；应保证开发单位提供软件设计文档和使用指南；应保证开发单位提供软件源代码，并审查软件中可能存在的后门和隐蔽信道。

6）工程实施：应指定或授权专门的部门或人员负责工程实施过程的管理；应制定安全工程实施方案控制工程实施过程；应通过第三方工程监理控制项目的实施过程。

7）测试验收：应制定测试验收方案，并依据测试验收方案实施测试验收，形成测试验收报告；应进行上线前的安全性测试，并出具安全测试报告，安全测试报告应包含密码应用。

（10）安全性测试相关内容

1）系统交付：应制定交付清单，并根据交付清单对所交接的设备、软件和文档等进行清点；应对负责运行维护的技术人员进行相应的技能培训；应提供建设过程文档和运行维护文档。

2）等级测评：应定期进行等级测评，发现不符合相应等级保护标准要求的及时整改；

应在发生重大变更或级别发生变化时进行等级测评；应确保测评机构的选择符合国家有关规定。

3）服务供应商选择：应确保服务供应商的选择符合国家的有关规定；应与选定的服务供应商签订相关协议，明确整个服务供应链各方需履行的网络安全相关义务；应定期监督、评审和审核服务供应商提供的服务，并对其变更服务内容加以控制。

（11）安全运维管理

1）环境管理：应指定专门的部门或人员负责机房安全，对机房出入进行管理，定期对机房供配电、空调、温湿度控制、消防等设施进行维护管理；应建立机房安全管理制度，对有关物理访问、物品带进出和环境安全等方面的管理做出规定；应不在重要区域接待来访人员，不随意放置含有敏感信息的纸档文件和移动介质等。

2）资产管理：应编制并保存与保护对象相关的资产清单，包括资产责任部门、重要程度和所处位置等内容；应根据资产的重要程度对资产进行标识管理，根据资产的价值选择相应的管理措施；应对信息分类与标识方法做出规定，并对信息的使用、传输和存储等进行规范化管理。

3）介质管理：应将介质存放在安全的环境中，对各类介质进行控制和保护，实行存储环境专人管理，并根据存档介质的目录清单定期盘点；应对介质在物理传输过程中的人员选择、打包、交付等情况进行控制，并对介质的归档和查询等进行登记记录。

4）设备维护管理：应对各种设备（包括备份和冗余设备）、线路等指定专门的部门或人员定期进行维护管理；应建立配套设施、软硬件维护方面的管理制度，对其维护进行有效的管理，包括明确维护人员的责任、维修和服务的审批、维修过程的监督控制等；信息处理设备应经过审批才能带离机房或办公地点，含有存储介质的设备带出工作环境时其中重要数据应加密；含有存储介质的设备在报废或重用前，应进行完全清除或被安全覆盖，保证该设备上的敏感数据和授权软件无法被恢复重用。

5）漏洞和风险管理：应采取必要的措施识别安全漏洞和隐患，对发现的安全漏洞和隐患及时进行修补或评估可能的影响后进行修补；应定期开展安全测评，形成安全测评报告，采取措施应对发现的安全问题。

6）网络和系统安全管理：应划分不同的管理员角色进行网络和系统的运维管理，明确各个角色的责任和权限；应指定专门的部门或人员进行账户管理，对申请账户、建立账户、删除账户等进行控制；应建立网络和系统安全管理制度，对安全策略、账户管理、配置管理、日志管理、日常操作、升级与打补丁、口令更新周期等方面做出规定；应制定重要设备的配置和操作手册，依据手册对设备进行安全配置和优化配置等；应详细记录运维操作日志，包括日常巡检工作、运行维护记录、参数的设置和修改等内容；应指定专门的部门或人员对日志、监测和报警数据等进行分析、统计，及时发现可疑行为；应严格控制变更性运维，经过审批后才可改变连接、安装系统组件或调整配置参数，操作过程中应保留不可更改的审计日志，操作结束后应同步更新配置信息库；应严格控制运维工具的使用，经过审批后才可接入进行操作，操作过程中应保留不可更改的审计日志，操作结束后应删除工具中的敏感数据；应严格控制远程运维的开通，经过审批后才可开通远程运维接口或通道，操作过程中应保留不可更改的审计日志，操作结束后立即关闭接口或通道；应保证所有与外部的连接均得到授权和批准，应定期检查违反规定无线上网及其他违反网络安全策略的行为。

7）恶意代码防范管理：应提高所有用户的防恶意代码意识，对外来计算机或存储设备接入系统前进行恶意代码检查等；应定期验证防范恶意代码攻击的技术措施的有效性。

8）配置管理：应记录和保存基本配置信息，包括网络拓扑结构、各个设备安装的软件组件、软件组件的版本和补丁信息、各个设备或软件组件的配置参数等；应将基本配置信息改变纳入变更范畴，实施对配置信息改变的控制，并及时更新基本配置信息库。

9）密码管理：应遵循密码相关国家标准和行业标准；应使用国家密码管理主管部门认证核准的密码技术和产品。

10）变更管理：应明确变更需求，变更前根据变更需求制定变更方案，变更方案经过评审，审批后方可实施；应建立变更的申报和审批控制程序，依据程序控制所有的变更，记录变更实施过程；应建立中止变更并从失败变更中恢复的程序，明确过程控制方法和人员职责，必要时对恢复过程进行演练。

11）备份与恢复管理：应识别需要定期备份的重要业务信息、系统数据及软件系统等；应规定备份信息的备份方式、备份频度、存储介质、保存期等；应根据数据的重要性和数据对系统运行的影响，制定数据的备份策略和恢复策略、备份程序和恢复程序等。

12）安全事件处置：应及时向安全管理部门报告所发现的安全弱点和可疑事件；应制定安全事件报告和处置管理制度，明确不同安全事件的报告、处置和响应流程，规定安全事件的现场处理、事件报告和后期恢复的管理职责等；应在安全事件报告和响应处理过程中，分析和鉴定事件产生的原因、收集证据、记录处理过程、总结经验教训；对造成系统中断和造成信息泄露的重大安全事件应采用不同的处理程序和报告程序。

13）应急预案管理：应规定统一的应急预案框架，包括启动预案的条件、应急组织构成、应急资源保障、事后教育和培训等内容；应制定重要事件的应急预案，包括应急处理流程、系统恢复流程等内容；应定期对系统相关的人员进行应急预案培训，并进行应急预案的演练；应定期对原有的应急预案重新评估，修订完善。

14）外包运维管理：应确保外包运维服务商的选择符合国家的有关规定；应与选定的外包运维服务商签订相关的协议，明确约定外包运维的范围、工作内容；应保证选择的外包运维服务商在技术和管理方面均应具有按照等级保护要求开展安全运维工作的能力，并将能力要求在签订的协议中明确；应在与外包运维服务商签订的协议中明确所有相关的安全要求，如可能涉及对敏感信息的访问、处理、存储要求，对 IT 基础设施中断服务的应急保障要求等。

2. 云计算安全扩展要求

（1）安全物理环境

基础设施位置：应保证云计算基础设施位于中国境内。

（2）安全通信网络

网络架构：应保证云计算平台不承载高于其安全保护等级的业务应用系统；应实现不同云服务客户虚拟网络之间的隔离；应具有根据云服务客户业务需求提供通信传输、边界防护、入侵防范等安全机制的能力；应具有根据云服务客户业务需求自主设置安全策略的能力，包括定义访问路径、选择安全组件、配置安全策略；应提供开放接口或开放性安全服务，允许云服务客户接入第三方安全产品或在云计算平台选择第三方安全服务。

（3）安全区域边界

1）访问控制：应在虚拟化网络边界部署访问控制机制，并设置访问控制规则；应在不同等级的网络区域边界部署访问控制机制，设置访问控制规则。

2）入侵防范：应能检测到云服务客户发起的网络攻击行为，并能记录攻击类型、攻击时间、攻击流量等；应能检测到对虚拟网络节点的网络攻击行为，并能记录攻击类型、攻击时间、攻击流量等；应能检测到虚拟机与宿主机、虚拟机与虚拟机之间的异常流量；应在检测到网络攻击行为、异常流量情况时进行告警。

3）安全审计：应对云服务商和云服务客户在远程管理时执行的特权命令进行审计，至少包括虚拟机删除、虚拟机重启；应保证云服务商对云服务客户系统和数据的操作可被云服务客户审计。

（4）安全计算环境

1）身份鉴别：当远程管理云计算平台中设备时，管理终端和云计算平台之间应建立双向身份验证机制。

2）访问控制：应保证当虚拟机迁移时，访问控制策略随其迁移；应允许云服务客户设置不同虚拟机之间的访问控制策略。

3）入侵防范：应能检测虚拟机之间的资源隔离失效，并进行告警；应能检测非授权新建虚拟机或者重新启用虚拟机，并进行告警；应能够检测恶意代码感染及在虚拟机间蔓延的情况，并进行告警。

4）镜像和快照保护：应针对重要业务系统提供加固的操作系统镜像或操作系统安全加固服务；应提供虚拟机镜像、快照完整性校验功能，防止虚拟机镜像被恶意篡改；应采取密码技术或其他技术手段防止虚拟机镜像、快照中可能存在的敏感资源被非法访问。

5）数据完整性和保密性：应确保云服务客户数据、用户个人信息等存储于中国境内，如需出境应遵循国家相关规定；应确保只有在云服务客户授权下，云服务商或第三方才具有云服务客户数据的管理权限；应使用校验码或密码技术确保虚拟机迁移过程中重要数据的完整性，并在检测到完整性受到破坏时采取必要的恢复措施；应支持云服务客户部署密钥管理解决方案，保证云服务客户自行实现数据的加解密过程。

6）数据备份恢复：云服务客户应在本地保存其业务数据的备份；应提供查询云服务客户数据及备份存储位置的能力；云服务商的云存储服务应保证云服务客户数据存在若干个可用的副本，各副本之间的内容应保持一致；应为云服务客户将业务系统及数据迁移到其他云计算平台和本地系统提供技术手段，并协助完成迁移过程。

7）剩余信息保护：应保证虚拟机所使用的内存和存储空间回收时得到完全清除；云服务客户删除业务应用数据时，云计算平台应将云存储中所有副本删除。

（5）安全管理中心

集中管控：应能对物理资源和虚拟资源按照策略做统一管理调度与分配；应保证云计算平台管理流量与云服务客户业务流量分离；应根据云服务商和云服务客户的职责划分，收集各自控制部分的审计数据并实现各自的集中审计；应根据云服务商和云服务客户的职责划分，实现各自控制部分，包括虚拟化网络、虚拟机、虚拟化安全设备等的运行状况的集中监测。

（6）安全建设管理

1）云服务商选择：应选择安全合规的云服务商，其所提供的云计算平台应为其所承载的业务应用系统提供相应等级的安全保护能力；应在服务水平协议中规定云服务的各项服务内容和具体技术指标；应在服务水平协议中规定云服务商的权限与责任，包括管理范围、职责划分、访问授权、隐私保护、行为准则、违约责任等；应在服务水平协议中规定服务合约到期时，完整提供云服务客户数据，并承诺相关数据在云计算平台上清除；应与选定的云服务商签署保密协议，要求其不得泄露云服务客户数据。

2）供应链管理：应确保供应商的选择符合国家有关规定；应将供应链安全事件信息或安全威胁信息及时传达到云服务客户；应将供应商的重要变更及时传达到云服务客户，并评估变更带来的安全风险，采取措施对风险进行控制。

（7）安全运维管理

云计算环境管理：云计算平台的运维地点应位于中国境内，境外对境内云计算平台实施运维操作应遵循国家相关规定。

3. 移动互联安全扩展要求

（1）安全物理环境

无线接入点的物理位置：应为无线接入设备的安装选择合理位置，避免过度覆盖和电磁干扰。

（2）安全区域边界

1）边界防护：应保证有线网络与无线网络边界之间的访问和数据流通过无线接入网关设备。

2）访问控制：无线接入设备应开启接入认证功能，并支持采用认证服务器认证或国家密码管理机构批准的密码模块进行认证。

3）入侵防范：应能够检测到非授权无线接入设备和非授权移动终端的接入行为；应能够检测到针对无线接入设备的网络扫描、DDoS 攻击、密钥破解、中间人攻击和欺骗攻击等行为；应能够检测到无线接入设备的 SSID 广播、WPS 等高风险功能的开启状态；应禁用无线接入设备和无线接入网关存在风险的功能，如 SSID 广播、WEP 认证等；应禁止多个 AP 使用同一个认证密钥；应能够阻断非授权无线接入设备或非授权移动终端。

（3）安全计算环境

1）移动终端管控：应保证移动终端安装、注册并运行终端管理客户端软件；移动终端应接受移动终端管理服务端的设备生命周期管理、设备远程控制，如远程锁定、远程擦除等。

2）移动应用管控：应具有选择应用软件安装、运行的功能；应只允许指定证书签名的应用软件安装和运行；应具有软件白名单功能，应能根据白名单控制应用软件安装、运行。

（4）安全建设管理

1）移动应用软件采购：应保证移动终端安装、运行的应用软件来自可靠分发渠道或使用可靠证书签名；应保证移动终端安装、运行的应用软件由指定的开发者开发。

2）移动应用软件开发：应对移动业务应用软件开发者进行资格审查；应保证开发移动业务应用软件的签名证书合法性。

（5）安全运维管理

配置管理：应建立合法无线接入设备和合法移动终端配置库，用于对非法无线接入设备和非法移动终端的识别。

4. 物联网安全扩展要求

（1）安全物理环境

感知节点设备物理防护：感知节点设备所处的物理环境应不对感知节点设备造成物理破坏，如挤压、强振动；感知节点设备在工作状态所处物理环境应能正确反映环境状态（如温湿度传感器不能安装在阳光直射区域）；感知节点设备在工作状态所处物理环境应不对感知节点设备的正常工作造成影响，如强干扰、阻挡屏蔽等；关键感知节点设备应具有可供长时间工作的电力供应（关键网关节点设备应具有持久稳定的电力供应能力）。

（2）安全区域边界

1）接入控制：应保证只有授权的感知节点可以接入。

2）入侵防范：应能够限制与感知节点通信的目标地址，以避免对陌生地址的攻击行为；应能够限制与网关节点通信的目标地址，以避免对陌生地址的攻击行为。

（3）安全计算环境

1）感知节点设备安全：应保证只有授权的用户可以对感知节点设备上的软件应用进行配置或变更；应具有对其连接的网关节点设备（包括读卡器）进行身份标识和鉴别的能力；应具有对其连接的其他感知节点设备（包括路由节点）进行身份标识和鉴别的能力。

2）网关节点设备安全：应具备对合法连接设备（包括终端节点、路由节点、数据处理中心）进行标识和鉴别的能力；应具备过滤非法节点和伪造节点所发送数据的能力；授权用户应能够在设备使用过程中对关键密钥进行在线更新；授权用户应能够在设备使用过程中对关键配置参数进行在线更新。

3）抗数据重放：应能够鉴别数据的新鲜性，避免历史数据的重放攻击；应能够鉴别历史数据的非法修改，避免数据的修改重放攻击。

4）数据融合处理：应对来自传感网的数据进行数据融合处理，使不同种类的数据可以在同一个平台被使用。

（4）安全运维管理

感知节点管理：应指定人员定期巡视感知节点设备、网关节点设备的部署环境，对可能影响感知节点设备、网关节点设备正常工作的环境异常进行记录和维护；应对感知节点设备、网关节点设备入库、存储、部署、携带、维修、丢失和报废等过程做出明确规定，并进行全程管理；应加强对感知节点设备、网关节点设备部署环境的保密性管理，包括负责检查和维护的人员调离工作岗位应立即交还相关检查工具和检查维护记录等。

5. 工业控制系统安全扩展要求

（1）安全物理环境

室外控制设备物理防护：室外控制设备应放置于采用铁板或其他防火材料制作的箱体或装置中并紧固；箱体或装置具有透风、散热、防盗、防雨和防火等能力；室外控制设备放置应远离强电磁干扰、强热源等环境，如无法避免应及时做好应急处置及检修，保证设备正常运行。

（2）安全通信网络

1）网络架构：工业控制系统与企业其他系统之间应划分为两个区域，区域间应采用单向的技术隔离手段；工业控制系统内部应根据业务特点划分为不同的安全域，安全域之间应采用技术隔离手段；涉及实时控制和数据传输的工业控制系统，应使用独立的网络设备组网，在物理层面上实现与其他数据网及外部公共信息网的安全隔离。

2）通信传输：在工业控制系统内使用广域网进行控制指令或相关数据交换的应采用加密认证技术手段实现身份认证、访问控制和数据加密传输。

（3）安全区域边界

1）访问控制：应在工业控制系统与企业其他系统之间部署访问控制设备，配置访问控制策略，禁止任何穿越区域边界的 E-Mail、Web、Telnet、Rlogin、FTP 等通用网络服务；应在工业控制系统内安全域和安全域之间的边界防护机制失效时，及时进行报警。

2）拨号使用控制：工业控制系统确需使用拨号访问服务的，应限制具有拨号访问权限的用户数量，并采取用户身份鉴别和访问控制等措施；拨号服务器和客户端均应使用经安全加固的操作系统，并采取数字证书认证、传输加密和访问控制等措施。

3）无线使用控制：应对所有参与无线通信的用户（人员、软件进程或者设备）提供唯一性标识和鉴别；应对所有参与无线通信的用户（人员、软件进程或者设备）进行授权以及执行使用进行限制；应对无线通信采取传输加密的安全措施，实现传输报文的机密性保护；对采用无线通信技术进行控制的工业控制系统，应能识别其物理环境中发射的未经授权的无线设备，报告未经授权试图接入或干扰控制系统的行为。

（4）安全计算环境

控制设备安全：控制设备自身应实现相应级别安全通用要求提出的身份鉴别、访问控制和安全审计等安全要求，如受条件限制控制设备无法实现上述要求，应由其上位控制或管理设备实现同等功能或通过管理手段控制；应在经过充分测试评估后，在不影响系统安全稳定运行的情况下对控制设备进行补丁更新、固件更新等工作；应关闭或拆除控制设备的软盘驱动、光盘驱动、USB 接口、串行口或多余网口等，确需保留的应通过相关的技术措施实施严格的监控管理；应使用专用设备和专用软件对控制设备进行更新；应保证控制设备在上线前经过安全性检测，避免控制设备固件中存在恶意代码程序。

（5）安全建设管理

1）产品采购和使用：工业控制系统重要设备应通过专业机构的安全性检测后方可采购使用。

2）外包软件开发：应在外包开发合同中规定针对开发单位、供应商的约束条款，包括设备及系统在生命周期内有关保密、禁止关键技术扩散和设备行业专用等方面的内容。

5.2.7　网络安全等级保护 2.0 第四级安全要求

本节介绍了第四级等保测评的各项要求。

1. 安全通用要求

（1）安全物理环境

1）物理位置选择：机房场地应选择在具有防震、防风和防雨等能力的建筑内；机房场地应避免设在建筑物的顶层或地下室，否则应加强防水和防潮措施。

2）物理访问控制：机房出入口应配置电子门禁系统，控制、鉴别和记录进入的人员；重要区域应配置第二道电子门禁系统，控制、鉴别和记录进入人员。

3）防盗窃和防破坏：应将设备或主要部件进行固定，并设置明显且不易除去的标识；

应将通信线缆铺设在隐蔽安全处；应设置机房防盗报警系统或设置有专人值守的视频监控系统。

4）防雷击：应将各类机柜、设施和设备等通过接地系统安全接地；应采取措施防止感应雷，例如设置防雷保安器或过压保护装置等。

5）防火：机房应设置火灾自动消防系统，能够自动检测火情、自动报警，并自动灭火；机房及相关的工作房间和辅助房应采用具有耐火等级的建筑材料。应对机房划分区域进行管理，区域和区域之间设置隔离防火措施。

6）防水和防潮：应采取措施防止雨水通过机房窗户、屋顶和墙壁渗透；应采取措施防止机房内水蒸气结露和地下积水的转移与渗透；应安装对水敏感的检测仪表或元件，对机房进行防水检测和报警。

7）防静电：应采用防静电地板或地面并采用必要的接地防静电措施；应采取措施防止静电的产生，例如采用静电消除器、佩戴防静电手环等。

8）温湿度控制：应设置温湿度自动调节设施，使机房温湿度的变化在设备运行所允许的范围之内。

9）电力供应：应在机房供电线路上配置稳压器和过电压防护设备；应提供短期的备用电力供应，至少满足设备在断电情况下的正常运行要求；应设置冗余或并行的电力电缆线路为计算机系统供电；应提供应急供电设施。

10）电磁防护：电源线和通信线缆应隔离铺设，避免互相干扰；应对关键设备或关键区实施电磁屏蔽。

（2）安全通信网络

1）网络架构：应保证网络设备的业务处理能力满足业务高峰期需要；应保证网络各个部分的带宽满足业务高峰期需要；应划分不同的网络区域，并按照方便管理和控制的原则为各网络区域分配地址；应避免将重要网络区域部署在边界处，重要网络区域与其他网络区域之间应采取可靠的技术隔离手段；应提供通信线路、关键网络设备和关键计算设备的硬件冗余，保证系统的可用性；应按照业务服务的重要程度分配带宽，优先保障重要业务。

2）通信传输：应采用校验技术保证通信过程中数据的完整性；应采用密码技术保证通信过程中数据的保密性；应在通信前基于密码技术对通信的双方进行验证或认证；应基于硬件密码模块对重要通信过程进行密码运算和密钥管理。

3）可信验证：可基于可信根对通信设备的系统引导程序、系统程序、重要配置参数和通信应用程序等进行可信验证，并在应用程序的所有执行环节进行动态可信验证。在检测到其可信性受到破坏后进行报警，将验证结果形成审计记录送至安全管理中心，并进行动态关联感知。

（3）安全区域边界

1）边界防护：应保证跨越边界的访问和数据流通过边界设备提供的受控接口进行通信；应能够对非授权设备私自联到内部网络的行为进行检查或限制；应能够对内部用户非授权联到外部网络的行为进行检查或限制；应限制无线网络的使用，保证无线网络通过受控的边界设备接入内部网络；应能够在发现非授权设备私自联到内部网络的行为或内部用户非授权联到外部网络的行为时，对其进行有效阻断；应采用可信验证机制对接入到网络中的设备进行可信验证，保证接入网络的设备真实可信。

2）访问控制：应在网络边界或区域之间根据访问控制策略设置访问控制规则，默认情况下除允许通信外受控接口拒绝所有通信；应删除多余或无效的访问控制规则，优化访问控制列表，并保证访问控制规则数量最小化；应对源地址、目的地址、源端口、目的端口和协议等进行检查，以允许/拒绝数据包进出；应能根据会话状态信息为进出数据流提供明确的允许/拒绝访问的能力；应在网络边界通过通信协议转换或通信协议隔离等方式进行数据交换。

3）入侵防范：应在关键网络节点处检测、防止或限制从外部发起的网络攻击行为；应在关键网络节点处检测、防止或限制从内部发起的网络攻击行为；应采取技术措施对网络行为进行分析、实现对网络攻击特别是新型网路攻击行为的分析；当检测到攻击行为时，记录攻击源 IP、攻击类型、攻击目标、攻击时间，在发生严重入侵事件时应提供报警。

4）恶意代码和垃圾邮件防范：应在关键网络节点处对恶意代码进行检测和清除，并维护恶意代码防护机制的升级和更新；应在关键网络节点处对垃圾邮件进行检测和防护，并维护垃圾邮件防护机制的升级和更新。

5）安全审计：应在网络边界、重要网络节点进行安全审计，审计覆盖到每个用户，对重要的用户行为和重要安全事件进行审计；审计记录应包括事件的日期和时间、用户、事件类型、事件是否成功及其他与审计相关的信息；应对审计记录进行保护并定期备份，避免受到未预期的删除、修改或覆盖等。

6）可信验证：可基于可信根对边界设备的系统引导程序、系统程序、重要配置参数和边界防护应用程序等进行可信验证，并在应用程序的所有执行环节进行动态可信验证。在检测到其可信性受到破坏后进行报警，将验证结果形成审计记录送至安全管理中心，并进行动态关联感知。

（4）安全计算环境

1）身份鉴别：应对登录的用户进行身份标识和鉴别，身份标识具有唯一性，身份鉴别信息具有复杂度要求并定期更换；应具有登录失败处理功能，应配置并启用结束会话、限制非法登录次数和当登录连接超时自动退出等相关措施；当进行远程管理时，应采取必要措施防止鉴别信息在网络传输过程中被窃听；应采用口令、密码技术、生物技术等两种或两种以上组合的鉴别技术对用户进行身份鉴别，且其中一种鉴别技术至少应使用密码技术来实现。

2）访问控制：应对登录的用户分配账户和权限；应重命名或删除默认账户，修改默认账户的默认口令；应及时删除或停用多余的、过期的账户，避免共享账户的存在；应授予管理用户所需的最小权限，实现管理用户的权限分离；应由授权主体配置访问控制策略，访问控制策略规定主体对客体的访问规则；访问控制的粒度应达到主体为用户级或进程级，客体为文件、数据库表级；应对主体和客体设置安全标记，并依据安全标记和强制访问控制规则确定主体对客体的访问。

3）安全审计：应启用安全审计功能，审计覆盖到每个用户，对重要的用户行为和重要安全事件进行审计；审计记录应包括事件的日期和时间、事件类型、主体标识、客体标识和结果等；应对审计记录进行保护并定期备份，避免受到未预期的删除、修改或覆盖等；应对审计进程进行保护，防止未经授权的中断。

4）入侵防范：应遵循最小安装的原则，仅安装需要的组件和应用程序；应关闭不需要的系统服务、默认共享和高危端口；应通过设定终端接入方式或网络地址范围对通过网络进行管理的管理终端进行限制；应提供数据有效性检验功能，保证通过人机接口输入或通过通信接口输入的内容符合系统设定要求；应能发现可能存在的已知漏洞，并在经过充分测试评估后，及时修补漏洞；应能够检测到对重要节点进行入侵的行为，并在发生严重入侵事件时提供报警。

5）恶意代码防范：应采用主动免疫可信验证机制及时识别入侵和病毒行为，并将其有效阻断。

6）可信验证：可基于可信根对计算设备的系统引导程序、系统程序、重要配置参数和应用程序等进行可信验证，并在应用程序的所有执行环节进行动态可信验证。在检测到其可信性受到破坏后进行报警，将验证结果形成审计记录送至安全管理中心，并进行动态关联感知。

7）数据完整性：应采用密码技术保证重要数据在传输过程中的完整性，包括但不限于鉴别数据、重要业务数据、重要审计数据、重要配置数据、重要视频数据和重要个人信息等；应采用密码技术保证重要数据在存储过程中的完整性，包括但不限于鉴别数据、重要业务数据、重要审计数据、重要配置数据、重要视频数据和重要个人信息等；在可能涉及法律责任认定的应用中，应采用密码技术提供数据原发证据和数据接收证据，实现数据原发行为的抗抵赖和数据接收行为的抗抵赖。

8）数据保密性：应采用密码技术保证重要数据在传输过程中的保密性，包括但不限于鉴别数据、重要业务数据和重要个人信息等；应采用密码技术保证重要数据在存储过程中的保密性，包括但不限于鉴别数据、重要业务数据和重要个人信息等。

9）数据备份恢复：应提供重要数据的本地数据备份与恢复功能；应提供异地实时备份功能，利用通信网络将重要数据实时备份至备份场地；应提供重要数据处理系统的热冗余，保证系统的高可用性；应建立异地灾难备份中心，提供业务应用的实时切换。

10）剩余信息保护：应保证鉴别信息所在的存储空间被释放或重新分配前得到完全清除；应保证存有敏感数据的存储空间被释放或重新分配前得到完全清除。

11）个人信息保护：应仅采集和保存业务必需的用户个人信息；应禁止未授权访问和非法使用用户个人信息。

（5）安全管理中心

1）系统管理：应对系统管理员进行身份鉴别，只允许其通过特定的命令或操作界面进行系统管理操作，并对这些操作进行审计；应通过系统管理员对系统的资源和运行进行配置、控制和管理，包括用户身份、系统资源配置、系统加载和启动、系统运行的异常处理、数据和设备的备份与恢复等。

2）审计管理：应对审计管理员进行身份鉴别，只允许其通过特定的命令或操作界面进行安全审计操作，并对这些操作进行审计；应通过审计管理员对审计记录进行分析，并根据分析结果进行处理，包括根据安全审计策略对审计记录进行存储、管理和查询等。

3）安全管理：应对安全管理员进行身份鉴别，只允许其通过特定的命令或操作界面进行安全管理操作，并对这些操作进行审计；应通过安全管理员对系统中的安全策略进行配置，包括安全参数的设置，主体、客体进行统一安全标记，对主体进行授权，配置可信验证策略等。

4）集中管控：应划分出特定的管理区域，对分布在网络中的安全设备或安全组件进行管控；应能够建立一条安全的信息传输路径，对网络中的安全设备或安全组件进行管理；应对网络链路、安全设备、网络设备和服务器等的运行状况进行集中监测；应对分散在各个设备上的审计数据进行收集汇总和集中分析，并保证审计记录的留存时间符合法律法规要求；应对安全策略、恶意代码、补丁升级等安全相关事项进行集中管理；应能对网络中发生的各类安全事件进行识别、报警和分析；应保证系统范围内的时间由唯一确定的时钟产生，以保证各种数据的管理和分析在时间上的一致性。

（6）安全管理制度

1）安全策略：应制定网络安全工作的总体方针和安全策略，阐明机构安全工作的总体目标、范围、原则和安全框架等。

2）管理制度：应对安全管理活动中的各类管理内容建立安全管理制度；应对管理人员或操作人员执行的日常管理操作建立操作规程；应形成由安全策略、管理制度、操作规程、记录表单等构成的全面的安全管理制度体系。

3）制定和发布：应指定或授权专门的部门或人员负责安全管理制度的制定；安全管理制度应通过正式、有效的方式发布，并进行版本控制。

4）评审和修订：应定期对安全管理制度的合理性和适用性进行论证和审定，对存在不足或需要改进的安全管理制度进行修订。

（7）安全管理机构

1）岗位设置：应成立指导和管理网络安全工作的委员会或领导小组，其最高领导由单位主管领导担任或授权；应设立网络安全管理工作的职能部门，设立安全主管、安全管理各个方面的负责人岗位，并定义各负责人的职责；应设立系统管理员、审计管理员和安全管理员等岗位，并定义部门及各个工作岗位的职责。

2）人员配备：应配备一定数量的系统管理员、审计管理员和安全管理员等；应配备专职安全管理员，不可兼任；关键事务岗位应配备多人共同管理。

3）授权和审批：应根据各个部门和岗位的职责明确授权审批事项、审批部门和批准人等；应针对系统变更、重要操作、物理访问和系统接入等事项建立审批程序，按照审批程序执行审批过程，对重要活动建立逐级审批制度；应定期审查审批事项，及时更新需授权和审批的项目、审批部门和审批人等信息。

4）沟通和合作：应加强各类管理人员、组织内部机构和网络安全管理部门之间的合作与沟通，定期召开协调会议，共同协作处理网络安全问题；应加强与网络安全职能部门、各类供应商、业界专家及安全组织的合作与沟通；应建立外联单位联系列表，包括外联单位名称、合作内容、联系人和联系方式等信息。

5）审核和检查：应定期进行常规安全检查，检查内容包括系统日常运行、系统漏洞和数据备份等情况；应定期进行全面安全检查，检查内容包括现有安全技术措施的有效性、安全配置与安全策略的一致性、安全管理制度的执行情况等；应制定安全检查表格实施安全检查，汇总安全检查数据，形成安全检查报告，并对安全检查结果进行通报。

（8）安全管理人员

1）人员录用：应指定或授权专门的部门或人员负责人员录用；应对被录用人员的身份、安全背景、专业资格或资质等进行审查，对其所具有的技术技能进行考核；应与被录用人员签署保密协议，与关键岗位人员签署岗位责任协议；应从内部人员中选拔从事关键岗位的人员。

2）人员离岗：应及时终止离岗人员的所有访问权限，取回各种身份证件、钥匙、徽章等以及机构提供的软硬件设备；应办理严格的调离手续，并承诺调离后的保密义务后方可离开。

3）安全意识教育和培训：应对各类人员进行安全意识教育和岗位技能培训，并告知相关的安全责任和惩戒措施；应针对不同岗位制定不同的培训计划，对安全基础知识、岗位操作规程等进行培训；应定期对不同岗位的人员进行技术技能考核。

4）外部人员访问管理：应在外部人员物理访问受控区域前先提出书面申请，批准后由专人全程陪同，并登记备案；应在外部人员接入受控网络访问系统前先提出书面申请，批准后由专人开设账户、分配权限，并登记备案；外部人员离场后应及时清除其所有的访问权限；获得系统访问授权的外部人员应签署保密协议，不得进行非授权操作，不得复制和泄露任何敏感信息；对关键区域或关键系统不允许外部人员访问。

（9）安全建设管理

1）定级与备案：应以书面的形式说明保护对象的安全保护等级及确定等级的方法和理由；应组织相关部门和有关安全技术专家对定级结果的合理性和正确性进行论证和审定；应保证定级结果经过相关部门的批准；应将备案材料报主管部门和相应公安机关备案。

2）安全方案设计：应根据安全保护等级选择基本安全措施，依据风险分析的结果补充和调整安全措施；应根据保护对象的安全保护等级及与其他级别保护对象的关系进行安全整体规划和安全方案设计，设计内容应包含密码技术相关内容，并形成配套文件；应组织相关部门和有关安全专家对安全整体规划及其配套文件的合理性和正确性进行论证和审定，经过批准后才能正式实施。

3）产品采购和使用：应确保网络安全产品采购和使用符合国家的有关规定；应确保密码产品与服务的采购和使用符合国家密码管理主管部门的要求；应预先对产品进行选型测试，确定产品的候选范围，并定期审定和更新候选产品名单；应对重要部位的产品委托专业测评单位进行专项测试，根据测试结果选用产品。

4）自行软件开发：应将开发环境与实际运行环境物理分开，测试数据和测试结果受到控制；应制定软件开发管理制度，明确说明开发过程的控制方法和人员行为准则；应制定代码编写安全规范，要求开发人员参照规范编写代码；应具备软件设计的相关文档和使用指南，并对文档使用进行控制；应在软件开发过程中对安全性进行测试，在软件安装前对可能存在的恶意代码进行检测；应对程序资源库的修改、更新、发布进行授权和批准，并严格进行版本控制；应保证开发人员为专职人员，开发人员的开发活动受到控制、监视和审查。

5）外包软件开发：应在软件交付前检测其中可能存在的恶意代码；应保证开发单位提供软件设计文档和使用指南；应保证开发单位提供软件源代码，并审查软件中可能存在的后门和隐蔽信道。

6）工程实施：应指定或授权专门的部门或人员负责工程实施过程的管理；应制定安全工程实施方案控制工程实施过程；应通过第三方工程监理控制项目的实施过程。

7）测试验收：应制定测试验收方案，并依据测试验收方案实施测试验收，形成测试验收报告；应进行上线前的安全性测试，并出具安全测试报告，安全测试报告应包含密码应用安全性测试相关内容。

8）系统交付：应制定交付清单，并根据交付清单对所交接的设备、软件和文档等进行清点；应对负责运行维护的技术人员进行相应的技能培训；应提供建设过程文档和运行维护文档。

9）等级测评：应定期进行等级测评，发现不符合相应等级保护标准要求的及时整改；应在发生重大变更或级别发生变化时进行等级测评；应确保测评机构的选择符合国家有关规定。

10）服务供应商选择：应确保服务供应商的选择符合国家的有关规定；应与选定的服务供应商签订相关协议，明确整个服务供应链各方需履行的网络安全相关义务；应定期监督、评审和审核服务供应商提供的服务，并对其变更服务内容加以控制。

（10）安全运维管理

1）环境管理：应指定专门的部门或人员负责机房安全，对机房出入进行管理，定期对机房供配电、空调、温湿度控制、消防等设施进行维护管理；应建立机房安全管理制度，对有关物理访问、物品进出和环境安全等方面的管理做出规定；应不在重要区域接待来访人员，不随意放置含有敏感信息的纸档文件和移动介质等；应对出入人员进行相应级别的授权，对进入重要安全区域的人员和活动实时监视等。

2）资产管理：应编制并保存与保护对象相关的资产清单，包括资产责任部门、重要程度和所处位置等内容；应根据资产的重要程度对资产进行标识管理，根据资产的价值选择相应的管理措施；应对信息分类与标识方法做出规定，并对信息的使用、传输和存储等进行规范化管理。

3）介质管理：应将介质存放在安全的环境中，对各类介质进行控制和保护，实行存储环境专人管理，并根据存档介质的目录清单定期盘点；应对介质在物理传输过程中的人员选择、打包、交付等情况进行控制，并对介质的归档和查询等进行登记记录。

4）设备维护管理：应对各种设备（包括备份和冗余设备）、线路等指定专门的部门或人员定期进行维护管理；应建立配套设施、软硬件维护方面的管理制度，对其维护进行有效的管理，包括明确维护人员的责任、维修和服务的审批、维修过程的监督控制等；信息处理设备应经过审批才能带离机房或办公地点，含有存储介质的设备带出工作环境时其中重要数据应加密；含有存储介质的设备在报废或重用前，应进行完全清除或被安全覆盖，保证该设备上的敏感数据和授权软件无法被恢复重用。

5）漏洞和风险管理：应采取必要的措施识别安全漏洞和隐患，对发现的安全漏洞和隐患及时进行修补或评估可能的影响后进行修补；应定期开展安全测评，形成安全测评报告，采取措施应对发现的安全问题。

6）网络和系统安全管理：应划分不同的管理员角色进行网络和系统的运维管理，明确各个角色的责任和权限；应指定专门的部门或人员进行账户管理，对申请账户、建立账户、删除账户等进行控制；应建立网络和系统安全管理制度，对安全策略、账户管理、配置管理、日志管理、日常操作、升级与打补丁、口令更新周期等方面做出规定；应制定重要设备的配置和操作手册，依据手册对设备进行安全配置和优化配置等；应详细记录运维操作日志，包括日常巡检工作、运行维护记录、参数的设置和修改等内容；应指定专门的部门或人员对日志、监测和报警数据等进行分析、统计，及时发现可疑行为；应严格控制变更性运维，经过审批后才可改变连接、安装系统组件或调整配置参数，操作过程中应保留不可更改的审计日志，操作结束后应同步更新配置信息库；应严格控制运维工具的使用，经过审批后才可接入进行操作，操作过程中应保留不可更改的审计日志，操作结束后应删除工具中的敏感数据；应严格控制远程运维的开通，经过审批后才可开通远程运维接口或通道，操作过程中应保留不可更改的审计日志，操作结束后立即关闭接口或通道；应保证所有与外部的连接均得到授权和批准，应定期检查违反规定无线上网及其他违反网络安全策略的行为。

7）恶意代码防范管理：应提高所有用户的防恶意代码意识，对外来计算机或存储设备接入系统前进行恶意代码检查等；应定期验证防范恶意代码攻击的技术措施的有效性。

8）配置管理：应记录和保存基本配置信息，包括网络拓扑结构、各个设备安装的软件组件、软件组件的版本和补丁信息、各个设备或软件组件的配置参数等；应将基本配置信息改变纳入系统变更范畴，实施对配置信息改变的控制，并及时更新基本配置信息库。

9）密码管理：应遵循密码相关国家标准和行业标准；应使用国家密码管理主管部门认证核准的密码技术和产品；应采用硬件密码模块实现密码运算和密钥管理。

10）变更管理：应明确变更需求，变更前根据变更需求制定变更方案，变更方案经过评审，审批后方可实施；应建立变更的申报和审批控制程序，依据程序控制所有的变更，记录变更实施过程；应建立中止变更并从失败变更中恢复的程序，明确过程控制方法和人员职责，必要时对恢复过程进行演练。

11）备份与恢复管理：应识别需要定期备份的重要业务信息、系统数据及软件系统等；应规定备份信息的备份方式、备份频度、存储介质、保存期等；应根据数据的重要性和数据对系统运行的影响，制定数据的备份策略和恢复策略、备份程序和恢复程序等。

12）安全事件处置：应及时向安全管理部门报告所发现的安全弱点和可疑事件；应制定安全事件报告和处置管理制度，明确不同安全事件的报告、处置和响应流程，规定安全事件的现场处理、事件报告和后期恢复的管理职责等；应在安全事件报告和响应处理过程中，分析和鉴定事件产生的原因、收集证据、记录处理过程、总结经验教训；对造成系统中断和造成信息泄露的重大安全事件应采用不同的处理程序和报告程序；应建立联合防护和应急机制，负责处置跨单位安全事件。

13）应急预案管理：应规定统一的应急预案框架，包括启动预案的条件、应急组织构成、应急资源保障、事后教育和培训等内容；应制定重要事件的应急预案，包括应急处理流程、系统恢复流程等内容；应定期对系统相关的人员进行应急预案培训，并进行应急预案的演练；应定期对原有的应急预案重新评估，修订完善；应建立重大安全事件的跨单位联合应急预案，并进行应急预案的演练。

14）外包运维管理：应确保外包运维服务商的选择符合国家的有关规定；应与选定的外包运维服务商签订相关的协议，明确约定外包运维的范围、工作内容；应保证选择的外包运维服务商在技术和管理方面均应具有按照等级保护要求开展安全运维工作的能力，并将能力要求在签订的协议中明确；应在与外包运维服务商签订的协议中明确所有相关的安全要求，如可能涉及对敏感信息的访问、处理、存储要求，对IT基础设施中断服务的应急保障要求等。

2. 云计算安全扩展要求

（1）安全物理环境

基础设施位置：应保证云计算基础设施位于中国境内。

（2）安全通信网络

网络架构：应保证云计算平台不承载高于其安全保护等级的业务应用系统；应实现不同云服务客户虚拟网络之间的隔离；应具有根据云服务客户业务需求提供通信传输、边界防护、入侵防范等安全机制的能力；应具有根据云服务客户业务需求自主设置安全策略的能力，包括定义访问路径、选择安全组件、配置安全策略；应提供开放接口或开放性安全服务，允许云服务客户接入第三方安全产品或在云计算平台选择第三方安全服务；应提供对虚拟资源的主体和客体设置安全标记的能力，保证云服务客户可以依据安全标记和强制访问控制规则确定主体对客体的访问；应提供通信协议转换或通信协议隔离等的数据交换方式，保证云服务客户可以根据业务需求自主选择边界数据交换方式；应为第四级业务应用系统划分独立的资源池。

（3）安全区域边界

1）访问控制：应在虚拟化网络边界部署访问控制机制，并设置访问控制规则；应在不同等级的网络区域边界部署访问控制机制，设置访问控制规则。

2）入侵防范：应能检测到云服务客户发起的网络攻击行为，并能记录攻击类型、攻击时间、攻击流量等；应能检测到对虚拟网络节点的网络攻击行为，并能记录攻击类型、攻击时间、攻击流量等；应能检测到虚拟机与宿主机、虚拟机与虚拟机之间的异常流量；应在检测到网络攻击行为、异常流量情况时进行告警。

3）安全审计：应对云服务商和云服务客户在远程管理时执行的特权命令进行审计，至少包括虚拟机删除、虚拟机重启；应保证云服务商对云服务客户系统和数据的操作可被云服务客户审计。

（4）安全计算环境

1）身份鉴别：当远程管理云计算平台中设备时，管理终端和云计算平台之间应建立双向身份验证机制。

2）访问控制：应保证当虚拟机迁移时，访问控制策略随其迁移；应允许云服务客户设置不同虚拟机之间的访问控制策略。

3）入侵防范：应能检测虚拟机之间的资源隔离失效，并进行告警；应能检测非授权新建虚拟机或者重新启用虚拟机，并进行告警；应能够检测恶意代码感染及在虚拟机间蔓延的情况，并进行告警。

4）镜像和快照保护：应针对重要业务系统提供加固的操作系统镜像或操作系统安全加固服务；应提供虚拟机镜像、快照完整性校验功能，防止虚拟机镜像被恶意篡改；应采取密码技术或其他技术手段防止虚拟机镜像、快照中可能存在的敏感资源被非法访问。

5）数据完整性和保密性：应确保云服务客户数据、用户个人信息等存储于中国境内，如需出境应遵循国家相关规定；应确保只有在云服务客户授权下，云服务商或第三方才具有云服务客户数据的管理权限；应使用校验码或密码技术确保虚拟机迁移过程中重要数据的完整性，并在检测到完整性受到破坏时采取必要的恢复措施；应支持云服务客户部署密钥管理解决方案，保证云服务客户自行实现数据的加解密过程。

6）数据备份恢复：云服务客户应在本地保存其业务数据的备份；应提供查询云服务客户数据及备份存储位置的能力；云服务商的云存储服务应保证云服务客户数据存在若干个可用的副本，各副本之间的内容应保持一致；应为云服务客户将业务系统及数据迁移到其他云计算平台和本地系统提供技术手段，并协助完成迁移过程。

7）剩余信息保护：应保证虚拟机所使用的内存和存储空间回收时得到完全清除；云服务客户删除业务应用数据时，云计算平台应将云存储中所有副本删除。

（5）安全管理中心

集中管控：应能对物理资源和虚拟资源按照策略做统一管理调度与分配；应保证云计算平台管理流量与云服务客户业务流量分离；应根据云服务商和云服务客户的职责划分，收集各自控制部分的审计数据并实现各自的集中审计；应根据云服务商和云服务客户的职责划分，实现各自控制部分，包括虚拟化网络、虚拟机、虚拟化安全设备等的运行状况的集中监测。

（6）安全建设管理

1）云服务商选择：应选择安全合规的云服务商，其所提供的云计算平台应为其所承载的业务应用系统提供相应等级的安全保护能力；应在服务水平协议中规定云服务的各项服务内容和具体技术指标；应在服务水平协议中规定云服务商的权限与责任，包括管理范围、职责划分、访问授权、隐私保护、行为准则、违约责任等；应在服务水平协议中规定服务合约到期时，完整提供云服务客户数据，并承诺相关数据在云计算平台上清除；应与选定的云服务商签署保密协议，要求其不得泄露云服务客户数据。

2）供应链管理：应确保供应商的选择符合国家有关规定；应将供应链安全事件信息或安全威胁信息及时传达到云服务客户；应将供应商的重要变更及时传达到云服务客户，并评估变更带来的安全风险，采取措施对风险进行控制。

（7）安全运维管理

云计算环境管理：云计算平台的运维地点应位于中国境内，境外对境内云计算平台实施运维操作应遵循国家相关规定。

3. 移动互联安全扩展要求

（1）安全物理环境

无线接入点的物理位置：应为无线接入设备的安装选择合理位置，避免过度覆盖和电磁干扰。

（2）安全区域边界

1）边界防护：应保证有线网络与无线网络边界之间的访问和数据流通过无线接入网关设备。

2）访问控制：无线接入设备应开启接入认证功能，并支持采用认证服务器认证或国家密码管理机构批准的密码模块进行认证。

3）入侵防范：应能够检测到非授权无线接入设备和非授权移动终端的接入行为；应能够检测到针对无线接入设备的网络扫描、DDoS 攻击、密钥破解、中间人攻击和欺骗攻击等行为；应能够检测到无线接入设备的 SSID 广播、WPS 等高风险功能的开启状态；应禁用无线接入设备和无线接入网关存在风险的功能，如 SSID 广播、WEP 认证等；应禁止多个 AP 使用同一个认证密钥；应能够阻断非授权无线接入设备或非授权移动终端。

（3）安全计算环境

1）移动终端管控：应保证移动终端安装、注册并运行终端管理客户端软件；移动终端应接受移动终端管理服务端的设备生命周期管理、设备远程控制，如远程锁定、远程擦除等；应保证移动终端只用于处理指定业务。

2）移动应用管控：应具有选择应用软件安装、运行的功能；应只允许指定证书签名的应用软件安装和运行；应具有软件白名单功能，应能根据白名单控制应用软件安装、运行；应具有接受移动终端管理服务端推送的移动应用软件管理策略，并根据该策略对软件实施管控的能力。

（4）安全建设管理

1）移动应用软件采购：应保证移动终端安装、运行的应用软件来自可靠分发渠道或使用可靠证书签名；应保证移动终端安装、运行的应用软件由指定的开发者开发。

2）移动应用软件开发：应对移动业务应用软件开发者进行资格审查；应保证开发移动业务应用软件的签名证书合法性。

（5）安全运维管理

配置管理：应建立合法无线接入设备和合法移动终端配置库，用于对非法无线接入设备和非法移动终端的识别。

4. 物联网安全扩展要求

（1）安全物理环境

感知节点设备物理防护：感知节点设备所处的物理环境应不对感知节点设备造成物理破坏，如挤压、强振动；感知节点设备在工作状态所处物理环境应能正确反映环境状态（如温湿度传感器不能安装在阳光直射区域）；感知节点设备在工作状态所处物理环境应不对感知节点设备的正常工作造成影响，如强干扰、阻挡屏蔽等；关键感知节点设备应具有可供长时间工作的电力供应（关键网关节点设备应具有持久稳定的电力供应能力）。

（2）安全区域边界

1）接入控制：应保证只有授权的感知节点可以接入。

2）入侵防范：应能够限制与感知节点通信的目标地址，以避免对陌生地址的攻击行为；应能够限制与网关节点通信的目标地址，以避免对陌生地址的攻击行为。

（3）安全计算环境

1）感知节点设备安全：应保证只有授权的用户可以对感知节点设备上的软件应用进行配置或变更；应具有对其连接的网关节点设备（包括读卡器）进行身份标识和鉴别的能力；应具有对其连接的其他感知节点设备（包括路由节点）进行身份标识和鉴别的能力。

2）网关节点设备安全：应具备对合法连接设备（包括终端节点、路由节点、数据处理中心）进行标识和鉴别的能力；应具备过滤非法节点和伪造节点所发送数据的能力；授权用户应能够在设备使用过程中对关键密钥进行在线更新；授权用户应能够在设备使用过程中对关键配置参数进行在线更新。

3）抗数据重放：应能够鉴别数据的新鲜性，避免历史数据的重放攻击；应能够鉴别历史数据的非法修改，避免数据的修改重放攻击。

4）数据融合处理：应对来自传感网的数据进行数据融合处理，使不同种类的数据可以在同一个平台被使用；应对不同数据之间的依赖关系和制约关系等进行智能处理，如一类数据达到某个门限时可以影响对另一类数据采集终端的管理指令。

（4）安全运维管理

感知节点管理：应指定人员定期巡视感知节点设备、网关节点设备的部署环境，对可能影响感知节点设备、网关节点设备正常工作的环境异常进行记录和维护；应对感知节点设备、网关节点设备入库、存储、部署、携带、维修、丢失和报废等过程做出明确规定，并进行全程管理；应加强对感知节点设备、网关节点设备部署环境的保密性管理，包括负责检查和维护的人员调离工作岗位应立即交还相关检查工具和检查维护记录等。

5. 工业控制系统安全扩展要求

（1）安全物理环境

室外控制设备物理防护：室外控制设备应放置于采用铁板或其他防火材料制作的箱体或装置中并紧固；箱体或装置具有透风、散热、防盗、防雨和防火等能力；外控制设备放置应远离强电磁干扰、强热源等环境，如无法避免应及时做好应急处置及检修，保证设备正常运行。

（2）安全通信网络

1）网络架构：工业控制系统与企业其他系统之间应划分为两个区域，区域间应采用符合国家或行业规定的专用产品实现单向安全隔离；工业控制系统内部应根据业务特点划分为不同的安全域，安全域之间应采用技术隔离手段；涉及实时控制和数据传输的工业控制系统，应使用独立的网络设备组网，在物理层面上实现与其他数据网及外部公共信息网的安全隔离。

2）通信传输：在工业控制系统内使用广域网进行控制指令或相关数据交换的应采用加密认证技术手段实现身份认证、访问控制和数据加密传输。

（3）安全区域边界

1）访问控制：应在工业控制系统与企业其他系统之间部署访问控制设备，配置访问控制策略，禁止任何穿越区域边界的 E-Mail、Web、Telnet、Rlogin、FTP 等通用网络服务；应在工业控制系统内安全域和安全域之间的边界防护机制失效时，及时进行报警。

2）拨号使用控制：工业控制系统确需使用拨号访问服务的，应限制具有拨号访问权限的用户数量，并采取用户身份鉴别和访问控制等措施；拨号服务器和客户端均应使用经安全加固的操作系统，并采取数字证书认证、传输加密和访问控制等措施；涉及实时控制和数据传输的工业控制系统禁止使用拨号访问服务。

3）无线使用控制：应对所有参与无线通信的用户（人员、软件进程或者设备）提供唯一性标识和鉴别；应对所有参与无线通信的用户（人员、软件进程或者设备）进行授权以及执行使用进行限制；应对无线通信采取传输加密的安全措施，实现传输报文的机密性保护；对采用无线通信技术进行控制的工业控制系统，应能识别其物理环境中发射的未经授权的无线设备，报告未经授权试图接入或干扰控制系统的行为。

（4）安全计算环境

控制设备安全：控制设备自身应实现相应级别安全通用要求提出的身份鉴别、访问控制和安全审计等安全要求，如受条件限制控制设备无法实现上述要求，应由其上位控制或管理设备实现同等功能或通过管理手段控制；应在经过充分测试评估后，在不影响系统安全稳定运行的情况下对控制设备进行补丁更新、固件更新等工作；应关闭或拆除控制设备的软盘驱动、光盘驱动、USB 接口、串行口或多余网口等，确需保留的应通过相关的技术措施实施严格的监控管理；应使用专用设备和专用软件对控制设备进行更新；应保证控制设备在上线前经过安全性检测，避免控制设备固件中存在恶意代码程序。

（5）安全建设管理

1）产品采购和使用：工业控制系统重要设备应通过专业机构的安全性检测后方可采购使用。

2）外包软件开发：应在外包开发合同中规定针对开发单位、供应商的约束条款，包括设备及系统在生命周期内有关保密、禁止关键技术扩散和设备行业专用等方面的内容。

5.2.8 交付物列表

本节展示了等级保护被测单位需要交付的物品（文档）列表，见表 5-5。

表 5-5 交付物列表

类 别	文档名称	文档说明
安全策略	信息安全工作的总体方针和安全策略	信息安全工作的总体方针和安全策略，说明机构安全工作的总体目标、范围、原则和安全框架
管理制度	各项安全管理制度	覆盖物理、网络、主机系统、数据、应用、建设和管理等层面的各类管理内容
	日常管理操作的操作规程	如系统维护手册和用户操作规程等
制定和发布	制度制定和发布要求管理文档	说明安全管理制度的制定和发布程序、格式要求及版本编号等相关内容
	管理制度评审记录	需有相关人员的评审意见
	安全管理制度的收发登记记录	收发通过正式的方式，如正式发文、领导签署和单位盖章；需有发布范围要求
评审和修订	安全管理制度的审定/论证记录	记录的日期间隔与评审周期需一致，应有相关人员的评审意见
岗位设置	部门、岗位职责文件	设置安全主管、安全管理各个方面的负责人；机房管理员、系统管理员、网络管理员、安全管理员等各个岗位的职责范围；安全管理机构的职责，机构内各部门的职责和分工，各个岗位人员应具有的技能要求；明确各部门、各岗位的职责和授权范围；明确设备维护管理的责任部门
	信息安全管理委员会委任授权书	需具有被测单位主管领导的授权签字
	信息安全管理委员会职责文件	明确委员会职责和其最高领导岗位的职责
	安全管理工作记录	安全管理各部门和信息安全管理委员会或领导小组日常管理工作执行情况的文件或工作记录

（续）

类　别	文档名称	文档说明
人员配备	人员配备文档	明确系统管理员、网络管理员和安全管理员各岗位人员配备情况；明确应配备专职的安全管理员
授权和审批	审批管理制度文档	明确定期审查、更新审批的项目、审批部门、批准人和审查周期等；明确对系统变更、重要操作、物理访问和系统接入等事项的审批流程
	关键活动的审批过程记录	需具有各级批准人的签字和审批部门的盖章；记录的审批程序与文件要求需一致
沟通和合作	组织内部机构之间以及信息安全职能部门内部的安全工作会议文件或会议记录	会议内容、会议时间、参加人员和会议结果等的描述
	与公安机关、各类供应商、业界专家及安全组织会议文件或会议记录	会议内容、会议时间、参加人员、会议结果等的描述
	外联单位联系列表	外联单位名称、合作内容、联系人和联系方式等信息
审核和检查	日常安全检查记录	关于系统日常运行、系统漏洞和数据备份等情况；检查内容、检查人员、检查数据汇总表、检查结果等的描述
	全面安全检查记录	包括现有安全技术措施的有效性、安全配置与安全策略的一致性、安全管理制度的执行情况等
	安全检查时的安全检查表、安全检查记录和结果通告记录	具有安全检查表格、安全检查记录、安全检查报告、安全检查结果通报记录
人员录用	人员安全管理文档	说明录用人员应具备的条件（如学历、学位要求，技术人员应具备的专业技术水平，管理人员应具备的安全管理知识等）
	人员录用审查记录	对录用人身份、背景、专业资格和资质等进行审查的相关文档或记录；记录审查内容和审查结果
	人员录用时的技能考核文档或记录	记录考核内容和考核结果
	保密协议	保密范围、保密责任、违约责任、协议的有效期限和责任人的签字等内容
	岗位安全协议	岗位安全责任、违约责任、协议的有效期限和责任人签字等内容
人员离岗	人员离岗的管理文档	规定了人员调离手续和离岗要求
	离岗人员的安全处理记录	如交还身份证件、设备等的登记记录
	离岗人员保密承诺文档	需具有离岗人员的签字
安全意识教育和培训	信息安全教育及技能培训管理文档	明确培训周期、培训方式、培训内容和考核方式等相关内容
	安全责任和惩戒措施管理文档	包含具体的安全责任和惩戒措施
	安全教育和培训计划文档	具有不同岗位的培训计划；培训方式、培训对象、培训内容、培训时间和地点等；培训内容包含信息安全基础知识、岗位操作规程等

（续）

类 别	文档名称	文档说明
安全意识教育和培训	安全教育和培训记录	培训人员、培训内容、培训结果等的描述
	各岗位人员的技能考核记录	记录日期与考核周期需一致，具有针对各岗位人员的技能考核记录
外部人员访问管理	外部人员访问管理文档	允许外部人员访问的范围、外部人员进入的条件、外部人员进入的访问控制措施等；明确外部人员接入受控网络前的申请审批流程；明确外部人员离开后及时清除其所有访问权限
	外部人员访问重要区域的书面申请文档	具有批准人允许访问的批准签字
	外部人员访问重要区域的登记记录	外部人员访问重要区域的进入时间、离开时间、访问区域、陪同人等
	外部人员访问系统的书面申请文档	明确外部人员的访问权限，具有允许访问的批准签字等
	外部人员访问系统的登记记录	记录外部人员访问的权限、时限、账户；记录访问权限清除时间
	外部人员访问保密协议	明确人员的保密义务（如不得进行非授权操作，不得复制信息等）
安全方案设计	系统的安全建设工作计划	系统的近期安全建设计划和远期安全建设计划
	安全设计文档	根据安全等级选择安全措施，根据安全需求调整安全措施
	总体规划和安全设计方案等配套文件	设计方案中应包括密码相关内容
	专家论证文档	相关部门和有关安全技术专家对总体安全策略、安全技术框架、安全管理策略、总体建设规划、详细设计方案等相关配套文件的论证意见
产品采购和使用	产品采购管理文档	产品性能指标，确定产品的候选范围，通过招投标等方式确定采购产品及人员行为准则等方面
	候选产品名单	产品选型测试结果记录、候选产品名单审定记录或更新的候选产品名单
	产品采购清单	指导产品采购的清单
自行软件开发	软件开发管理制度	说明软件设计、开发、测试、验收过程的控制方法和人员行为准则；明确哪些开发活动应经过授权和审批
	代码编写安全规范	明确代码的编写规则
	软件设计的相关文档、软件使用指南或操作手册和维护手册	应用软件设计程序文件、源代码文档
	软件安全测试报告	明确软件存在的安全问题及可能存在的恶意代码
	程序资源库的修改、更新、发布进行授权和审批的文档或记录	需具有批准人的签字

（续）

类　别	文档名称	文档说明
外包软件开发	外包软件协议	软件质量检测的规定
	外包软件相关文档	需求分析说明书、软件设计说明书、软件操作手册、软件源代码文档等软件开发文档和使用指南
	软件安全性检查报告或证明	确保软件不存在后门、隐蔽信道或恶意代码的证明材料
工程实施	工程实施方案	工程时间限制、进度控制和质量控制等方面内容
	阶段性工程报告	按照实施方案形成的阶段性工程报告等文档
	工程监理报告（如果安全建设为第三方实施时则需要提供）	明确了工程进展、时间计划、控制措施等方面内容
	工程实施管理制度	工程实施过程的控制方法、实施参与人员的行为准则等方面内容
测试验收	工程测试验收方案	说明参与测试的部门、人员、测试验收的内容、现场操作过程等内容
	测试验收报告	测试通过的结论（如果报告中提出了存在的问题，则检查是否有针对这些问题的改进报告）；第三方测试机构的签字或盖章
	测试验收报告审定文档	需具有相关人员的审定意见和签字确认
	安全测试报告	具有上线前的安全测试报告，报告应包含密码应用安全性测试相关内容
系统交付	系统交付清单分类	详细列项系统交付的各类设备、软件、文档等
	技术人员技能培训（系统上线前）的记录	培训内容、培训时间和参与人员等
	系统建设文档	指导用户进行系统运维的文档、系统培训手册等
	系统交付管理文档	交付过程的控制方法和对交付参与人员的行为限制等方面内容
服务供应商管理	与服务供应商签订的服务合同或安全责任书	明确了后期的技术支持和服务承诺等内容；保密范围、安全责任、违约责任、协议的有效期限和责任人的签字等
	安全服务报告	具有安全服务商定期提交的安全服务报告，对其所提供的安全服务的进行汇报（如月报、季度报等）
	服务审核报告	定期审核评价安全服务供应商所提供的服务
	安全服务商评价审核管理制度	针对服务商的评价指标和考核内容等
环境管理	机房基础设施维护记录	记录维护日期、维护人、维护设备、故障原因、维护结果等方面内容
	机房出入登记记录	记录来访人员、来访时间、离开时间、携带物品等信息
	机房安全管理制度	覆盖机房物理访问、物品带进/带出机房、机房环境安全等方面，明确来访人员的接待区域
资产管理	资产清单	覆盖资产范围（含设备设施、软件、文档等）、资产责任部门、重要程度和所处位置等内容

（续）

类　别	文档名称	文档说明
资产管理	资产管理制度	明确资产的标识方法以及不同资产的管理措施要求；信息资产管理的责任部门、责任人，覆盖资产使用、传输、存储、维护等方面
	信息分类文档	明确信息分类标识的原则和方法（如根据信息的重要程度、敏感程度或用途不同进行分类）
介质管理	介质管理记录	记录介质的存储、归档、查询和使用等情况
设备维护管理	系统相关设备的维护记录	包括备份和冗余设备
	设备维护管理制度	明确维护人员的责任、维修和服务的审批、维修过程的监督控制管理等
	设备带离机房或办公地点的审批记录	设备带离机房或办公地点的申报材料或审批记录
漏洞和风险管理	漏洞扫描报告	描述存在的漏洞、严重级别、原因分析和改进意见等方面
	安全测评报告	具有安全整改应对措施文档
网络和系统安全管理	网络和系统安全管理文档	明确要求对网络和系统管理员用户进行分类，并定义各个角色的责任和权限（如划分不同的管理角色，系统管理权限与安全审计权限分离等）
	账户的审批记录或流程	对申请账户、建立账户、删除账户等进行控制
	网络和系统安全管理制度	覆盖网络和系统的安全策略，账户管理（用户责任、义务、风险、权限审批、权限分配、账户注销等），配置文件的生成、备份，变更审批、符合性检查等，授权访问，最小服务，升级与打补丁，审计日志，登录设备和系统的口令更新周期等方面
	重要设备（如操作系统、数据库、网络设备、安全设备、应用和组件）的配置和操作手册	明确操作步骤、维护记录、参数配置等内容
	运维操作日志	覆盖网络和系统的日常巡检、运行维护、参数的设置和修改等内容
	日志、监测和报警数据分析报告	具有对日志、监测和报警数据等进行分析统计的报告
	运维审批记录	具有变更运维的审批记录，如系统连接、安装系统组件或调整配置参数等活动；具有运维工具接入系统的审批记录；具有开通远程运维的审批记录
	内部网络外联的授权批准书	内网主机在安全策略允许之外通过 Modem、无线设备（如 CDMA、GSM、Wireless LAN 等）等途径与外部网络进行连接时，需提供相关授权批准证明
恶意代码防范管理	恶意代码检测记录、恶意代码库升级记录和分析处理报告	可提供杀毒软件运行日志；分析报告需描述恶意代码的特征、修补措施等内容
	恶意代码防范管理制度	明确防恶意代码软件的授权使用、恶意代码库升级、定期查杀等内容
密码管理	检测报告或密码产品型号证书	获得有效的国家密码管理主管部门规定的检测报告或密码产品型号证书

（续）

类　别	文档名称	文档说明
变更管理	变更方案	覆盖变更类型、变更原因、变更过程、变更前评估等方面内容
	变更控制的申报、审批程序	规定需要申报的变更类型、申报流程、审批部门、批准人等方面内容
	重要系统的变更申请书	需主管领导的批准签字
	变更方案评审记录和变更过程记录文档	此处可举一个重要系统变更的案例
	变更失败恢复程序	规定变更失败后的恢复流程
备份与恢复管理	备份清单或列表	具有定期备份的重要业务信息、系统数据、软件系统的列表或清单
	备份和恢复管理制度	备份方式、备份频度、存储介质和保存期等方面内容
	数据备份和恢复策略文档	覆盖数据的存放场所、文件命名规则、介质替换频率、数据离站传输方法等方面
安全事件处置	安全事件报告和处置管理制度	系统已发生的和需要防止发生的安全事件类型，明确安全事件的现场处理、事件报告和后期恢复的管理职责
	安全事件报告和响应处理程序	记录引发安全事件的系统弱点、不同安全事件发生的原因、处置过程、经验教训总结、补救措施等内容；根据不同安全事件制定不同的处理和报告程序，明确具体报告方式、报告内容、报告人等方面内容
应急预案管理	应急预案框架	覆盖启动应急预案的条件、应急处理流程、系统恢复流程、事后教育和培训等方面
	应急预案	根据应急预案框架制定重要事件的应急预案（如针对机房、系统、网络等各个层面）
	应急预案培训记录	明确培训对象、培训内容、培训结果等；应急预案的培训应至少每年举办一次
	应急预案演练记录	记录演练时间、主要操作内容、演练结果等
	应急预案修订记录	明确修订时间、修订内容等
外包运维管理	外包运维服务协议	约定外包运维的范围和工作内容；明确外包运维服务商具有等级保护要求的服务能力要求；包含可能涉及对敏感信息的访问、处理、存储要求，对 IT 基础设施中断服务的应急保障要求等内容

5.2.9　等保 2.0 项目合同模板

本节展示了等级保护 2.0 的合同模板，本模板只是示例格式，仅供参考，实际工作中以正式测评需要和测评单位的模板为准。

网络安全等级保护技术项目服务合同

委托方（甲方）：

受托方（乙方）：

鉴于本合同为甲方委托乙方就×××系统等保测评项目进行的专项技术服务，并支付相应的技术服务报酬。为明确各自的权利和义务，双方经过平等协商，根据《中华人民共和国合同法》等有关法律法规的规定，订立本合同。

1. 技术服务项目概要

1.1 技术服务的目标：完成×××系统等保测评服务。

1.2 技术服务的内容：对×××系统进行等级保护测评，出具《×××系统等级保护测评报告》；详见附件 1：技术协议书。

1.3 技术服务的方式：甲方所在地现场数据采集、乙方所在地报告编制。

2. 技术服务具体要求

2.1 技术服务地点：×××。

2.2 技术服务期限：合同签订日起 3 个月。

2.3 技术服务进度：第一阶段：商务沟通、合同签订及计划编写；第二阶段：资产调研、方案编写与评审；第三阶段：现场数据采集与整理；第四阶段：分析与报告编制；第五阶段：项目验收。

2.4 技术服务质量要求：按招标技术规范书要求完成等级测评服务，并提交符合要求的成果交付物。

3. 甲方提供的工作条件及协作事项

3.1 提供的工作条件如下。

（1）为测评小组准备一间容纳 4~5 人的办公室。

（2）提供合适的会议室及办公环境供交流使用。

（3）提供一部打印机，打印项目过程文档。

3.2 提供的技术资料见下表。

类　　别	对应文档
网络拓扑	各系统网络拓扑图
业务流程图	各系统的业务流程图
公司规范	公司下发的各类安全管理制度和规范
机房管理规范	机房的安全管理制度
维护手册/制度	日常运维的手册和制度
部门、人员岗位职责	各部门和人员的岗位职责
业务事故和网络事故案例	发生过的业务和网络安全事故记录和处理结果
口令管理办法	各类口令的制定和管理方法
业务开发设计文档	各业务开发设计文档（提供目录）
网络设备配置文档	各网络设备的配置文件（交换机、防火墙、路由器）
系统日志	网络设备和主机的日志
系统安全配置要求	部分业务和系统的安全
其他	针对不同的网络业务，我方可以查询的其他文档

3.3 其他：根据项目组的建议，做好相关数据的备份工作；并安排信息安全管理人员、系统维护人员等，配合测评小组的现场测评工作。

3.4 甲方提供上述工作条件和协作事项的时间及方式：

合同履行期内、现场技术服务。

4. 组织与管理

4.1 在本合同有效期内，乙方应派出专业技术人员为甲方提供技术服务。技术服务人员名单见附件《技术服务人员表》。

4.2 本合同双方分别指定项目负责人如下。

（1） 甲方负责人：________，电话：__________。

（2） 乙方负责人：________，电话：__________。

（3） 牵头组织本方技术服务工作。

（4） 负责组织协调合同的签订、履行。

（5） 负责跟踪或报告技术服务工作进展和成果。

（6） 负责与另一方的沟通协调、信息传递等工作，为技术服务工作提供便利条件。

（7） 负责编制整个测评工作计划和测评技术方案，沟通甲方确认后按计划开展现场服务。

（8） 由于乙方技术人员操作或其他行为造成甲方信息系统运行设备、应用功能等软、硬件设备故障时，乙方应立即停止工作，并负责对上述系统、设备进行恢复消缺。

（9） 乙方负责人按照相关信息系统安全防护系统规定与甲方签订保密协议，并确保参与本次系统评估工作的工程技术人员严格遵守保密协议相关条款。

（10） 乙方负责按照招标文件要求与甲方签订技术协议，并履行技术协议中相关职责。

（11） 乙方按照技术协议要求开展保护等级测评，出具完整的测评报告、整改建议及安全评估报告，确保系统通过国家能源局、国家电网有限公司等监管机构及主管部门的检查、评估。

4.3 人员更换。

5. 技术服务报酬及支付方式

5.1 技术服务报酬总额为：人民币（大写）×××元整（¥×××元）（含税）。该报酬包含乙方履行本合同所需全部费用，包括但不限于员工工资、加班费、咨询费、资料费、交通费、食宿费以及税费等。

5.2 技术服务报酬由甲方________（一次或分期）支付乙方。具体支付方式和时间如下。

（1） ________________________________。

（2） ________________________________。

（3） ________________________________。

（4） ________________________________。

6. 技术服务工作成果的验收

6.1 乙方完成技术服务工作的形式：提交《×××系统等级保护测评报告》

6.2 技术服务工作成果的验收标准：完成并提交所有成果交付物；项目实施过程未造成安全事件发生。

6.3 技术服务工作成果的验收方法：召开项目评审会，甲乙双方就项目的成果和过程进行正式评审，内容包括最终成果和输出报告讲解及汇报，项目工作成果评审意见。

6.4 验收的时间和地点：由甲乙双方协商确定。

7. 知识产权

7.1 在本合同有效期内，甲方利用乙方提交的技术服务工作成果所完成的新的技术成果，归双（甲、双）方所有。

7.2 在本合同有效期内，乙方利用甲方提供的技术资料和工作条件所完成的新的技术成果，归双（乙、双）方所有。

8. 保密义务

8.1 一方及其工作人员应对技术服务合同签订、履行过程中了解到的涉及另一方商业秘密的文件资料以及其他尚未公开的有关信息承担保密责任，并采取相应的保密措施。双方应承担的保密义务包括但不限于：

8.1.1 不得将上述保密信息用于本合同以外的其他目的。

8.1.2 在技术服务项目通过评审后或按合同要求，及时将上述资料和信息返还对方或按对方要求作适当处理。

8.2 涉密人员范围

甲方涉密人员范围：系统运行单位及参与测评人员。

乙方涉密人员范围：等级测评项目组。

8.3 上述保密义务的期限至保密信息正式向社会公开之日或一方书面解除另一方此合同项下保密义务之日止。

9. 违约责任

9.1 乙方不履行本合同义务或履行义务不符合约定的，甲方有权要求乙方承担继续履行、赔偿损失或支付违约金等违约责任。

9.1.1 乙方未按期完成技术服务工作的，每逾期 1 天，应向甲方支付相当于技术服务报酬 1%的违约金，逾期超过 30 日的，甲方有权单方解除合同。

9.1.2 乙方未按合同约定履行合同义务，经甲方催告仍未纠正的，甲方有权单方解除合同。由于整改纠正造成进度延期交付的视同逾期交付。

9.2 甲方不履行本合同义务或者履行义务不符合约定的，乙方有权要求甲方承担继续履行、支付违约金等违约责任。××%的违约金；甲方无正当理由逾期接受工作成果的，每逾期 1 天，应向乙方支付相当于技术服务报酬 1 %的违约金，逾期超过 30 日的，乙方有权单方解除合同。

10. 合同变更和解除

10.1 双方经协商一致可变更或解除合同，并以书面形式确定。

10.2 有下列情形之一的，一方可以向另一方提出变更或解除合同的书面请求，另一方应当在10 日内予以书面答复；逾期未予书面答复的，视为同意。

（1）因对方违约使合同不能继续履行或没有必要继续履行。

（2）无。

10.3 法律规定的合同解除情形出现时，一方主张解除合同的，应当书面通知对方。合同自通知到达对方时解除。

10.4 本合同中约定可单方解除合同的，单方解除合同的条件成就时，享有解除权的一方可单方解除合同，但应书面通知对方。合同自通知到达对方时解除。

11. 争议解决

11.1 因合同及合同有关事项发生的争议，双方应本着诚实信用原则，通过友好协商解决，经协商仍无法达成一致的，按以下两种方式处理。

（1）仲裁：提交/仲裁，按照申请仲裁时该仲裁机构有效的仲裁规则进行仲裁。仲裁裁决是终局的，对双方均有约束力。

（2）诉讼：向甲方所在地人民法院提起诉讼。

11.2 在争议解决期间，合同中未涉及争议部分的条款仍须履行。

12. 名词和技术术语的定义和解释

等级测评：指测评机构依据国家网络安全等级保护制度规定，按照有关管理规范和技术标准，对未涉及国家秘密的信息系统安全等级保护状况进行检测评估的活动。

13. 本合同的组成部分

与履行本合同有关的下列技术文件，经双方约定，作为本合同的组成部分。

13.1 技术标准和规范：技术协议书。

13.2 其他：保密协议。

14. 其他

14.1 本合同经双方法定代表人（负责人）或其授权代表签署并加盖双方公章或合同专用章之日起生效。合同签订日期以双方中最后一方签署并加盖公章或合同专用章的日期为准。

14.2 本合同一式捌份，甲方执肆份，乙方执肆份，具有同等法律效力。

14.3 特别约定

本特别约定是合同各方经协商后对合同其他条款的修改或补充，如有不一致，以特别约定为准。

无。

5.3 项目测评对象和方法

本节详细描述了等级保护项目测评的对象和方法。

5.3.1 测评对象选择方法

本节分别选取了等级保护测评主流的二、三、四级中如何确定测评对象的方法和内容，同时给出了详细的描述。

1. 第二级测评对象的确定方法

第二级定级对象的等级测评，测评对象的种类和数量都较多，重点抽查重要的设备、设施、人员和文档等。抽查的测评对象种类主要考虑以下几个方面。

- 主机房（包括其环境、设备和设施等），如果某一辅机房中放置了服务于整个定级对象或对定级对象的安全性起决定作用的设备、设施，那么也应该作为测评对象。
- 整个系统的网络拓扑结构。

- 安全设备，包括防火墙、入侵检测设备、防病毒网关等。
- 边界网络设备（可能会包含安全设备），包括路由器、防火墙和认证网关等。
- 对整个定级对象或其局部的安全性起决定作用的网络互联设备，如核心交换机、汇聚层交换机、核心路由器等。
- 承载被测定级对象核心或重要业务、数据的服务器（包括其操作系统和数据库）。
- 重要管理终端。
- 能够代表被测定级对象主要使命的业务应用系统。
- 信息安全主管人员、各方面的负责人员。
- 涉及定级对象安全的所有管理制度和记录。

在本级定级对象测评时，定级对象中配置相同的安全设备、边界网络设备、网络互联设备以及服务器应至少抽查两台作为测评对象。

2. 第三级测评对象的确定方法

第三级定级对象的等级测评，测评对象种类上以基本覆盖的数量进行抽样，重点抽查主要的设备、设施、人员和文档等。抽查的测评对象种类主要考虑以下几个方面。

- 主机房（包括其环境、设备和设施等）和部分辅机房，应将放置了服务于定级对象的局部（包括整体）或对定级对象的局部（包括整体）安全性起重要作用的设备、设施的辅机房选取作为测评对象。
- 整个系统的网络拓扑结构。
- 安全设备，包括防火墙、入侵检测设备和防病毒网关等。
- 边界网络设备（可能会包含安全设备），包括路由器、防火墙、认证网关和边界接入设备（如楼层交换机）等。
- 对整个定级对象或其局部的安全性起作用的网络互联设备，如核心交换机、汇聚层交换机、路由器等。
- 承载被测定级对象主要业务或数据的服务器（包括其操作系统和数据库）。
- 管理终端和主要业务应用系统终端。
- 能够完成被测定级对象不同业务使命的业务应用系统。
- 业务备份系统。
- 信息安全主管人员、各方面的负责人员、具体负责安全管理的当事人、业务负责人。
- 涉及定级对象安全的所有管理制度和记录。

在本级定级对象测评时，定级对象中配置相同的安全设备、边界网络设备、网络互联设备、服务器、终端以及备份设备，每类应至少抽查两台作为测评对象。

3. 第四级测评对象的确定方法

第四级定级对象的等级测评，测评对象种类上以完全覆盖的数量进行抽样，重点抽查不同种类的设备、设施、人员和文档等。抽查的测评对象种类主要考虑以下几个方面。

- 主机房和全部辅机房（包括其环境、设备和设施等）。
- 整个系统的网络拓扑结构。
- 安全设备，包括防火墙、入侵检测设备和防病毒网关等。
- 边界网络设备（可能会包含安全设备），包括路由器、防火墙、认证网关和边界接入设备（如楼层交换机）等。

- 主要网络互联设备，包括核心和汇聚层交换机。
- 主要服务器（包括其操作系统和数据库）。
- 管理终端和主要业务应用系统终端。
- 全部应用系统。
- 业务备份系统。
- 信息安全主管人员、各方面的负责人员、具体负责安全管理的当事人、业务负责人。
- 涉及定级对象安全的所有管理制度和记录。

在本级定级对象测评时，定级对象中配置相同的安全设备、边界网络设备、网络互联设备、服务器、终端以及备份设备，每类应至少抽查三台作为测评对象。

对于抽样数量要求，原则上抽样应按照规定，但由于设备数量不足，不能满足抽样数量要求的情况，根据实际情况的设备数量进行抽样。抽样时，对于设备要同时抽选，不能仅抽选 1 台。

4. 新技术新应用测评对象的确定方法

（1）云计算测评对象补充

在通用测评对象的基础上，云计算的测评对象还需考虑以下几个方面。

- 虚拟设备，包括虚拟机、虚拟网络设备、虚拟安全设备等。
- 云操作系统、云业务管理平台、虚拟机监视器。
- 云租户网络控制器。
- 云应用开发平台等。

（2）物联网测评对象补充

在通用测评对象的基础上，物联网的测评对象还需考虑以下几个方面。

- 感知节点工作环境（包括感知节点和网关等感知层节点工作环境）。
- 边界网络设备、认证网关、感知层网关等。
- 对整个定级对象的安全性起决定作用的网络互联设备，感知层网关等。

（3）移动互联测评对象补充

在通用测评对象的基础上，移动互联的测评对象还需考虑以下几个方面。

- 无线接入设备工作环境。
- 移动终端、移动应用软件、移动终端管理系统。
- 对整个定级对象的安全性起决定作用的网络互联设备，无线接入设备。
- 无线接入网关等。

（4）工业控制系统测评对象补充

在通用测评对象的基础上，工业控制系统的测评对象还需考虑以下几个方面。

- 现场设备工作环境。
- 工程师站、操作员站、OPC 服务器、实时数据库服务器和控制器嵌入式软件等。
- 对整个定级对象的安全性起决定作用的网络互联设备，无线接入设备等。

5.3.2 项目测评方法

等级测评的主要方式有访谈、核查及测试，本节将分别介绍。

1. 访谈

测评人员与被测定级对象有关人员（个人／群体）进行交流、讨论等活动，获取相关证据，了解有关信息（测评采取访谈方式涉及对象为物理和环境安全、网络和通信安全、系统安全、应用和数据安全、安全管理等方面内容。其中物理和环境安全、安全管理重点采取访谈方式）。在访谈范围上，不同等级定级对象在测评时有不同的要求，一般应基本覆盖所有的安全相关人员类型，在数量上抽样。访谈包含通用和高级的问题以及一些有难度和探索性的问题。测评人员访谈技术负责人、系统管理员、业务开发人员等系统技术架构的实现及配置；访谈系统负责人系统的整体运行状况、安全管理的执行成效。具体可参照《信息安全技术　网络安全等级保护测评》要求各部分标准中的各级要求。

2. 核查

现场测评工作计划，安全策略，安全方针文件，安全管理制度，安全管理的执行过程文档，系统设计方案，网络设备的技术资料，系统和产品的实际配置说明，系统的各种运行记录文档，机房建设相关资料，机房出入记录等过程记录文档，测评指导书，管理安全测评的测评结果记录表格，核查上述制度、策略、操作规程等文档是否齐备。核查是否有完整的制度执行情况记录，如机房出入登记记录、电子记录、高等级系统的关键设备的使用登记记录等。核查安全策略以及技术相关文档是否明确说明相关技术要求实现方式。对上述文档进行审核与分析，核查它们的完整性和这些文件之间的内部一致性。

根据被测定级对象的实际情况，测评人员到系统运行现场通过实地的观察人员行为、技术设施和物理环境状况判断人员的安全意识、业务操作、管理程序和系统物理环境等方面的安全情况，测评其是否符合相应等级的安全要求。

根据测评结果记录表格内容，利用上机验证的方式核查应用系统、主机系统、数据库系统以及各设备的配置是否正确，是否与文档、相关设备和部件保持一致，对文档审核的内容进行核实（包括日志审计等）。如果系统在输入无效命令时不能完成其功能，应测试其是否对无效命令进行错误处理。针对网络连接，应对连接规则进行验证。

3. 测试

根据测评指导书，利用技术工具对系统进行测试，包括基于网络探测和基于主机审计的漏洞扫描、渗透性测试、功能测试、性能测试、入侵检测和协议分析等，测评采取测试方式主要涉及对象为网络和通信安全、系统安全、应用和数据安全等方面的内容。其中，案例验证测试主要通过测试工具或案例验证网络和通信安全、系统安全、应用和数据安全的安全功能是否有效。漏洞扫描测试主要分析网络设备、操作系统、数据库等安全漏洞。在核查的广度上，基本覆盖不同类型的机制，在数量、范围上采取抽样方式；在测试的深度上，功能测试涉及机制的功能规范、高级设计和操作规程等文档及深度验证系统的安全机制是否实现，包括冗余机制、备份恢复机制的实现。最后输出技术安全测评结果记录、测试完成后的电子输出记录、备份的测试结果文件。

5.3.3　风险分析方法

本节介绍等级保护测评风险分析方法，针对本项目，依据安全事件可能性和安全事件后果对信息系统面临的风险进行分析，分析过程如下。

1）判断信息系统安全保护能力缺失（等级测评结果中的部分符合项和不符合项）被威胁利用导致安全事件发生的可能性。

2）判断由于安全功能的缺失使得信息系统业务信息安全和系统服务面临的风险。

3）结合信息系统的安全保护等级对风险分析结果进行评价，即对国家安全、社会秩序、公共利益以及公民、法人和其他组织的合法权益造成的风险。

1. 现场测评人工访谈表

我们要首先根据对被测单位职能部门的相关人员进行现场测评的人工访谈，见表5-6，根据人工访谈表得出系列风险分析。表中包含被测单位的各个职能人员。

表5-6　各个职能人员的人工访谈表

<table>
<tr><th colspan="2">现场测评-访谈-资产管理员访谈表</th></tr>
<tr><td>访问者：</td><td>被访问者：</td></tr>
<tr><td colspan="2">被访问者工作单位：</td></tr>
<tr><td colspan="2">被访问者职务：</td></tr>
<tr><td>访问日期：</td><td>访问地点：</td></tr>
<tr><td colspan="2">访谈方式（电话、书信、面谈、其他）</td></tr>
<tr><td colspan="2">访谈记录（可用附件）
一、要求内容
a）应能够对非授权设备私自联到内部网络的行为进行检查，准确定出位置，并对其进行有效阻断。
b）应能够对内部网络用户私自联到外部网络的行为进行检查，准确定出位置，并对其进行有效阻断。
二、询问问题
通过使用支持802.1×的网络设备限制非授权的设备私自接入到内部网络；也可以通过防火墙、IDS设备或流量检测设备监控非法的内联和外联行为，是否对非法外联行为进行控制；是否内部人员通过Modem拨号、ADSL拨号或手机无线拨号等方式，非法连接到互联网等外部网络难以控制。</td></tr>
<tr><td colspan="2">结论（被访谈者，建议）</td></tr>
<tr><td colspan="2">其他需要说明的问题</td></tr>
<tr><td colspan="2">访谈时间：
填表人：</td></tr>
</table>

（续）

<table>
<tr><th colspan="2">现场测评-访谈-系统运维负责人访谈表</th></tr>
<tr><td>访问者：</td><td>被访问者：</td></tr>
<tr><td colspan="2">被访问者工作单位：</td></tr>
<tr><td colspan="2">被访问者职务：</td></tr>
<tr><td>访问日期：</td><td>访问地点：</td></tr>
<tr><td colspan="2">访谈方式（电话、书信、面谈、其他）</td></tr>
<tr><td colspan="2">访谈记录（可用附件）
一、要求内容
a）应在统一的应急预案框架下制定不同事件的应急预案，应急预案框架应包括启动应急预案的条件、应急处理流程、系统恢复流程、事后教育和培训等内容。
b）应从人力、设备、技术和财务等方面确保应急预案的执行有足够的资源保障。
c）应定期对应急预案进行演练，根据不同的应急恢复内容，确定演练的周期。
d）应规定应急预案需要定期审查和根据实际情况更新的内容，并按照执行。
二、询问问题
应急预案的建立将涵盖公司许多方面，在建立总体的预案框架之下，应当把公司内部的各种业务和流程划分成多个部分，根据发生的不同事件和事件影响的严重性，决定哪些部分是需要恢复的，以及具体的恢复时间要求和恢复的程度要求。比如对外网站服务器等。</td></tr>
<tr><td colspan="2">结论（被访谈者，建议）</td></tr>
<tr><td colspan="2">其他需要说明的问题</td></tr>
<tr><td colspan="2">访谈时间：
填表人：</td></tr>
</table>

（续）

现场测评-访谈-系统建设负责人访谈表	
访问者：	被访问者：
被访问者工作单位：	
被访问者职务：	
访问日期：	访问地点：
访谈方式（电话、书信、面谈、其他）	
访谈记录（可用附件） 一、要求内容 a）应委托公正的第三方测试单位对系统进行安全性测试，并出具安全性测试报告。 b）在测试验收前应根据设计方案或合同要求等制定测试验收方案，在测试验收过程中应详细记录测试验收结果，并形成测试验收报告。 c）应对系统测试验收的控制方法和人员行为准则进行书面规定。 d）应指定或授权专门的部门负责系统测试验收的管理，并按照管理规定的要求完成系统测试验收工作。 e）应组织相关部门和相关人员对系统测试验收报告进行审定，并签字确认。 二、询问问题 作为测试验收的标准至少需要保证功能和安全两方面满足要求，测试工作要由专门人员或部门负责，对于自身缺少测试能力的公司需要委托第三方公司帮助完成测试工作。 三、常见问题 多数测试工作只是对功能完整性和可用性进行测试，未对安全性和可能存在的安全隐患进行测试。	
结论（被访谈者，建议）	
其他需要说明的问题	
访谈时间： 填表人：	

（续）

现场测评-访谈-系统管理员访谈表	
访问者：	被访问者：
被访问者工作单位：	
被访问者职务：	
访问日期：	访问地点：
访谈方式（电话、书信、面谈、其他）	
访谈记录（可用附件） 询问问题： a）询问是否采取入侵防范措施，入侵防范内容是否包括主机运行监视、资源使用超过时报警、特定进程监控、入侵行为检测、完整性检测等方面内容。 b）询问入侵防范产品的厂家、版本和安装部署情况；询问是否按要求（如定期或实时）进行产品升级。 c）应检查服务器系统，查看是否对主机账户（如系统管理员）进行控制，以限制对重要账户的添加和更改等。 d）应检查服务器系统，查看能否记录攻击者的源 IP、攻击类型、攻击目标、攻击时间等，在发生严重入侵事件时是否提供报警（如声音、短信、E-mail 等），在其响应处置方式中是否包含有对某些入侵事件的阻断，并已配置使用。 e）应检查是否专门设置了升级服务器实现了对服务器的补丁升级。 f）应检查服务器是否已经及时更新了操作系统和数据库系统厂商新公布的补丁。	
结论（被访谈者，建议）	
其他需要说明的问题	
访谈时间：	
	填表人：

（续）

现场测评-访谈-物理安全负责人访谈表	
访问者：	被访问者：
被访问者工作单位：	
被访问者职务：	
访问日期：	访问地点：
访谈方式（电话、书信、面谈、其他）	
访谈记录（可用附件） 询问问题： a）机房出入口是否安排专人值守并配置电子门禁系统，控制、鉴别和记录进入的人员。 b）需进入机房的来访人员应经过申请和审批流程，并限制和监控其活动范围。 c）应对机房划分区域进行管理，区域和区域之间设置物理隔离装置，在重要区域前设置交付或安装等过渡区域。	
结论（被访谈者，建议）	
其他需要说明的问题	
访谈时间： 填表人：	

（续）

<table>
<tr><th colspan="2">现场测评-访谈-网络管理员访谈表</th></tr>
<tr><td>访问者：</td><td>被访问者：</td></tr>
<tr><td colspan="2">被访问者工作单位：</td></tr>
<tr><td colspan="2">被访问者职务：</td></tr>
<tr><td>访问日期：</td><td>访问地点：</td></tr>
<tr><td colspan="2">访谈方式（电话、书信、面谈、其他）</td></tr>
<tr><td colspan="2">访谈记录（可用附件）
询问问题：
a）询问对网络设备的防护措施有哪些，询问对网络设备的登录和验证方式做过何种特定配置；询问对网络特权用户的权限如何进行分配。
b）询问网络设备的口令策略是什么。
c）应检查边界和主要网络设备，查看是否配置了登录用户身份鉴别功能，口令设置是否有复杂度要求；查看是否对同一用户选择两种或两种以上组合的鉴别技术来进行身份鉴别，其中一种是不可伪造的。
d）应检查边界和网络设备，查看是否配置了鉴别失败处理功能（如是否有鉴别失败后锁定账号等措施）。
e）应检查边界和网络设备，查看是否配置了对设备远程管理所产生的鉴别信息进行保护的功能。
f）应检查边界和网络设备，查看是否对网络设备的管理员登录地址进行限制；查看是否设置网络登录连接超时，并自动退出；查看是否实现设备特权用户的权限分离。</td></tr>
<tr><td colspan="2">结论（被访谈者，建议）</td></tr>
<tr><td colspan="2">其他需要说明的问题</td></tr>
<tr><td colspan="2">访谈时间：
填表人：</td></tr>
</table>

（续）

现场测评-访谈-数据库管理员访谈表	
访问者：	被访问者：
被访问者工作单位：	
被访问者职务：	
访问日期：	访问地点：
访谈方式（电话、书信、面谈、其他）	
访谈记录（可用附件） 询问问题： 应访谈数据库管理员，询问信息系统中的数据库管理系统的鉴别信息、敏感的系统管理数据和敏感的用户数据是否采用加密或其他有效措施实现传输保密性；是否采用加密或其他保护措施实现存储保密性。	
结论（被访谈者，建议）	
其他需要说明的问题	
访谈时间： 填表人：	

（续）

现场测评-访谈-审计员访谈表	
访问者：	被访问者：
被访问者工作单位：	
被访问者职务：	
访问日期：	访问地点：
访谈方式（电话、书信、面谈、其他）	
访谈记录（可用附件） 询问问题： a）应询问对边界和网络设备是否实现集中安全审计，审计内容包括哪些项；询问审计记录的主要内容有哪些；对审计记录的处理方式有哪些。 b）应检查边界和网络设备，查看审计策略是否对网络设备运行状况、网络流量、用户行为等进行全面的监测、记录。 c）应检查边界和网络设备，查看事件审计策略是否包括：事件的日期和时间、用户、事件类型、事件成功情况，以及其他与审计相关的信息。 d）应检查边界和网络设备，查看其是否为授权用户浏览和分析审计数据提供专门的审计工具（如对审计记录进行分类、排序、查询、统计、分析和组合查询等），并能根据需要生成审计报表。 e）应检查边界和网络设备，查看其审计跟踪设置是否定义了审计跟踪极限的阈值，当存储空间被耗尽时，能否采取必要的保护措施，例如，报警并导出、丢弃未记录的审计信息、暂停审计或覆盖以前的审计记录等。 f）应检查边界和主要网络设备，查看时钟是否保持一致。	
结论（被访谈者，建议）	
其他需要说明的问题	
访谈时间： 填表人：	

（续）

现场测评-访谈-人事负责人员访谈表	
访问者：	被访问者：
被访问者工作单位：	
被访问者职务：	
访问日期：	访问地点：
访谈方式（电话、书信、面谈、其他）	
访谈记录（可用附件） 询问问题： a）应访谈人员录用负责人员，询问在人员录用时对人员条件有哪些要求，目前录用的安全管理和技术人员是否有能力完成与其职责相对应的工作。 b）应访谈人员录用负责人员，询问在人员录用时是否对被录用人的身份、背景、专业资格和资质进行审查，对技术人员的技术技能进行考核，录用后是否与其签署保密协议。 c）应访谈人员录用负责人员，询问对从事关键岗位的人员是否从内部人员中选拔，是否要求其签署岗位安全协议。 d）应检查人员录用要求管理文档，查看是否说明录用人员应具备的条件，如学历、学位要求，技术人员应具备的专业技术水平，管理人员是否具备的安全管理知识等。 e）应检查是否具有人员录用时对录用人身份、背景、专业资格和资质等进行审查的相关文档或记录，查看是否记录审查内容和审查结果等。 f）应检查技能考核文档或记录，查看是否记录考核内容和考核结果等。 g）应检查保密协议，查看是否有保密范围、保密责任、违约责任、协议的有效期限和责任人的签字等内容。 h）应检查岗位安全协议，查看是否有岗位安全责任、违约责任、协议的有效期限和责任人签字等内容。	
结论（被访谈者，建议）	
其他需要说明的问题	
访谈时间： 填表人：	

（续）

<table>
<tr><th colspan="2">现场测评-访谈-机房维护人员访谈表</th></tr>
<tr><td>访问者：</td><td>被访问者：</td></tr>
<tr><td colspan="2">被访问者工作单位：</td></tr>
<tr><td colspan="2">被访问者职务：</td></tr>
<tr><td>访问日期：</td><td>访问地点：</td></tr>
<tr><td colspan="2">访谈方式（电话、书信、面谈、其他）</td></tr>
<tr><td colspan="2">访谈记录（可用附件）
询问问题：
a）访谈机房维护人员，询问是否存在因机房和办公场地环境条件引发的安全事件或安全隐患；如果某些环境条件不能满足，是否及时采取了补救措施。
b）应检查机房和办公场地的设计/验收文档，是否有机房和办公场地所在建筑能够具有防震、防风和防雨等能力的说明；是否有机房场地的选址说明；是否与机房和办公场地实际情况相符合。
c）应检查机房和办公场地是否在具有防震、防风和防雨等能力的建筑内。
d）应检查机房场地是否不在建筑物的高层或地下室，以及用水设备的下层或隔壁。</td></tr>
<tr><td colspan="2">结论（被访谈者，建议）</td></tr>
<tr><td colspan="2">其他需要说明的问题</td></tr>
<tr><td colspan="2">访谈时间：
填表人：</td></tr>
</table>

（续）

现场测评-访谈-安全主管访谈表	
访问者：	被访问者：
被访问者工作单位：	
被访问者职务：	
访问日期：	访问地点：
访谈方式（电话、书信、面谈、其他）	
访谈记录（可用附件） 询问问题： a）询问其是否规定对信息系统中的关键活动进行审批，审批部门是何部门，批准人是何人，他们的审批活动是否得到授权；询问是否定期审查、更新审批项目，审查周期多长。 b）询问其对关键活动的审批范围包括哪些（如系统变更、重要操作、物理访问和系统接入，重要管理制度的制定和发布，人员的配备、培训，产品的采购，外部人员的访问、管理，与合作单位的合作项目等），审批程序如何。 c）应检查审批管理制度文档，查看文档中是否明确需逐级审批的事项、审批部门、批准人及审批程序等（如列表说明哪些事项应经过信息安全领导小组审批，哪些事项应经过安全管理机构审批，哪些关键活动应经过哪些部门逐级审批等），文件是否说明应定期审查、更新需审批的项目和审查周期等。 d）应检查经逐级审批的文档，查看是否具有各级批准人的签字和审批部门的盖章。 e）应检查关键活动的审批过程记录，查看记录的审批程序与文件要求是否一致。	
结论（被访谈者，建议）	
其他需要说明的问题	
访谈时间： 填表人：	

（续）

<table>
<tr><th colspan="2">现场测评-访谈-安全员访谈表</th></tr>
<tr><td>访问者：</td><td>被访问者：</td></tr>
<tr><td colspan="2">被访问者工作单位：</td></tr>
<tr><td colspan="2">被访问者职务：</td></tr>
<tr><td>访问日期：</td><td>访问地点：</td></tr>
<tr><td colspan="2">访谈方式（电话、书信、面谈、其他）</td></tr>
<tr><td colspan="2">访谈记录（可用附件）
询问问题：
a）应访谈安全管理员，询问是否将恶意代码防范管理工作（包括软件的授权使用、升级、情况汇报等）制度化，对其执行情况是否进行检查，检查周期多长。
b）应访谈安全管理员，询问是否对恶意代码库的升级情况进行记录，对截获的危险病毒或恶意代码是否进行及时分析处理，并形成书面的报表和总结汇报。</td></tr>
<tr><td colspan="2">结论（被访谈者，建议）</td></tr>
<tr><td colspan="2">其他需要说明的问题：</td></tr>
<tr><td colspan="2">访谈时间：
填表人：</td></tr>
</table>

2. 现场测评授权书

2023年等保归档文件新增现场测评授权书，在现场测评之前被测单位要和测评单位签署现场测评授权书，并在测评完成后归档。

现场测评授权书

委托单位：__________________

测评机构：__________________

委托×××测评机构，对以下系统：

×××××××××××××系统（备案编号：××××××××××××-×××××××××）

进行等级测评活动。

现授权×××××××××××××××××××××××××××××进行测评，并承担下列义务。

1）向测评机构介绍本单位的信息化建设状况与发展情况。

2）准备测评机构需要的资料。

3）为测评人员的信息收集提供支持和协调。

4）准确填写调查表格。

5）根据被测系统的具体情况，如业务运行高峰期、网络布置情况等，为测评时间安排提供适宜的建议。

6）制定应急预案。

7）测评前备份系统和数据，并确认被测设备状态完好。

8）协调被测系统内部相关人员的关系，配合测评工作的开展。

9）相关人员回答测评人员的问询，对某些需要验证的内容上机进行操作。

10）相关人员确认测试前协助测评人员实施工具测试并提供有效建议，降低安全测评对系统运行的影响。

11）相关人员协助测评人员完成业务相关内容的问询、验证和测试。

同时要求测评机构承担以下责任。

1）组建等级测评项目组。

2）指出测评委托单位应提供的基本资料。

3）准备被测系统基本情况调查表格，并提交给测评委托单位。

4）向测评委托单位介绍安全测评工作流程和方法。

5）向测评委托单位说明测评工作可能带来的风险和规避方法。

6）了解测评委托单位的信息化建设状况与发展，以及被测系统的基本情况。

7）初步分析系统的安全情况。

8）准备测评工具和文档。

9）详细分析被测系统的整体结构、边界、网络区域、重要节点等。

10）判断被测系统的安全薄弱点。

11）分析确定测评对象、测评指标和测试工具接入点，确定测评内容及方法。

12）编制测评方案文本，并对其内部评审，并提交被测机构签字确认。

13）利用访谈、文档审查、配置检查、工具测试和实地察看的方法测评被测系统的保护措施情况，并获取相关证据。

14）分析并判定单项测评结果和整体测评结果。

15）分析评价被测系统存在的风险情况。
16）根据测评结果形成等级测评结论。
17）编制等级测评报告，说明系统存在的安全隐患和缺陷，并给出改进建议。
18）将生成的过程文档归档保存，并将测评过程中生成的电子文档清除。

授权方（签名）：被测系统安全责任单位法定代表人或法定代表人授权签字人、安全责任部门负责人
日期：　　年　　月　　日

3. 等保测评规范评审表

等保测评中测评单位和被测单位需要对测试用例进行评审并填写测评规范评审表，见表 5-7，测评之后归档。

表 5-7　测评规范（用例）评审表

记录编号：×××

部门名称		主持人员		评审日期	
系统名称				保护等级	SxAx
承担人员				记录人员	
参加人员			项目编号		
评审文件与内容	本测评项目的测评规范　☑ 有　☐ 无 本测评项目的测评用例　☑ 有　☐ 无 等级保护测试配置表　☑ 有　☐ 无 其他测评输入说明文件——____________				
评审意见	测评规范内容是否完整　☑ 是　☐ 否 测评用例是否可行　☑ 是　☐ 否 测评规范（用例）是否覆盖了全部被测对象　☑ 全部　☐ 部分 测评用例设计是否涵盖了输入、场景、预期结果及符合性判定的内容　☑ 是　☐ 否 测评用例是否有唯一性标识号　☑ 是　☐ 否 测评项配置是否合理　☑ 是　☐ 否 测评规范（用例）内容是否需要修改　☐ 修改　☑ 不修改 需修改的内容说明： 评审结论：☑ 通过　☐ 不通过				
修改确认和审核意见	文档结构基本完整，描述文字清晰 确认人/日期：				
批准意见	同意该文档通过审核 批准人/日期：				

5.3.4　检查

本节将详细介绍测评过程中的检查项目，包括文档核查、日志检查、规则集检查、系统配置检查、文件完整性检查及密码检查。

1. 文档检查

文档检查应确定策略和规程在技术上覆盖以下方面。

1）被测方为网络安全等级测评的评估者提供适当的文档，为了解系统的安全态势提供基础，确保检查的全面性。

2）检查对象包括安全策略、体系结构和要求、标准作业程序、系统安全计划和授权许可、系统互联的技术规范、事件响应计划，确保技术的准确性和完整性。

3）检查安全策略、体系结构和要求、标准作业程序、系统安全计划和授权许可、系统互联的技术规范、事件响应计划等文档的完整性，通过检查执行记录和相应表单，确认被测方安全措施的实施与制度文档的一致性。

4）发现可能导致遗漏或不恰当地实施安全控制措施的缺陷和弱点。

5）评估者验证被测系统的文档是否与网络安全等级保护标准法规相符合，查找有缺陷或已过时的策略。

6）文档检查的结果可用于调整其他的测试技术，例如，当口令管理策略规定了最小口令长度和复杂度要求的时候，该信息应可用于配置口令破解工具，以提高口令破解效率。

2. 日志检查

应对信息系统中的以下日志信息进行检查。

1）认证服务器或系统日志，包括成功或失败的认证尝试。

2）操作系统日志，包括系统和服务的启动、关闭，未授权软件的安装，文件访问，安全策略变更，账户变更（例如账户创建和删除、账户权限分配）以及权限使用等信息。

3）IDS/IPS 日志，包括恶意行为和不恰当使用。

4）防火墙、交换机和路由器日志，包括影响内部设备的出站连接（如僵尸程序、木马、间谍软件等），以及未授权连接的尝试和不恰当使用。

5）应用日志，包括未授权的连接尝试、账号变更、权限使用，以及应用程序或数据库的使用信息等。

6）防病毒日志，包括病毒查杀、感染日志，以及升级失败、软件过期等其他事件。

7）其他安全日志，如补丁管理等，应记录已知漏洞的服务和应用等信息。

8）网络运行状态、网络安全事件相关日志，留存时间不少于 6 个月。

3. 规则集检查

规则集检查对象应包括如防火墙、IDS/IPS 等网络设备以及部署在操作系统或主机集群中软件的访问控制列表、规则集，以及重要信息系统中数据库、操作系统和应用系统的强制访问控制机制，具体如下。

（1）访问控制列表

- 每一条规则都应是有效的（例如，因临时需求而设定的规则，在不需要的时候应立刻移除）。
- 应只允许策略授权的流量通过，其他所有的流量默认禁止。

（2）规则集

- 应采用默认禁止策略。
- 规则应实施最小权限访问，例如限定可信的 IP 地址或端口。
- 特定规则应在一般规则之前被触发。

- 任何不必要的开放端口应关闭，以增强周边安全。
- 规则集不应允许流量绕过其他安全防御措施。

（3）强制访问控制机制

- 强制访问控制策略应具有一致性，系统中各个安全子集应具有一致的主、客体标记和相同的访问规则。
- 以文件形式存储和操作的用户数据，在操作系统的支持下，应实现文件级粒度的强制访问控制。
- 以数据库形式存储和操作的用户数据，在数据库管理系统的支持下，应实现表/记录、字段级粒度的强制访问控制。
- 检查强制访问控制的范围，应限定在已定义的主体与客体中。

4. 系统配置检查

应通过检查操作系统的安全策略设置和安全配置文件，标识安全配置控制的弱点，具体如下。

1）未依据安全策略进行加固或配置。

2）不必要的服务和应用。

3）不当的用户账号和口令设置。

4）不正确的审计策略配置，以及备份设置。

5）不正确的操作系统文件访问权限设置。

6）重要信息系统中主、客体的敏感标记。

- 由系统安全员创建的用户敏感标记、客体（如数据）敏感标记。
- 实施相同强制访问控制安全策略的主、客体，应以相同的敏感信息进行标记。
- 检查标记的范围，应扩展到系统中的所有主体与客体。
- 实施相同强制访问控制安全策略的各个场地的主、客体，应以相同的敏感信息进行标记，保证系统中标记的一致性。

5. 文件完整性检查

在等保 2.0 实施文件完整性检查时应采取以下技术措施。

1）将一个已知安全的系统作为基准样本，用于系统文件的比对。

2）基准样本应采用离线存储，防止攻击者通过修改基准样本来破坏系统并隐藏踪迹。

3）校验数据库应通过补丁和其他升级更新文件保持最新状态。

4）采用哈希或签名等手段，保证校验数据库所存储的数据的完整性。

6. 密码检查

应对系统采用的密码技术或产品进行检查，保证其所提供的密码算法相关功能符合国家密码主管部门的有关规定。

7. 检查范围和内容示例

下面举一个等保二级的检查例子。读者可以通过该例了解到等保测评中检查范围和内容。

被测单位假设在网络拓扑图上划分了 5 个区。分别是接入区、管理区、外网运维区、应用区、核心应用区，按照抽取的原则，在接入区和外网运维区的路由器配置一样，只用选一台，同理，入侵防御 IPS 也只用一台，防火墙一台即可。在抽取设备的时候不用每个设备都抽取，但是所有内容都有覆盖。

按照基本要求中结构安全、访问控制、安全审计、边界完整性检查、入侵防范、恶意代码防范、网络设备防护 7 个控制点共 33 个要求项进行检查。

（1）结构安全（7 项）

结构安全是网络安全测评检查的重点，网络结构是否合理直接关系到信息系统的整体安全，条款如下。

1）应保证主要网络设备的业务处理能力具备冗余空间（CPU 占用，内存和硬盘存储空间），满足业务高峰期需要。

2）应保证网络各个部分的带宽满足业务高峰期需要。

3）应在业务终端与业务服务器之间进行路由控制建立安全的访问路径。

4）应绘制与当前运行情况相符的网络拓扑结构图。

5）应根据各部门的工作职能、重要性和所涉及信息的重要程度等因素，划分不同的子网或网段，并按照方便管理和控制的原则为各子网、网段分配地址段。

6）应避免将重要网段部署在网络边界处且直接连接外部信息系统，重要网段与其他网段之间采取可靠的技术隔离手段。

7）应按照对业务服务的重要次序来指定带宽分配优先级别，保证在网络发生拥堵的时候优先保护重要主机。

检查方法是查看网络拓扑图是否满足要求，访谈网络管理员，询问主要网络设备的相关问题，譬如监控手段、性能以及要求中提到的项目。检查边界设备和主要网络设备，查看是否进行了路由控制建立安全的访问路径。

（2）访问控制（4 项）

访问控制是网络测评检查中的核心部分，涉及大部分网络设备、安全设备，条款如下。

1）应在网络边界部署访问控制设备，启用访问控制功能。

2）应能根据会话状态信息为数据流提供明确的允许/拒绝访问的能力，控制粒度为端口级。

3）应对进出网络的信息内容进行过滤，实现对应用层 HTTP、FTP、TELNET、SMTP、POP3 等协议命令级的控制。

4）应在会话处于非活跃一定时间或会话结束后终止网络连接。

检查该测评项的方法是在防火墙上检查以及访谈系统管理员。具体检查步骤是登录防火墙，查看是否设置了会话连接超时，设置的超时时间是多少。

（3）安全审计（4 项）

安全审计要对相关事件进行日志记录，并分析记录、形成报表，条款如下。

1）应对网络系统中的网络设备运行状况、网络流量、用户行为等进行日志记录。检查测评对象是否启用了日志记录，检查日志记录是在本地保存或者转发到日志服务器。如果转发到日志服务器，记录日志服务器的地址。

2）审计记录应包括：事件的日期和时间、用户、事件类型、事件是否成功及其他与审计相关的信息。检查方法是如果审计记录存储在日志服务器上，登录该日志服务器，查看日志记录是否包含了事件的日期和时间、用户、事件类型、事件是否成功等信息。

3）应能够根据记录数据进行分析，并生成审计报表。检查方法是访谈网络管理员询问如何实现审计记录数据分析和报表如何生成。

4）应对审计记录进行保护，避免受到未预期的删除、修改或覆盖等。检查方法是访谈网络设备管理员，询问是否对审计记录进行了保护操作。

（4）边界完整性检查（2 项）

边界完整性检查主要检查对网络连接进行监控，保持网络的边界完整清晰不被非法接入和外联，发现问题时能够准确定位并能及时报警和阻断（二级要求不包含阻断功能），条款解读如下。

1）应能够对非授权设备私自联到内部网络的行为进行检查，准确定出位置，并对其进行有效阻断。

2）检查方法是访谈网络管理员，询问如何应对非授权设备私自连接内网。

（5）入侵防范（2 项）

对入侵事件能够检测并发出报警，发现入侵后能够报警并实施阻断，条款如下。

1）应在网络边界处监视以下攻击行为：端口扫描、强力攻击、木马后门攻击、拒绝服务攻击、缓冲区溢出攻击、IP 碎片攻击和网络蠕虫攻击等。检查方法是检查拓扑图中是否部署了包含入侵防范功能的设备。登录设备查看是否启用设备防火墙功能。

2）当检测到攻击行为时，记录攻击源 IP、攻击类型、攻击目的、攻击时间，在发生严重入侵事件时应提供报警。检查方法是查看拓扑图中网络边界处是否部署了包含入侵防范功能的设备并且检查设备的日志记录，检查是否提供报警功能。

（6）恶意代码防范（2 项）

在网络边界处需要对恶意代码进行防范，条款如下。

1）应在网络边界处对恶意代码进行检测和清除。检查方法是检查网络拓扑图，查看在边界处是否部署了防恶意代码产品设备。登录设备查看是否启用了恶意代码检测及阻断功能，查看日志记录中是否有相关阻断信息。

2）应维护恶意代码库的升级和检测系统的更新。检查方法是访谈网络管理员，询问是否对防恶意代码产品的特征库进行升级以及具体的升级周期间隔和方式。亲自检查其最新特征库和升级纪录情况。

（7）网络设备防护（8 项）

网络设备的防护主要是对用户登录前后的行为进行控制，对网络设备的权限进行管理，条款如下。

1）应对登录网络设备的用户进行身份鉴别。

2）应对网络设备的管理员登录地址进行限制。

3）网络设备用户的标识应唯一。

4）主要网络设备应对同一用户选择两种或两种以上组合的鉴别技术来进行身份鉴别。检查方法是访谈网络设备管理员，并登录网络设备，查看相关设置和相关账户。

5）身份鉴别信息应具有不易被冒用的特点，口令应有复杂度要求并定期更换。检查方法是询问网络管理员对身份鉴别所采用的具体使用口令的组成、长度和更改周期等。

6）应具有登录失败处理功能，可采取结束会话、限制非法登录次数和当网络登录连接超时自动退出等措施。

7）当对网络设备进行远程管理时，应采取必要措施防止鉴别信息在网络传输过程中被窃听。

8）应实现设备特权用户的权限分离。检查方法是登录相关设备，查看 3 类账户：普通账户、审计账户、配置更改账户。每个管理员账户是否仅分配完成其任务的最小权限。

5.3.5　渗透测试与漏洞扫描测试

本节介绍了等保过程中针对漏洞的渗透和漏洞扫描测试。在等保 2.0 验证中有如下规定。

- 应能发现可能存在的已知漏洞，并在经过充分测试评估后，及时修补漏洞。
- 终端和服务器等设备中的操作系统（包括宿主机和虚拟机操 作系统）、网络设备（包括虚拟机网络设备）、安全设备（包括虚拟机安全设备）、移动终端、移动终端管理系统、移动终端管理客户端、感知节点设备、网关节点设备、控制设备、业务应用系统、数据库管理系统、中间件和系统管理软件及系统设计文档等。

相对应的措施是通过漏洞扫描、渗透测试等方式核查是否不存在高风险漏洞，并且应核查是否在经过充分测试评估后及时修补漏洞。

1. 测试工具选用

在等保测评报告中，需要写明渗透测试和漏洞扫描测试工具选用和版本号：

渗透测试使用×××系统，版本××××××，引擎版本××××（CSTC×××××），设备漏洞扫描测试使用××××××××（CSTC××××××），系统版本×××××，漏洞库版本××××××。

2. 风险提示和规避措施

在现场工具测评时，工具测评可能对服务器和网络通信造成一定影响甚至伤害。因此在现在工具测评时要注意以下事项。

进行工具测评时，测评方与被测单位充分协调，安排好测试时间，尽量避开业务高峰期，在系统资源处于空闲状态时进行，并需要被测单位相关技术人员对整个测评过程进行监督；在进行工具测评前，需要对关键数据做好备份工作，并对可能出现的影响制定相应的处理方案。上机验证测试原则上由被测单位相应技术人员进行操作，我方测评师根据具体情况提出需要操作的内容，并进行查看和验证，避免由于测评师对某些专用设备不熟悉造成误操作。我方使用的测试工具在使用前会事先告知被测单位，并详细介绍这些工具的用途以及可能对信息系统造成的影响，征得其同意，必要时对其先进行一些实验。

1）工具测评接入测试设备之前，首先要有被测单位人员确定测试条件是否具备。测试条件包括被测网络设备、主机、安全设备等是否都在正常运行，测试时间段是否为可测试时间段等。

2）接入系统的设备、工具的 IP 地址等配置要经过被测单位相关人员确认。

3）对于测试过程可能造成的对目标系统的网络流量及主机性能等方面的影响（例如口令探测可能会造成的账号锁定等情况），要事先告知被测单位相关人员。

4）对于测试过程中的关键步骤、重要证据，要及时利用抓图等取证工具进行取证。

5）对于测试过程中出现的异常情况（服务器出现故障、网络中断等）要及时记录。

6）测试结束后，需要被测方人员确认被测单位状态正常并签字后离场。

3. 设备漏洞扫描

设备包括网络设备、安全设备、主机设备（操作系统），在使用扫描器对目标系统扫描的过程中可能会出现以下的风险。

1）占用带宽（风险不高）。

2）进程、系统崩溃。由于目标系统的多样性及脆弱性，或是目标系统上某些特殊服务本身存在的缺陷，对扫描器发送的探测包或者渗透测试工具发出的测试数据不能正常响应，可能会出现系统崩溃或程序进程崩溃。

3）登录界面锁死。扫描器可以对某些常用管理程序（Web、FTP、Telnet、SNMP、SSH、WebLogic）的登录口令进行弱口令猜测验证，如果目标系统对登录失败次数进行了限制，尝试登录次数超过限定次数系统可能会锁死登录界面。

风险规避方法如下。

1）根据目标系统的状况，调整扫描测试时间段，采取避开高峰扫描。

2）要及时精准的备份重要数据。

3）配置扫描器扫描策略，调整扫描器的并发任务数和强度，可降低对目标系统影响。

4）根据目标系统及目标系统上运行的管理程序，通过与测评委托方相关人员协商，定制针对本系统测试的扫描插件、端口等配置，合理设置扫描强度，降低崩溃的风险。

5）假如目标系统对登录某些相关程序的尝试次数进行了限制，在进行扫描时，可屏蔽暴力拆解功能，以避免登录界面锁死的情况发生。

6）具备模拟环境的情况下，确认其与生产环境一致，并在模拟环境下开展漏洞扫描。

7）非互联网服务的等级保护对象，限于正式的管理要求，无法开展漏洞扫描和渗透测试，也不具备模拟/仿真环境的情况下，应由测评委托单位正式声明放弃漏洞扫描和渗透测试。

4. Web 应用漏洞扫描

在使用 Web 应用漏洞扫描器对目标系统扫描的过程中，可能会存在以下的风险。

1）占用带宽（风险不高）。

2）登录界面锁死。Web 应用漏洞扫描会对登录页面进行弱口令猜测，猜测过程可能会造成应用系统某些账号锁死。

3）产生攻击行为，在系统中注入垃圾数据。

风险规避方法如下。

1）根据目标系统的状况，调整扫描测试时间段，采取避开高峰扫描。

2）要及时精准地备份重要数据。

3）配置扫描器扫描策略，调整扫描器的并发任务数和强度，可降低对目标系统影响。

4）根据目标系统及目标系统上运行的管理程序，通过与测评委托方相关人员协商，定制针对本系统测试的扫描插件、端口等配置，合理设置扫描强度，降低崩溃的风险。

5）假如目标系统对登录某些相关程序的尝试次数进行了限制，在进行扫描时，可屏蔽暴力拆解功能，以避免登录界面锁死的情况发生。

6）具备模拟环境的情况下，确认其与生产环境一致，并在模拟环境下开展漏洞扫描。

7）非互联网服务的等级保护对象，限于正式的管理要求，无法开展漏洞扫描和渗透测试，也不具备模拟环境的情况下，应由测评委托单位正式声明放弃漏洞扫描和渗透测试。

5. 渗透测试

（1）渗透测试定义

渗透测试定义引用如下（参考文件：（GB/T 36627—2018）《信息安全技术　网络安全

等级保护测试评估技术指南》）。

1）宜侧重找出在应用程序、系统或网络中设计并实施的缺陷。

2）应充分考虑并模拟内部攻击、外部攻击。

3）尽可能采用远程访问测试方法。

4）如果内部和外部测试都要执行，则应优先进行外部测试。

5）应在评估者达到当其行为会造成损害的时间点时即停止渗透测试。

6）通过渗透测试的攻击阶段，应能确认以下几类漏洞的存在。

渗透测试具体要求如下。

1）系统/服务类漏洞。由于操作系统、数据库、中间件等为应用系统提供服务或支撑的环境存在缺陷，所导致的安全漏洞。如缓冲区溢出漏洞、堆/栈溢出、内存泄漏等，可能造成程序运行失败、系统宕机、重新启动等后果，更为严重则可以导致程序执行非授权指令，甚至取得系统特权，进而进行各种非法操作。

2）应用代码类漏洞。由于开发人员编写代码不规范或缺少必要的校验措施，导致应用系统存在安全漏洞，包括 SQL 注入、跨站脚本、任意上传文件等漏洞；攻击者可利用这些漏洞，对应用系统发起攻击，从而获得数据库中的敏感信息，更为严重则可以导致服务器被控制。

3）权限旁路类漏洞。由于对数据访问、功能模块访问控制规则不严或存在缺失，导致攻击者可非授权访问这些数据及功能模块。权限旁路类漏洞通常可分为越权访问及平行权限，越权访问是指低权限用户非授权访问高权限用户的功能模块或数据信息；平行权限是指攻击者利用自身权限的功能模块，非授权访问或操作他人的数据信息。

4）配置不当类漏洞。由于未对配置文件进行安全加固，仅使用默认配置或配置不合理所导致的安全风险。如中间件配置支持 PUT 方法，可能导致攻击者利用 PUT 方法上传木马文件，从而获得服务器控制权。

5）信息泄露类漏洞。由于系统未对重要数据及信息进行必要的保护，导致攻击者可从泄露的内容中获得有用的信息，从而为进一步攻击提供线索。如源代码泄露、默认错误信息中含有服务器信息 / SQL 语句等均属于信息泄露类漏洞。

6）业务逻辑缺陷类漏洞。由于程序逻辑不严或逻辑太复杂，导致一些逻辑分支不能够正常处理或处理错误。如果出现这种情况，则用户可以根据业务功能的不同进行任意密码修改、越权访问、非正常金额交易等攻击。

如图 5-2 所示，在渗透测试的“规划”阶段里，需要确定规则，管理层审批定稿，记录在案，并设定测试目标。规划阶段为一个成功的渗透测试奠定基础，在该阶段不发生实际的测试。

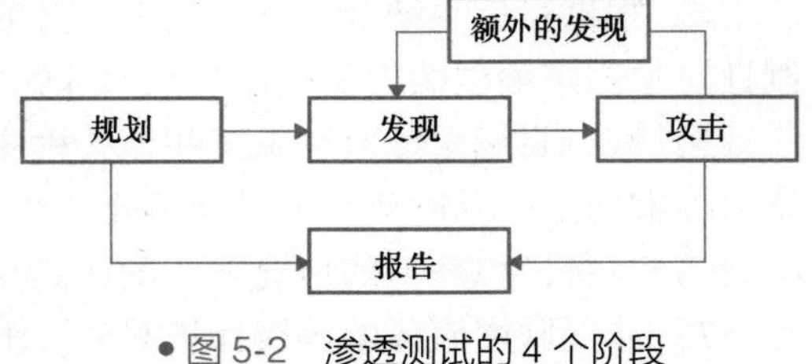

● 图 5-2　渗透测试的 4 个阶段

渗透测试的发现阶段包括如下两个部分。

第一部分是实际测试的开始，包括信息收集和扫描。网络端口和服务标识用于进行潜在目标的确定。除端口及服务标识外，还有以下技术也被用于收集网络信息目标。

1）通过 DNS、InterNIC（WHOIS）查询和网络监听等多种方法获取主机名和 IP 地址信息。

2）通过搜索系统 Web 服务器或目录服务器来获得系统内部用户姓名、联系方式等。

3）通过诸如 NetBIOS 枚举方法和网络信息系统获取系统名称、共享目录等系统信息。

4）通过标识提取得到应用程序和服务的相关信息，如版本号。

第二部分是脆弱性分析，其中包括将被扫描主机开放的服务、应用程序、操作系统和漏洞数据库进行比对。评估者可以使用自己的数据库，或者 CNVD 等公共数据库来手动找出漏洞。

执行攻击是渗透测试的核心。攻击阶段是一个通过对原先确定的漏洞进一步探查，进而核实潜在漏洞的过程。如果攻击成功，说明漏洞得到验证，确定相应的保障措施就能够减轻相关的安全风险。在大多数情况下，执行探查并不能让攻击者获得潜在的最大入口，反而会使评估者了解更多目标网络和其潜在漏洞的内容，或诱发对目标网络的安全状态的改变。一些漏洞可能会使评估者能够提升对于系统或网络的权限，从而获得更多的资源。若发生上述情况，则需要额外的分析和测试来确定网络安全情况和实际的风险级别。比如，识别可从系统上被搜集、改变或删除的信息的类型。倘若利用一个特定漏洞的攻击被证明行不通，评估者应尝试利用另一个已发现的漏洞。如果评估者能够利用漏洞，可在目标系统或网络中安装部署更多的工具，以方便测试过程。这些工具用于访问网络上的其他系统或资源，并获得有关网络或组织的信息。在进行渗透测试的过程中，需要对多个系统实施测试和分析，以确定对手可能获得的访问级别。虽然漏洞扫描器仅对可能存在的漏洞进行检查，但渗透测试的攻击阶段会利用这些漏洞来确认其存在性。

渗透测试的报告阶段与其他 3 个阶段同时发生（见图 5-2）。在规划阶段，评估计划被开发；在发现和攻击阶段，通常是保存书面记录并定期向系统管理员或管理部门报告。在测试结束后，报告通常是用来描述被发现的漏洞、目前的风险等级，并就如何弥补发现的薄弱环节提供建议和指导。

（2）渗透测试方案

渗透测试方案应侧重于在应用程序、系统或网络中的设计和实现中，定位和挖掘出可利用的漏洞缺陷。测试应该重现最可能的和最具破坏性的攻击模式，包括最坏的情况，诸如管理员的恶意行为。由于渗透测试场景可以设计以模拟内部攻击、外部攻击，或两者兼而有之，因此外部和内部安全测试方法均要考虑到。如果内部和外部测试都要执行，则通常优先执行外部测试。

外部脚本模拟那些假设具备很少或根本没有具体目标信息的外部攻击者。模拟一个外部攻击，评估者不知道任何关于目标环境以外的其他特别 IP 地址或地址范围情况的真实信息。他们可通过公共网页、新闻页面以及类似的网站收集目标信息，进行开源分析；使用端口扫描器和漏洞扫描器，以识别目标主机。由于评估者的流量往往需要穿越防火墙，因此通过扫描获取的信息量远远少于内部角度测试所获得的信息。在识别可以从外部到达的网络上主机后，评估者尝试将其作为跳板机，并使用此访问权限去危及那些通常不能从外部网络访问的其他主机。渗透测试是一个迭代的过程，利用最小的访问权限取得更大的访问。

内部脚本模拟内部的恶意行为。除了评估者位于内部网络（即防火墙后面），并已授予对网络或特定系统一定程度的访问权限（通常是作为一个用户，但有时层次更高）之外，内部渗透测试与外部测试类似。渗透测试评估者可以通过权限提升获得更大程度的网络及系统的访问权限。

渗透测试对确定一个信息系统的脆弱性以及如果网络受到破坏所可能发生的损害程度非常重要。渗透测试对网络和系统也可能引入高风险，因为它使用真正的资源并对生产系统和数据进行攻击，应指定策略并限制测试人员可能使用的特定工具或技术，或者仅限于在一天的某些时间或一周中的某些时间使用它们。因此，渗透测试应在评估者达到当其他行为会造成损害的时间点时即停止。应重视渗透测试的结果，当结果可用时，应提交给该系统的管理者。

（3）渗透测试风险

在渗透测试过程中，测试人员通常会利用攻击者常用的工具和技术来对被测系统和数据发动真实的攻击，必然会对被测系统带来安全风险，在极端情况或应用系统存在某些特定安全漏洞时可能会产生如下安全风险。

1）在使用 Web 漏洞扫描工具进行漏洞扫描时，可能会对 Web 服务器及 Web 应用程序带来一定的负载，占用一定的资源，在极端情况下可能会造成 Web 服务器宕机或服务停止。

2）如 Web 应用程序某功能模块提供对数据库、文件写操作的功能（包括执行 Insert、Delete、Update 等命令），且未对该功能模块实施数据有效性校验、验证码机制、访问控制等措施，则在进行 Web 漏洞扫描时有可能会对数据库、文件产生误操作，如在数据库中插入垃圾数据、删除记录/文件、修改数据/文件等。

3）在进行特定漏洞验证时，可能会根据该漏洞的特性对主机或 Web 应用程序造成宕机、服务停止等风险。

4）在对 Web 应用程序/操作系统/数据库等进行口令暴力破解时，可能触发其设置的安全机制，导致 Web 应用程序/操作系统/数据库的账号被锁定，暂时无法使用。

5）在进行主机远程漏洞扫描及进行主机/数据库溢出类攻击测试，极端情况下可能导致被测试服务器操作系统/数据库出现死机或重启现象。

针对渗透测试过程中可能出现的测试风险，测评人员应向用户详细介绍渗透测试方案中的内容，对测试过程中可能出现的风险进行提示，并与用户就测试时间、测试策略、备份策略、应急策略、沟通机制等内容进行协商，做好渗透测试的风险管控。

1）测试时间：为减轻渗透测试造成的压力和预备风险排除时间，应尽可能选择访问量不大、业务不繁忙的时间窗口，测试前可在应用系统上发布相应的公告。

2）测试策略：为了防范测试导致业务的中断，测试人员在进行带有渗透、破坏、不可控性质的高风险测试前（如主机 / 数据库溢出类验证测试、DDoS 等），应与应用系统管理人员进行充分沟通，在应用系统管理人员确认后方可进行测试；应优先考虑对与生产系统相同配置的非生产系统进行测试，在非业务运营时间进行测试或在业务运营时间使用非限制技术，以尽量减少对生产系统业务的影响；对于非常重要的生产系统，不建议进行拒绝服务等风险不可控的测试，以避免意外崩溃而造成不可挽回的损失。

3）备份策略：为防范渗透过程中的异常问题，建议在测试前管理员对系统进行备份（包括网页文件、数据库等），以便在出现误操作时能及时恢复；如果条件允许，也可以采取对目标副本进行渗透的方式加以实施。

4）应急策略：测试过程中，如果被测系统出现无响应、中断或者崩溃等异常情况，测试人员应立即中止渗透测试，并配合用户进行修复处理；在确认问题并恢复系统后，经用户同意方可继续进行其余的测试。

5）沟通机制：在测试前应确定测试人员和用户配合人员的联系方式，用户方应在测试期间安排专人职守，与测试人员保持沟通，如发生异常情况，可及时响应。测试人员应在测试结束后要求用户检查系统是否正常，以确保系统的正常运行。

6. 验证测试授权书

本节给读者展示了验证测试授权书，需要等保测评单位在测评前签署，测评后归档。

验证测试授权书

授权方：××××××××××××××××××××××××

被授权方：等保测评单位

授权方委托被授权方对授权方的××××××××××××××系统进行验证测试。验证测试具体内容如下。

1）渗透测试，测评从外部/内部发起，通过模拟黑客的攻击方法，测试系统的安全性，探测系统存在的安全漏洞，是否易于遭受黑客攻击。评估相关信息系统的安全防护水平，量化安全风险。

2）漏洞扫描测试，测试从外部/内部网络发起，通过专用设备检测系统的安全性，并针对扫描结果进行分析、评估，提出合理化整改建议。

为确保验证测试的顺利进行，并保证授权方系统、应用及网络的稳定性和数据的安全性，双方就下述事宜达成一致，特制定本协议。

一、授权方责任

1）授权方提供准确的被测试系统的 IP 或域名信息。

2）授权方允许被授权方在测试过程中对所获取的信息进行必要的记录。

3）若授权方要求被授权方提供相关测试工具，则授权方不可使用被授权方所提供工具从事危害网络安全的非法行为，否则引起的一切责任由授权方负责。

4）授权方在未经被授权方允许的情况下，不得泄露被授权方在工作过程中所使用的工具及相关输出。

二、被授权方责任

1）对于被授权方在测试过程中所获取的任何信息，仅在编写报告时使用。

2）在未经授权方授权的情况下，被授权方不得向任何个人或单位提供测试过程中所获取的信息。

3）被授权方在测试过程中应尽量避免影响授权方业务的正常运转，若出现意外操作而导致异常则应立刻通知授权方并积极配合协商解决。

4）在测试完成后，被授权方承诺不对外泄露授权方测试信息。

5）被授权方承诺在取消授权后，销毁所有涉及授权的机密资料。

授权方代表签字：

年　月　日

7. 自愿放弃验证测试

非互联网服务的等级保护对象，限于正式的管理要求，无法开展漏洞扫描和渗透测试，也不具备模拟/仿真环境的情况下，应由测评委托单位正式声明放弃漏洞扫描和渗透测试。

本节给读者展示了自愿放弃验证测试承诺书，需要等保被测评单位在测评前签署，测评后归档。

声　明

致×××（测评机构）

×××公司的×××系统相关的网络设备、安全设备、主机设备（操作系统、数据库等服务）以及应用系统在生产环境中运行，对实时性及安全风险敏感性高，×××公司为防止由于扫描测试和渗透性测试给网络设备、安全设备、主机设备（操作系统、数据库等服务）以及业务应用系统造成影响，经双方协商后确定本次测评不对网络设备、安全设备、主机设备（操作系统、数据库等服务）以及业务应用系统进行扫描测试和渗透性测试。

签名：

盖章：×××公司

年　　月　　日

【注：有效签署是指业主方盖章或签字，其中签字人可以是被测系统安全责任单位法定代表人或法定代表人授权签字人、安全责任部门负责人。】

8. 测评工具接入说明填写

每月由公司专门的设备管理员牵头对漏洞扫描设备和渗透测试设备的主程序及规则库进行检查和升级，保证规则库处于最新状态。

工具测试接入点说明

【填写说明：1）要说明在各接入点进行扫描和渗透的目标对象。

2）测试工具的接入采取从外到内，从其他网络到本地网络的逐步逐点接入，即：测试工具从被测定级对象边界外接入、在被测定级对象内部与测评对象不同区域网络及同一网络区域内接入等几种方式。

3）漏洞扫描和渗透测试目标包括但不限于网络设备、安全设备、操作系统、数据库管理系统、应用系统、中间件、重要终端（如业务应用管理终端、设备运维管理终端）以及新技术新应用相关的特征要素（如移动 APP、PLC）等。】

对×××公司×××系统进行测评，涉及漏洞扫描工具、渗透性测试工具集等多种测试工具。为了发挥测评工具的作用，达到测评的目的，各种测评工具需要接入到被测系统网络中，并配置合法的网络 IP 地址。

针对被测系统的网络边界和抽查设备、主机和业务应用系统的情况，需要在被测系统及其互联网络中设置各测试工具接入点。

接入点 JA：在×××接入，主要目的是，模拟×××等安全漏洞的过程，并尝试利用以上漏洞实施诸如获取系统控制权（GetShell）、获得大量敏感信息（DragLibrary）等模拟攻击行为。

接入点 JB：×××。

……

以上渗透测试使用×××工具，版本×××，引擎版本×××（CSTC×××），设备漏洞扫描测试使用×××工具（CSTC××××××），系统版本×××，漏洞库版本×××。

接入点扫描目标列表见表 5-8。

表 5-8　接入点扫描的目标列表

序号	接入点	目标名称	目标类型
1			
2			
3			
4			

9. 渗透测试报告

本节给读者展示渗透测试报告的结构示例。渗透测试报告结构如下。

（1）应用系统存在未授权访问【高危/已整改】

1）漏洞名称

2）漏洞危害

3）漏洞位置

4）漏洞截图

5）整改建议

（2）应用系统存在 XSS 漏洞【高危/已整改】

1）漏洞名称

2）漏洞危害

3）漏洞位置

4）漏洞截图

5）整改建议

10. 漏洞扫描报告汇总表

本节给读者展示漏洞扫描报告的汇总表格式示例。漏洞扫描报告汇总表见表 5-9。

表 5-9　漏洞扫描主要安全漏洞汇总表

序号	安全漏洞名称	关联资产/域名	严重程度
1			
2			
3			
4			

附件：需附上原始工具导出记录

5.3.6　测评内容与实施

本节展示了测试内容与实施方案，这里以 S3A3G3 系统为例，等级测评的现场实施过程由单项测评和整体测评两部分构成。

对应《基本要求》各安全要求项的测评称为单项测评。整体测评是在单项测评的基础上，通过进一步分析定级对象安全保护功能的整体相关性，对定级对象实施的综合安全测评。

1. 安全通用要求

把测评指标和测评方式结合到信息系统的具体测评对象上，就构成了可以具体测评的工作单元。具体分为安全物理环境、安全通信网络、安全区域边界、安全计算环境、安全管理中心、安全管理制度、安全管理机构、安全管理人员、安全建设管理、安全运维管理等方面。

（1）安全物理环境测评

安全物理环境测评指标见表 5-10。

表 5-10　安全物理环境（通用要求）测评指标

安全子类	测评指标描述
物理位置选择	a）机房场地应选择在具有防震、防风和防雨等能力的建筑内； b）机房场地应避免设在建筑物的顶层或地下室，否则应加强防水和防潮措施
物理访问控制	机房出入口应配置电子门禁系统，控制、鉴别和记录进入的人员
防盗窃和防破坏	a）应将设备或主要部件进行固定，并设置明显且不易除去的标识； b）应将通信线缆铺设在隐蔽安全处； c）应设置机房防盗报警系统或设置有专人值守的视频监控系统
防雷击	a）应将各类机柜、设施和设备等通过接地系统安全接地； b）应采取措施防止感应雷，例如设置防雷保安器或过压保护装置等
防火	a）机房应设置火灾自动消防系统，能够自动检测火情、自动报警，并自动灭火； b）机房及相关的工作房间和辅助房应采用具有耐火等级的建筑材料； c）应对机房划分区域进行管理，区域和区域之间设置隔离防火措施
防水和防潮	a）应采取措施防止雨水通过机房窗户、屋顶和墙壁渗透； b）应采取措施防止机房内水蒸气结露和地下积水的转移与渗透； c）应安装对水敏感的检测仪表或元件，对机房进行防水检测和报警
防静电	a）应采用防静电地板或地面并采用必要的接地防静电措施； b）应采取措施防止静电的产生，例如采用静电消除器、佩戴防静电手环等
温湿度控制	应设置温湿度自动调节设施，使机房温湿度的变化在设备运行所允许的范围之内
电力供应	a）应在机房供电线路上配置稳压器和过电压防护设备； b）应提供短期的备用电力供应，至少满足设备在断电情况下的正常运行要求； c）应设置冗余或并行的电力电缆线路为计算机系统供电
电磁防护	a）电源线和通信线缆应隔离铺设，避免互相干扰； b）应对关键设备实施电磁屏蔽

安全物理环境测评中，测评人员将以文档查阅与分析和现场观测等检查方法为主，访谈为辅来获取测评证据（如机房的温湿度情况），用于测评机房的安全保护能力。

安全物理环境测评涉及的测评对象主要为机房和相关的安全文档。

（2）安全通信网络测评

安全通信网络测评指标见表 5-11。

表 5-11 安全通信网络（安全通用要求）测评指标

安全子类	测评指标描述
网络架构	a）应保证网络设备的业务处理能力满足业务高峰期需要； b）应保证网络各个部分的带宽满足业务高峰期需要； c）应划分不同的网络区域，并按照方便管理和控制的原则为各网络区域分配地址； d）应避免将重要网络区域部署在边界处，重要网络区域与其他网络区域之间应采取可靠的技术隔离手段； e）应提供通信线路、关键网络设备和关键计算设备的硬件冗余，保证系统的可用性
通信传输	a）应采用校验技术或密码技术保证通信过程中数据的完整性； b）应采用密码技术保证通信过程中数据的保密性
可信验证	可基于可信根对通信设备的系统引导程序、系统程序、重要配置参数和通信应用程序等进行可信验证，并在应用程序的关键执行环节进行动态可信验证，在检测到其可信性受到破坏后进行报警，并将验证结果形成审计记录送至安全管理中心

安全通信网络测评中，技术检测人员将以安全配置核查、人工验证和网络监听与分析等方法为主，文档查阅与分析等方法为辅来获取必要证据，用于测评系统的安全保护能力。

（3）安全区域边界测评

安全区域边界测评指标见表 5-12。

表 5-12 安全区域边界（通用要求）测评指标

安全子类	测评指标描述
边界防护	a）应保证跨越边界的访问和数据流通过边界设备提供的受控接口进行通信； b）应能够对非授权设备私自联到内部网络的行为进行检查或限制； c）应能够对内部用户非授权联到外部网络的行为进行检查或限制； d）应限制无线网络的使用，保证无线网络通过受控的边界设备接入内部网络
访问控制	a）应在网络边界或区域之间根据访问控制策略设置访问控制规则，默认情况下除允许通信外受控接口拒绝所有通信； b）应删除多余或无效的访问控制规则，优化访问控制列表，并保证访问控制规则数量最小化； c）应对源地址、目的地址、源端口、目的端口和协议等进行检查，以允许/拒绝数据包进出； d）应能根据会话状态信息为进出数据流提供明确的允许/拒绝访问的能力； e）应对进出网络的数据流实现基于应用协议和应用内容的访问控制
入侵防范	a）应在关键网络节点处检测、防止或限制从外部发起的网络攻击行为； b）应在关键网络节点处检测、防止或限制从内部发起的网络攻击行为； c）应采取技术措施对网络行为进行分析，实现对网络攻击特别是新型网络攻击行为的分析； d）当检测到攻击行为时，记录攻击源 IP、攻击类型、攻击目标、攻击时间，在发生严重入侵事件时应提供报警
恶意代码和垃圾邮件防范	a）应在关键网络节点处对恶意代码进行检测和清除，并维护恶意代码防护机制的升级和更新； b）应在关键网络节点处对垃圾邮件进行检测和防护，并维护垃圾邮件防护机制的升级和更新

（续）

安全子类	测评指标描述
安全审计	a）应在网络边界、重要网络节点进行安全审计，审计覆盖到每个用户，对重要的用户行为和重要安全事件进行审计； b）审计记录应包括事件的日期和时间、用户、事件类型、事件是否成功及其他与审计相关的信息； c）应对审计记录进行保护并定期备份，避免受到未预期的删除、修改或覆盖等； d）应能对远程访问的用户行为、访问互联网的用户行为等单独进行行为审计和数据分析
可信验证	可基于可信根对边界设备的系统引导程序、系统程序、重要配置参数和边界防护应用程序等进行可信验证，并在应用程序的关键执行环节进行动态可信验证，在检测到其可信性受到破坏后进行报警，并将验证结果形成审计记录送至安全管理中心

安全区域边界测评中，技术检测人员将以安全配置核查、人工验证和网络监听与分析等方法为主，文档查阅与分析等方法为辅来获取必要证据，用于测评系统的网络安全保护能力。

（4）安全计算环境测评

安全计算环境测评指标见表5-13。

表5-13　安全计算环境（通用要求）测评指标

安全子类	测评指标描述
身份鉴别	a）应对登录的用户进行身份标识和鉴别，身份标识具有唯一性，身份鉴别信息具有复杂度要求并定期更换； b）应具有登录失败处理功能，应配置并启用结束会话、限制非法登录次数和当登录连接超时自动退出等相关措施； c）当进行远程管理时，应采取必要措施防止鉴别信息在网络传输过程中被窃听； d）应采用口令、密码技术、生物技术等两种或两种以上组合的鉴别技术对用户进行身份鉴别，且其中一种鉴别技术至少应使用密码技术来实现
访问控制	a）应对登录的用户分配账户和权限； b）应重命名或删除默认账户，修改默认账户的默认口令； c）应及时删除或停用多余的、过期的账户，避免共享账户的存在； d）应授予管理用户所需的最小权限，实现管理用户的权限分离； e）应由授权主体配置访问控制策略，访问控制策略规定主体对客体的访问规则； f）访问控制的粒度应达到主体为用户级或进程级，客体为文件、数据库表级； g）应对重要主体和客体设置安全标记，并控制主体对有安全标记信息资源的访问
安全审计	a）应启用安全审计功能，审计覆盖到每个用户，对重要的用户行为和重要安全事件进行审计； b）审计记录应包括事件的日期和时间、用户、事件类型、事件是否成功及其他与审计相关的信息； c）应对审计记录进行保护并定期备份，避免受到未预期的删除、修改或覆盖等； d）应对审计进程进行保护，防止未经授权的中断

（续）

安全子类	测评指标描述
入侵防范	a）应遵循最小安装的原则，仅安装需要的组件和应用程序； b）应关闭不需要的系统服务、默认共享和高危端口； c）应通过设定终端接入方式或网络地址范围对通过网络进行管理的终端采取限制； d）应提供数据有效性检验功能，保证通过人机接口输入或通过通信接口输入的内容符合系统设定要求； e）应能发现可能存在的已知漏洞，并在经过充分测试评估后及时修补漏洞； f）应能够检测到对重要节点进行入侵的行为，并在发生严重入侵事件时提供报警
恶意代码防范	应采用免受恶意代码攻击的技术措施或主动免疫可信验证机制及时识别入侵和病毒行为，并将其有效阻断
可信验证	可基于可信根对计算设备的系统引导程序、系统程序、重要配置参数和应用程序等进行可信验证，并在应用程序的关键执行环节进行动态可信验证，在检测到其可信性受到破坏后进行报警，并将验证结果形成审计记录送至安全管理中心
数据完整性	a）应采用校验技术或密码技术保证重要数据在传输过程中的完整性，包括但不限于鉴别数据、重要业务数据、重要审计数据、重要配置数据、重要视频数据和重要个人信息等； b）应采用校验技术或密码技术保证重要数据在存储过程中的完整性，包括但不限于鉴别数据、重要业务数据、重要审计数据、重要配置数据、重要视频数据和重要个人信息等
数据保密性	a）应采用密码技术保证重要数据在传输过程中的保密性，包括但不限于鉴别数据、重要业务数据和重要个人信息等； b）应采用密码技术保证重要数据在存储过程中的保密性，包括但不限于鉴别数据、重要业务数据和重要个人信息等
数据备份恢复	a）应提供重要数据的本地数据备份与恢复功能； b）应提供异地实时备份功能，利用通信网络将重要数据实时备份至备份场地； c）应提供重要数据处理系统的热冗余，保证系统的高可用性
剩余信息保护	a）应保证鉴别信息所在的存储空间被释放或重新分配前得到完全清除； b）应保证存有敏感数据的存储空间被释放或重新分配前得到完全清除
个人信息保护	a）应仅采集和保存业务必需的用户个人信息； b）应禁止未授权访问和非法使用用户个人信息

安全计算环境测评中，技术检测人员主要关注服务器操作系统、数据库管理系统、网络设备、安全设备以及应用系统在身份鉴别、访问控制、安全审计等方面的安全保护能力，将以安全配置核查和人工验证为主，文档查阅和分析为辅来获取证据（如相关措施的部署和配置情况）。

（5）安全管理中心测评

安全管理中心测评指标见表 5-14。

表 5-14　安全管理中心（通用要求）测评指标

安全子类	测评指标描述
系统管理	a）应对系统管理员进行身份鉴别，只允许其通过特定的命令或操作界面进行系统管理操作，并对这些操作进行审计； b）应通过系统管理员对系统的资源和运行进行配置、控制和管理，包括用户身份、系统资源配置、系统加载和启动、系统运行的异常处理、数据和设备的备份与恢复等

（续）

安全子类	测评指标描述
审计管理	a）应对审计管理员进行身份鉴别，只允许其通过特定的命令或操作界面进行安全审计操作，并对这些操作进行审计； b）应通过审计管理员对审计记录进行分析，并根据分析结果进行处理，包括根据安全审计策略对审计记录进行存储、管理和查询等
安全管理	a）应对安全管理员进行身份鉴别，只允许其通过特定的命令或操作界面进行安全管理操作，并对这些操作进行审计； b）应通过安全管理员对系统中的安全策略进行配置，包括安全参数的设置，主体、客体进行统一安全标记，对主体进行授权，配置可信验证策略等
集中管控	a）应划分出特定的管理区域，对分布在网络中的安全设备或安全组件进行管控； b）应能够建立一条安全的信息传输路径，对网络中的安全设备或安全组件进行管理； c）应对网络链路、安全设备、网络设备和服务器等的运行状况进行集中监测； d）应对分散在各个设备上的审计数据进行收集汇总和集中分析，并保证审计记录的留存时间符合法律法规要求； e）应对安全策略、恶意代码、补丁升级等安全相关事项进行集中管理； f）应能对网络中发生的各类安全事件进行识别、报警和分析

安全管理中心测评中，技术检测人员将以安全配置核查和人工验证为主，文档查阅和分析为辅来获取证据（如相关措施的部署和配置情况），用于测评系统的安全保护能力。

（6）安全管理制度测评

安全管理制度测评指标见表5-15。

表5-15　安全管理制度（通用要求）测评指标

安全子类	测评指标描述
安全策略	应制定网络安全工作的总体方针和安全策略，阐明机构安全工作的总体目标、范围、原则和安全框架等
管理制度	a）应对安全管理活动中的各类管理内容建立安全管理制度； b）应对管理人员或操作人员执行的日常管理操作建立操作规程； c）应形成由安全策略、管理制度、操作规程、记录表单等构成的全面的安全管理制度体系
制定和发布	a）应指定或授权专门的部门或人员负责安全管理制度的制定； b）安全管理制度应通过正式、有效的方式发布，并进行版本控制
评审和修订	应定期对安全管理制度的合理性和适用性进行论证和审定，对存在不足或需要改进的安全管理制度进行修订

安全管理类测评中，技术检测人员将以文档查看和分析为主，访谈为辅获取证据，来测评项目委托单位安全管理类措施的落实情况。安全管理类测评主要涉及安全主管、安全管理人员、管理制度文档、各类操作规程文件和操作记录等。

（7）安全管理机构测评

安全管理机构测评指标见表5-16。

表 5-16　安全管理机构（通用要求）测评指标

安全子类	测评指标描述
岗位设置	a）应成立指导和管理网络安全工作的委员会或领导小组，其最高领导由单位主管领导担任或授权； b）应设立网络安全管理工作的职能部门，设立安全主管、安全管理各个方面的负责人岗位，并定义各负责人的职责； c）应设立系统管理员、审计管理员和安全管理员等岗位，并定义部门及各个工作岗位的职责
人员配备	a）应配备一定数量的系统管理员、审计管理员和安全管理员等； b）应配备专职安全管理员，不可兼任
授权和审批	a）应根据各个部门和岗位的职责明确授权审批事项、审批部门和批准人等； b）应针对系统变更、重要操作、物理访问和系统接入等事项建立审批程序，按照审批程序执行审批过程，对重要活动建立逐级审批制度； c）应定期审查审批事项，及时更新需授权和审批的项目、审批部门和审批人等信息
沟通和合作	a）应加强各类管理人员、组织内部机构和网络安全管理部门之间的合作与沟通，定期召开协调会议，共同协作处理网络安全问题； b）应加强与网络安全职能部门、各类供应商、业界专家及安全组织的合作与沟通； c）应建立外联单位联系列表，包括外联单位名称、合作内容、联系人和联系方式等信息
审核和检查	a）应定期进行常规安全检查，检查内容包括系统日常运行、系统漏洞和数据备份等情况； b）应定期进行全面安全检查，检查内容包括现有安全技术措施的有效性、安全配置与安全策略的一致性、安全管理制度的执行情况等； c）应制定安全检查表格实施安全检查，汇总安全检查数据，形成安全检查报告，并对安全检查结果进行通报

安全管理机构测评主要涉及安全主管、相关管理制度以及相关工作/会议记录等技术检测对象。

（8）安全管理人员测评

安全管理人员测评指标见表 5-17。

表 5-17　安全管理人员（通用要求）测评指标

安全子类	测评指标描述
人员录用	a）应指定或授权专门的部门或人员负责人员录用； b）应对被录用人员的身份、安全背景、专业资格或资质等进行审查，对其所具有的技术技能进行考核； c）应与被录用人员签署保密协议，与关键岗位人员签署岗位责任协议
人员离岗	a）应及时终止离岗人员的所有访问权限，取回各种身份证件、钥匙、徽章等以及机构提供的软硬件设备； b）应办理严格的调离手续，并承诺调离后的保密义务后方可离开
安全意识教育和培训	a）应对各类人员进行安全意识教育和岗位技能培训，并告知相关的安全责任和惩戒措施； b）应针对不同岗位制定不同的培训计划，对安全基础知识、岗位操作规程等进行培训； c）应定期对不同岗位的人员进行技能考核

（续）

安全子类	测评指标描述
外部人员访问管理	a）应在外部人员物理访问受控区域前先提出书面申请，批准后由专人全程陪同，并登记备案； b）应在外部人员接入受控网络访问系统前先提出书面申请，批准后由专人开设账户、分配权限，并登记备案； c）外部人员离场后应及时清除其所有的访问权限； d）获得系统访问授权的外部人员应签署保密协议，不得进行非授权操作，不得复制和泄露任何敏感信息

安全管理人员测评主要涉及安全主管、相关管理制度以及相关工作/会议记录等检测对象。

（9）安全建设管理测评

安全建设管理测评指标见表5-18。

表5-18　安全建设管理（通用要求）测评指标

安全子类	测评指标描述
定级与备案	a）应以书面的形式说明保护对象的安全保护等级及确定等级的方法和理由； b）应组织相关部门和有关安全技术专家对定级结果的合理性和正确性进行论证和审定； c）应保证定级结果经过相关部门的批准； d）应将备案材料报主管部门和相应公安机关备案
安全方案设计	a）应根据安全保护等级选择基本安全措施，依据风险分析的结果补充和调整安全措施； b）应根据保护对象的安全保护等级及与其他级别保护对象的关系进行安全整体规划和安全方案设计，设计内容应包含密码技术相关内容，并形成配套文件； c）应组织相关部门和有关安全专家对安全整体规划及其配套文件的合理性和正确性进行论证和审定，经过批准后才能正式实施
产品采购和使用	a）应确保网络安全产品采购和使用符合国家的有关规定； b）应确保密码产品与服务的采购和使用符合国家密码管理主管部门的要求； c）应预先对产品进行选型测试，确定产品的候选范围，并定期审定和更新候选产品名单
自行软件开发	a）应将开发环境与实际运行环境物理分开，测试数据和测试结果受到控制； b）应制定软件开发管理制度，明确说明开发过程的控制方法和人员行为准则； c）应制定代码编写安全规范，要求开发人员参照规范编写代码； d）应具备软件设计的相关文档和使用指南，并对文档使用进行控制； e）应保证在软件开发过程中对安全性进行测试，在软件安装前对可能存在的恶意代码进行检测； f）应对程序资源库的修改、更新、发布进行授权和批准，并严格进行版本控制； g）应保证开发人员为专职人员，开发人员的开发活动受到控制、监视和审查
外包软件开发	a）应在软件交付前检测其中可能存在的恶意代码； b）应保证开发单位提供软件设计文档和使用指南； c）应保证开发单位提供软件源代码，并审查软件中可能存在的后门和隐蔽信道

（续）

安全子类	测评指标描述
工程实施	a）应指定或授权专门的部门或人员负责工程实施过程的管理； b）应制定安全工程实施方案控制工程实施过程； c）应通过第三方工程监理控制项目的实施过程
测试验收	a）应制定测试验收方案，并依据测试验收方案实施测试验收，形成测试验收报告； b）应进行上线前的安全性测试，并出具安全测试报告，安全测试报告应包含密码应用安全性测试相关内容
系统交付	a）应制定交付清单，并根据交付清单对所交接的设备、软件和文档等进行清点； b）应对负责运行维护的技术人员进行相应的技能培训； c）应提供建设过程文档和运行维护文档
等级测评	a）应定期进行等级测评，发现不符合相应等级保护标准要求的及时整改； b）应在发生重大变更或级别发生变化时进行等级测评； c）应确保测评机构的选择符合国家有关规定
服务供应商选择	a）应确保服务供应商的选择符合国家的有关规定； b）应与选定的服务供应商签订相关协议，明确整个服务供应链各方需履行的网络安全相关义务； c）应定期监督、评审和审核服务供应商提供的服务，并对其变更服务内容加以控制

安全建设管理测评主要涉及系统建设负责人、各类管理制度、操作规程文件和执行过程记录等技术检测对象。

（10）安全运维管理测评

安全运维管理测评指标见表 5-19。

表 5-19 安全运维管理（通用要求）测评指标

安全子类	测评指标描述
环境管理	a）应指定专门的部门或人员负责机房安全，对机房出入进行管理，定期对机房供配电、空调、温湿度控制、消防等设施进行维护管理； b）应建立机房安全管理制度，对有关物理访问、物品带进出和环境安全等方面的管理做出规定； c）应不在重要区域接待来访人员，不随意放置含有敏感信息的纸档文件和移动介质等
资产管理	a）应编制并保存与保护对象相关的资产清单，包括资产责任部门、重要程度和所处位置等内容； b）应根据资产的重要程度对资产进行标识管理，根据资产的价值选择相应的管理措施； c）应对信息分类与标识方法做出规定，并对信息的使用、传输和存储等进行规范化管理
介质管理	a）应将介质存放在安全的环境中，对各类介质进行控制和保护，实行存储环境专人管理，并根据存档介质的目录清单定期盘点； b）应对介质在物理传输过程中的人员选择、打包、交付等情况进行控制，并对介质的归档和查询等进行登记记录

（续）

安全子类	测评指标描述
设备维护管理	a）应对各种设备（包括备份和冗余设备）、线路等指定专门的部门或人员定期进行维护管理； b）应建立配套设施、软硬件维护方面的管理制度，对其维护进行有效的管理，包括明确维护人员的责任、维修和服务的审批、维修过程的监督控制等； c）信息处理设备应经过审批才能带离机房或办公地点，含有存储介质的设备带出工作环境时其中重要数据应加密； d）含有存储介质的设备在报废或重用前，应进行完全清除或被安全覆盖，保证该设备上的敏感数据和授权软件无法被恢复重用
漏洞和风险管理	a）应采取必要的措施识别安全漏洞和隐患，对发现的安全漏洞和隐患及时进行修补或评估可能的影响后进行修补； b）应定期开展安全测评，形成安全测评报告，采取措施应对发现的安全问题
网络和系统安全管理	a）应划分不同的管理员角色进行网络和系统的运维管理，明确各个角色的责任和权限； b）应指定专门的部门或人员进行账户管理，对申请账户、建立账户、删除账户等进行控制； c）应建立网络和系统安全管理制度，对安全策略、账户管理、配置管理、日志管理、日常操作、升级与打补丁、口令更新周期等方面做出规定； d）应制定重要设备的配置和操作手册，依据手册对设备进行安全配置和优化配置等； e）应详细记录运维操作日志，包括日常巡检工作、运行维护记录、参数的设置和修改等内容； f）应指定专门的部门或人员对日志、监测和报警数据等进行分析、统计，及时发现可疑行为； g）应严格控制变更性运维，经过审批后才可改变连接、安装系统组件或调整配置参数，操作过程中应保留不可更改的审计日志，操作结束后应同步更新配置信息库； h）应严格控制运维工具的使用，经过审批后才可接入进行操作，操作过程中应保留不可更改的审计日志，操作结束后应删除工具中的敏感数据； i）应严格控制远程运维的开通，经过审批后才可开通远程运维接口或通道，操作过程中应保留不可更改的审计日志，操作结束后立即关闭接口或通道； j）应保证所有与外部的连接均得到授权和批准，应定期检查违反规定无线上网及其他违反网络安全策略的行为
恶意代码防范管理	a）应提高所有用户的防恶意代码意识，对外来计算机或存储设备接入系统前进行恶意代码检查等； b）应定期验证防范恶意代码攻击的技术措施的有效性
配置管理	a）应记录和保存基本配置信息，包括网络拓扑结构、各个设备安装的软件组件、软件组件的版本和补丁信息、各个设备或软件组件的配置参数等； b）应将基本配置信息改变纳入变更范畴，实施对配置信息改变的控制，并及时更新基本配置信息库
密码管理	a）应遵循密码相关国家标准和行业标准； b）应使用国家密码管理主管部门认证核准的密码技术和产品
变更管理	a）应明确变更需求，变更前根据变更需求制定变更方案，变更方案经过评审、审批后方可实施； b）应建立变更的申报和审批控制程序，依据程序控制所有的变更，记录变更实施过程； c）应建立中止变更并从失败变更中恢复的程序，明确过程控制方法和人员职责，必要时对恢复过程进行演练

（续）

安全子类	测评指标描述
备份与恢复管理	a）应识别需要定期备份的重要业务信息、系统数据及软件系统等； b）应规定备份信息的备份方式、备份频度、存储介质、保存期等； c）应根据数据的重要性和数据对系统运行的影响，制定数据的备份策略和恢复策略、备份程序和恢复程序等
安全事件处置	a）应及时向安全管理部门报告所发现的安全弱点和可疑事件； b）应制定安全事件报告和处置管理制度，明确不同安全事件的报告、处置和响应流程，规定安全事件的现场处理、事件报告和后期恢复的管理职责等； c）应在安全事件报告和响应处理过程中，分析和鉴定事件产生的原因，收集证据，记录处理过程，总结经验教训； d）对造成系统中断和造成信息泄露的重大安全事件应采用不同的处理程序和报告程序
应急预案管理	a）应规定统一的应急预案框架，包括启动预案的条件、应急组织构成、应急资源保障、事后教育和培训等内容； b）应制定重要事件的应急预案，包括应急处理流程、系统恢复流程等内容； c）应定期对系统相关的人员进行应急预案培训，并进行应急预案的演练； d）应定期对原有的应急预案重新评估，修订完善
外包运维管理	a）应确保外包运维服务商的选择符合国家的有关规定； b）应与选定的外包运维服务商签订相关的协议，明确约定外包运维的范围、工作内容； c）应保证选择的外包运维服务商在技术和管理方面均应具有按照等级保护要求开展安全运维工作的能力，并将能力要求在签订的协议中明确； d）应在与外包运维服务商签订的协议中明确所有相关的安全要求，如可能涉及对敏感信息的访问、处理、存储要求，对 IT 基础设施中断服务的应急保障要求等

安全运维管理测评主要涉及安全主管、各类运维人员、各类管理制度、操作规程文件和执行过程记录等技术检测对象。

2. 安全扩展要求

本节介绍安全扩展要求。

（1）安全物理环境

扩展要求中的安全物理环境测评指标见表 5-20。

表 5-20　安全物理环境（扩展要求）测评指标

扩展类型	安全子类	测评指标描述
云计算安全扩展要求	基础设施位置	应保证云计算基础设施位于中国境内
移动互联网安全扩展要求	无线接入点的物理位置	应为无线接入设备的安装选择合理位置，避免过度覆盖和电磁干扰
物联网安全扩展要求	感知节点设备物理防护	a）感知节点设备所处的物理环境应不对感知节点设备造成物理破坏，如挤压、强振动； b）感知节点设备在工作状态所处物理环境应能正确反映环境状态（如温湿度传感器不能安装在阳光直射区域）； c）感知节点设备在工作状态所处物理环境应不对感知节点设备的正常工作造成影响，如强干扰、阻挡屏蔽等； d）关键感知节点设备应具有可供长时间工作的电力供应（关键网关节点设备应具有持久稳定的电力供应能力）

（续）

扩展类型	安全子类	测评指标描述
工业控制系统安全扩展要求	室外控制设备物理防护	a）室外控制设备应放置于采用铁板或其他防火材料制作的箱体或装置中并紧固；箱体或装置具有透风、散热、防盗、防雨和防火等能力； b）室外控制设备放置应远离强电磁干扰、强热源等环境，如无法避免应及时做好应急处置及检修，保证设备正常运行
大数据安全扩展要求	大数据平台	应保证承载大数据存储、处理和分析的设备机房位于中国境内
	基础设施位置	应保证承载大数据存储、处理和分析的设备机房位于中国境内

安全物理环境测评中，测评人员将以文档查阅与分析和现场观测等检查方法为主，访谈为辅来获取测评证据，用于测评机房针对安全扩展要求方面的安全保护能力。

安全物理环境测评涉及的测评对象主要为机房和相关的安全文档。

（2）安全通信网络测评

扩展要求中的安全通信网络测评指标见表5-21。

表5-21　安全通信网络（扩展要求）测评指标

扩展类型	安全子类	测评指标描述
云计算安全扩展要求	网络架构	a）应保证云计算平台不承载高于其安全保护等级的业务应用系统； b）应实现不同云服务客户虚拟网络之间的隔离； c）应具有根据云服务客户业务需求提供通信传输、边界防护、入侵防范等安全机制的能力； d）应具有根据云服务客户业务需求自主设置安全策略的能力，包括定义访问路径、选择安全组件、配置安全策略； e）应提供开放接口或开放性安全服务，允许云服务客户接入第三方安全产品或在云计算平台选择第三方安全服务
		a）工业控制系统与企业其他系统之间应划分为两个区域，区域间应采用单向的技术隔离手段； b）工业控制系统内部应根据业务特点划分为不同的安全域，安全域之间应采用技术隔离手段； c）涉及实时控制和数据传输的工业控制系统，应使用独立的网络设备组网，在物理层面上实现与其他数据网及外部公共信息网的安全隔离
工业控制系统安全扩展要求	通信传输	在工业控制系统内使用广域网进行控制指令或相关数据交换的应采用加密认证技术手段实现身份认证、访问控制和数据加密传输
大数据安全扩展要求	大数据平台	a）应保证大数据平台不承载高于其安全保护等级的大数据应用； b）应保证大数据平台的管理流量与系统业务流量分离

（续）

扩展类型	安全子类	测评指标描述
大数据安全扩展要求	网络架构	a）应保证大数据平台不承载高于其安全保护等级的大数据应用和大数据资源； b）应保证大数据平台的管理流量与系统业务流量分离； c）应提供开放接口或开放性安全服务，允许客户接入第三方安全产品或在大数据平台选择第三方安全服务

安全通信网络测评中，技术检测人员将以安全配置核查、人工验证和网络监听与分析等方法为主，文档查阅与分析等方法为辅来获取必要证据，用于测评系统针对安全扩展要求方面的安全保护能力。

（3）安全区域边界测评

扩展要求中的安全区域边界测评指标见表 5-22。

表 5-22　安全区域边界（扩展要求）测评指标

扩展类型	安全子类	测评指标描述
云计算安全扩展要求	访问控制	a）应在虚拟化网络边界部署访问控制机制，并设置访问控制规则； b）应在不同等级的网络区域边界部署访问控制机制，设置访问控制规则
	入侵防范	a）应能检测到云服务客户发起的网络攻击行为，并能记录攻击类型、攻击时间、攻击流量等； b）应能检测到对虚拟网络节点的网络攻击行为，并能记录攻击类型、攻击时间、攻击流量等； c）应能检测到虚拟机与宿主机、虚拟机与虚拟机之间的异常流量； d）应在检测到网络攻击行为、异常流量情况时进行告警
	安全审计	a）应对云服务商和云服务客户在远程管理时执行的特权命令进行审计，至少包括虚拟机删除、虚拟机重启； b）应保证云服务商对云服务客户系统和数据的操作可被云服务客户审计
移动互联网安全扩展要求	边界防护	应保证有线网络与无线网络边界之间的访问和数据流通过无线接入网关设备
	访问控制	无线接入设备应开启接入认证功能，并支持采用认证服务器认证或国家密码管理机构批准的密码模块进行认证
	入侵防范	a）应能够检测到非授权无线接入设备和非授权移动终端的接入行为； b）应能够检测到针对无线接入设备的网络扫描、DDoS 攻击、密钥破解、中间人攻击和欺骗攻击等行为； c）应能够检测到无线接入设备的 SSID 广播、WPS 等高风险功能的开启状态； d）应禁用无线接入设备和无线接入网关存在风险的功能，如 SSID 广播、WEP 认证等； e）应禁止多个 AP 使用同一个认证密钥； f）应能够阻断非授权无线接入设备或非授权移动终端

（续）

扩展类型	安全子类	测评指标描述
物联网安全扩展要求	接入控制	应保证只有授权的感知节点可以接入
	入侵防范	a）应能够限制与感知节点通信的目标地址，以避免对陌生地址的攻击行为； b）应能够限制与网关节点通信的目标地址，以避免对陌生地址的攻击行为
工业控制系统安全扩展要求	访问控制	a）应在工业控制系统与企业其他系统之间部署访问控制设备，配置访问控制策略，禁止任何穿越区域边界的 E-Mail、Web、Telnet、Rlogin、FTP 等通用网络服务； b）应在工业控制系统内安全域和安全域之间的边界防护机制失效时，及时进行报警
	拨号使用控制	a）工业控制系统确需使用拨号访问服务的，应限制具有拨号访问权限的用户数量，并采取用户身份鉴别和访问控制等措施； b）拨号服务器和客户端均应使用经安全加固的操作系统，并采取数字证书认证、传输加密和访问控制等措施
	无线使用控制	a）应对所有参与无线通信的用户（人员、软件进程或者设备）提供唯一性标识和鉴别； b）应对所有参与无线通信的用户（人员、软件进程或者设备）进行授权以及执行使用进行限制； c）应对无线通信采取传输加密的安全措施，实现传输报文的机密性保护； d）对采用无线通信技术进行控制的工业控制系统，应能识别其物理环境中发射的未经授权的无线设备，报告未经授权试图接入或干扰控制系统的行为

安全区域边界测评中，技术检测人员将以安全配置核查、人工验证和网络监听与分析等方法为主，文档查阅与分析等方法为辅来获取必要证据，用于测评系统针对安全扩展要求方面的网络安全保护能力。

（4）安全计算环境测评

扩展要求中的安全计算环境测评指标见表 5-23。

表 5-23　安全计算环境（扩展要求）测评指标

扩展类型	安全子类	测评指标描述
云计算安全扩展要求	身份鉴别	当远程管理云计算平台中设备时，管理终端和云计算平台之间应建立双向身份验证机制
	访问控制	a）应保证当虚拟机迁移时，访问控制策略随其迁移； b）应允许云服务客户设置不同虚拟机之间的访问控制策略
	入侵防范	a）应能检测虚拟机之间的资源隔离失效，并进行告警； b）应能检测非授权新建虚拟机或者重新启用虚拟机，并进行告警； c）应能够检测恶意代码感染及在虚拟机间蔓延的情况，并进行告警

（续）

扩展类型	安全子类	测评指标描述
云计算安全扩展要求	镜像和快照保护	a）应针对重要业务系统提供加固的操作系统镜像或操作系统安全加固服务； b）应提供虚拟机镜像、快照完整性校验功能，防止虚拟机镜像被恶意篡改； c）应采取密码技术或其他技术手段防止虚拟机镜像、快照中可能存在的敏感资源被非法访问
	数据完整性和保密性	a）应确保云服务客户数据、用户个人信息等存储于中国境内，如需出境应遵循国家相关规定； b）应确保只有在云服务客户授权下，云服务商或第三方才具有云服务客户数据的管理权限； c）应使用校验码或密码技术确保虚拟机迁移过程中重要数据的完整性，并在检测到完整性受到破坏时采取必要的恢复措施； d）应支持云服务客户部署密钥管理解决方案，保证云服务客户自行实现数据的加解密过程
	数据备份恢复	a）云服务客户应在本地保存其业务数据的备份； b）应提供查询云服务客户数据及备份存储位置的能力； c）云服务商的云存储服务应保证云服务客户数据存在若干个可用的副本，各副本之间的内容应保持一致； d）应为云服务客户将业务系统及数据迁移到其他云计算平台和本地系统提供技术手段，并协助完成迁移过程
	剩余信息保护	a）应保证虚拟机所使用的内存和存储空间回收时得到完全清除； b）云服务客户删除业务应用数据时，云计算平台应将云存储中所有副本删除
移动互联网安全扩展要求	移动终端管控	a）应保证移动终端安装、注册并运行终端管理客户端软件； b）移动终端应接受移动终端管理服务端的设备生命周期管理、设备远程控制，如远程锁定、远程擦除等
	移动应用管控	a）应具有选择应用软件安装、运行的功能； b）应只允许指定证书签名的应用软件安装和运行； c）应具有软件白名单功能，应能根据白名单控制应用软件安装、运行
物联网安全扩展要求	感知节点设备安全	a）应保证只有授权的用户可以对感知节点设备上的软件应用进行配置或变更； b）应具有对其连接的网关节点设备（包括读卡器）进行身份标识和鉴别的能力； c）应具有对其连接的其他感知节点设备（包括路由节点）进行身份标识和鉴别的能力

（续）

扩展类型	安全子类	测评指标描述
物联网安全扩展要求	网关节点设备安全	a）应具备对合法连接设备（包括终端节点、路由节点、数据处理中心）进行标识和鉴别的能力； b）应具备过滤非法节点和伪造节点所发送数据的能力； c）授权用户应能够在设备使用过程中对关键密钥进行在线更新； d）授权用户应能够在设备使用过程中对关键配置参数进行在线更新
	抗数据重放	a）应能够鉴别数据的新鲜性，避免历史数据的重放攻击； b）应能够鉴别历史数据的非法修改，避免数据的修改重放攻击
	数据融合处理	应对来自传感网的数据进行数据融合处理，使不同种类的数据可以在同一个平台被使用
工业控制系统安全扩展要求	控制设备安全	a）控制设备自身应实现相应级别安全通用要求提出的身份鉴别、访问控制和安全审计等安全要求，如受条件限制控制设备无法实现上述要求，应由其上位控制或管理设备实现同等功能或通过管理手段控制； b）应在经过充分测试评估后，在不影响系统安全稳定运行的情况下对控制设备进行补丁更新、固件更新等工作； c）应关闭或拆除控制设备的软盘驱动、光盘驱动、USB接口、串行口或多余网口等，确需保留的应通过相关的技术措施实施严格的监控管理； d）应使用专用设备和专用软件对控制设备进行更新； e）应保证控制设备在上线前经过安全性检测，避免控制设备固件中存在恶意代码程序
大数据安全扩展要求	大数据平台	a）大数据平台应对数据采集终端、数据导入服务组件、数据导出终端、数据导出服务组件的使用实施身份鉴别； b）大数据平台应能对不同客户的大数据应用实施标识和鉴别； c）大数据平台应为大数据应用提供集中管控其计算和存储资源使用状况的能力； d）大数据平台应对其提供的辅助工具或服务组件，实施有效管理； e）大数据平台应屏蔽计算、内存、存储资源故障，保障业务正常运行； f）大数据平台应提供静态脱敏和去标识化的工具或服务组件技术； g）对外提供服务的大数据平台或第三方平台只有在大数据应用授权下才可以对大数据应用的数据资源进行访问、使用和管理； h）大数据平台应提供数据分类分级安全管理功能，供大数据应用针对不同类别级别的数据采取不同的安全保护措施；

（续）

<table>
<tr><th>扩展类型</th><th>安全子类</th><th>测评指标描述</th></tr>
<tr><td rowspan="3">大数据安全扩展要求</td><td>大数据平台</td><td>i）大数据平台应提供设置数据安全标记功能，基于安全标记的授权和访问控制措施，满足细粒度授权访问控制管理能力要求；
j）大数据平台应在数据采集、存储、处理、分析等各个环节，支持对数据进行分类分级处置，并保证安全保护策略保持一致；
k）涉及重要数据接口、重要服务接口的调用，应实施访问控制，包括但不限于数据处理、使用、分析、导出、共享、交换等相关操作；
l）应在数据清洗和转换过程中对重要数据进行保护，以保证重要数据清洗和转换后的一致性，避免数据失真，并在产生问题时能有效还原和恢复；
m）应跟踪和记录数据采集、处理、分析和挖掘等过程，保证溯源数据能重现相应过程，溯源数据满足合规审计要求；
n）大数据平台应保证不同客户大数据应用的审计数据隔离存放，并提供不同客户审计数据收集汇总和集中分析的能力</td></tr>
<tr><td>身份鉴别</td><td>a）大数据平台应提供双向认证功能，能对不同客户的大数据应用、大数据资源进行双向身份鉴别；
b）应采用口令和密码技术组合的鉴别技术对使用数据采集终端、数据导入服务组件、数据导出终端、数据导出服务组件的主体实施身份鉴别；
c）应对向大数据系统提供数据的外部实体实施身份鉴别；
d）大数据系统提供的各类外部调用接口应依据调用主体的操作权限实施相应强度的身份鉴别</td></tr>
<tr><td>访问控制</td><td>a）对外提供服务的大数据平台或第三方平台应在服务客户授权下才可以对其数据资源进行访问、使用和管理；
b）大数据系统应提供数据分类分级标识功能；
c）应在数据采集、传输、存储、处理、交换及销毁等各个环节，根据数据分类分级标识对数据进行不同处置，最高等级数据的相关保护措施不低于第三级安全要求，安全保护策略在各环节保持一致；
d）大数据系统应对其提供的各类接口的调用实施访问控制，包括但不限于数据采集、处理、使用、分析、导出、共享、交换等相关操作；
e）应最小化各类接口操作权限；
f）应最小化数据使用、分析、导出、共享、交换的数据集；
g）大数据系统应提供隔离不同客户应用数据资源的能力；
h）应对重要数据的数据流转、泄露和滥用情况进行监控，及时对异常数据操作行为进行预警，并能够对突发的严重异常操作及时定位和阻断</td></tr>
</table>

（续）

扩展类型	安全子类	测评指标描述
大数据安全扩展要求	安全审计	a）大数据系统应保证不同客户的审计数据隔离存放，并提供不同客户审计数据收集汇总和集中分析的能力； b）大数据系统应对其提供的各类接口的调用情况以及各类账号的操作情况进行审计； c）应保证大数据系统服务商对服务客户数据的操作可被服务客户审计
	入侵防范	应对所有进入系统的数据进行检测，避免出现恶意数据输入
	数据完整性	a）应采用技术手段对数据交换过程进行数据完整性检测； b）数据在存储过程中的完整性保护应满足数据提供方系统的安全保护要求
	数据保密性	a）大数据平台应提供静态脱敏和去标识化的工具或服务组件技术； b）应依据相关安全策略和数据分类分级标识对数据进行静态脱敏和去标识化处理； c）数据在存储过程中的保密性保护应满足数据提供方系统的安全保护要求； d）应采取技术措施保证汇聚大量数据时不暴露敏感信息； e）可采用多方计算、同态加密等数据隐私计算技术实现数据共享的安全性
	数据备份恢复	a）备份数据应采取与原数据一致的安全保护措施； b）大数据平台应保证用户数据存在若干个可用的副本，各副本之间的内容应保持一致； c）应提供对关键溯源数据的异地备份
	剩余信息保护	a）大数据平台应提供主动迁移功能，数据整体迁移的过程中应杜绝数据残留； b）应基于数据分类分级保护策略，明确数据销毁要求和方式； c）大数据平台应能够根据服务客户提出的数据销毁要求和方式实施数据销毁
	个人信息保护	a）采集、处理、使用、转让、共享、披露个人信息应在个人信息处理的授权同意范围内，并保留操作审计记录； b）应采取措施防止在数据处理、使用、分析、导出、共享、交换等过程中识别出个人身份信息； c）对个人信息的重要操作应设置内部审批流程，审批通过后才能对个人信息进行相应的操作； d）保存个人信息的时间应满足最小化要求，并能够对超出保存期限的个人信息进行删除或匿名化处理
	数据溯源	a）应跟踪和记录数据采集、处理、分析和挖掘等过程，保证溯源数据能重现相应过程； b）溯源数据应满足数据业务要求和合规审计要求； c）应采取技术手段保证数据源的真实可信

安全计算环境测评中，技术检测人员主要关注服务器操作系统、数据库管理系统、网络设备、安全设备以及应用系统在相关安全扩展要求方面的安全保护能力，将以安全配置核查和人工验证为主，文档查阅和分析为辅来获取证据（如相关措施的部署和配置情况）。

（5）安全管理中心测评

扩展要求中的安全管理中心测评指标见表 5-24。

表 5-24 安全管理中心（扩展要求）测评指标

扩展类型	安全子类	测评指标描述
云计算安全扩展要求	集中管控	a）应能对物理资源和虚拟资源按照策略做统一管理调度与分配； b）应保证云计算平台管理流量与云服务客户业务流量分离； c）应根据云服务商和云服务客户的职责划分，收集各自控制部分的审计数据并实现各自的集中审计； d）应根据云服务商和云服务客户的职责划分，实现各自控制部分，包括虚拟化网络、虚拟机、虚拟化安全设备等的运行状况的集中监测
大数据安全扩展要求	系统管理	a）大数据平台应为服务客户提供管理其计算和存储资源使用状况的能力； b）大数据平台应对其提供的辅助工具或服务组件实施有效管理； c）大数据平台应屏蔽计算、内存、存储资源故障，保障业务正常运行； d）大数据平台在系统维护、在线扩容等情况下，应保证大数据应用和大数据资源的正常业务处理能力
	集中管控	应对大数据系统提供的各类接口的使用情况进行集中审计和监测，并在发生问题时提供报警

安全管理中心测评中，技术检测人员将以安全配置核查和人工验证为主，文档查阅和分析为辅来获取证据（如相关措施的部署和配置情况），用于测评系统针对安全扩展要求方面的安全保护能力。

（6）安全建设管理测评

扩展要求中的安全建设管理测评指标见表 5-25。

表 5-25 安全建设管理（扩展要求）测评指标

扩展类型	安全子类	测评指标描述
云计算安全扩展要求	云服务商选择	a）应选择安全合规的云服务商，其所提供的云计算平台应为其所承载的业务应用系统提供相应等级的安全保护能力； b）应在服务水平协议中规定云服务的各项服务内容和具体技术指标； c）应在服务水平协议中规定云服务商的权限与责任，包括管理范围、职责划分、访问授权、隐私保护、行为准则、违约责任等； d）应在服务水平协议中规定服务合约到期时，完整提供云服务客户数据，并承诺相关数据在云计算平台上清除； e）应与选定的云服务商签署保密协议，要求其不得泄露云服务客户数据

（续）

扩展类型	安全子类	测评指标描述
云计算安全扩展要求	供应链管理	a）应确保供应商的选择符合国家有关规定； b）应将供应链安全事件信息或安全威胁信息及时传达到云服务客户； c）应将供应商的重要变更及时传达到云服务客户，并评估变更带来的安全风险，采取措施对风险进行控制
移动互联网安全扩展要求	移动应用软件采购	a）应保证移动终端安装、运行的应用软件来自可靠分发渠道或使用可靠证书签名； b）应保证移动终端安装、运行的应用软件由指定的开发者开发
	移动应用软件开发	a）应对移动业务应用软件开发者进行资格审查； b）应保证开发移动业务应用软件的签名证书合法性
工业控制系统安全扩展要求	产品采购和使用	工业控制系统重要设备应通过专业机构的安全性检测后方可采购使用
	外包软件开发	应在外包开发合同中规定针对开发单位、供应商的约束条款，包括设备及系统在生命周期内有关保密、禁止关键技术扩散和设备行业专用等方面的内容
大数据安全扩展要求	大数据平台	a）应选择安全合规的大数据平台，其所提供的大数据平台服务应为其所承载的大数据应用提供相应等级的安全保护能力； b）应以书面方式约定大数据平台提供者的权限与责任、各项服务内容和具体技术指标等，尤其是安全服务内容； c）应明确约束数据交换、共享的接收方对数据的保护责任，并确保接收方有足够或相当的安全防护能力
	服务供应商选择	a）应选择安全合规的大数据平台，其所提供的大数据平台服务应为其所承载的大数据应用和大数据资源提供相应等级的安全保护能力； b）应以书面方式约定大数据平台提供者和大数据平台使用者的权限与责任、各项服务内容和具体技术指标等，尤其是安全服务内容
	供应链管理	a）应确保供应商的选择符合国家有关规定； b）应以书面方式约定数据交换、共享的接收方对数据的保护责任，并明确数据安全保护要求； c）应将供应链安全事件信息或安全威胁信息及时传达到数据交换、共享的接收方
	数据源管理	应通过合法正当的渠道获取各类数据

安全建设管理测评主要涉及系统建设负责人、各类管理制度、操作规程文件和执行过程记录等技术检测对象。

（7）安全运维管理测评

扩展要求中的安全运维管理测评指标见表5-26。

表 5-26 安全运维管理（扩展要求）测评指标

扩展类型	安全子类	测评指标描述
云计算安全扩展要求	云计算环境管理	云计算平台的运维地点应位于中国境内，境外对境内云计算平台实施运维操作应遵循国家相关规定
移动互联网安全扩展要求	配置管理	应建立合法无线接入设备和合法移动终端配置库，用于对非法无线接入设备和非法移动终端的识别
物联网安全扩展要求	感知节点管理	a）应指定人员定期巡视感知节点设备、网关节点设备的部署环境，对可能影响感知节点设备、网关节点设备正常工作的环境异常进行记录和维护； b）应对感知节点设备、网关节点设备入库、存储、部署、携带、维修、丢失和报废等过程做出明确规定，并进行全程管理； c）应加强对感知节点设备、网关节点设备部署环境的保密性管理，包括负责检查和维护的人员调离工作岗位应立即交还相关检查工具和检查维护记录等
大数据安全扩展要求	大数据平台	a）应建立数字资产安全管理策略，对数据全生命周期的操作规范、保护措施、管理人员职责等进行规定，包括并不限于数据采集、存储、处理、应用、流动、销毁等过程； b）应制定并执行数据分类分级保护策略，针对不同类别级别的数据制定不同的安全保护措施； c）应在数据分类分级的基础上，划分重要数字资产范围，明确重要数据进行自动脱敏或去标识的使用场景和业务处理流程； d）应定期评审数据的类别和级别，如需要变更数据的类别或级别，应依据变更审批流程执行变更
	资产管理	a）应建立数据资产安全管理策略，对数据全生命周期的操作规范、保护措施、管理人员职责等进行规定，包括但不限于数据采集、传输、存储、处理、交换、销毁等过程； b）应制定并执行数据分类分级保护策略，针对不同类别级别的数据制定相应强度的安全保护要求； c）应定期评审数据的类别和级别，如需要变更数据所属类别或级别，应依据变更审批流程执行变更； d）应对数据资产和对外数据接口进行登记管理，建立相应的资产清单
	介质管理	a）应在中国境内对数据进行清除或销毁； b）对存储重要数据的存储介质或物理设备应采取难恢复的技术手段，如物理粉碎、消磁、多次擦写等
	网络和系统安全管理	应建立对外数据接口安全管理机制，所有的接口调用均应获得授权和批准

安全运维管理测评主要涉及安全主管、各类运维人员、各类管理制度、操作规程文件和执行过程记录等技术检测对象。

3. 整体测评

等级保护对象整体测评应从安全控制点、安全控制点间和区域间等方面进行测评和综合安全分析，从而给出等级测评结论。整体测评包括安全控制点测评、安全控制点间测评和区域间安全测评。

安全控制点测评是指对单个控制点中所有要求项的符合程度进行分析和判定。

安全控制点间测评是指对同一区域同一类内的两个或者两个以上不同安全控制点间的关联进行测评分析，其目的是确定这些关联对等级保护对象整体安全保护能力的影响。

系统整体测评采取风险分析的方式，由测评机构单独完成。

（1）安全控制点测评

在单项测评完成后，如果该安全控制点下的所有要求项为符合，则该安全控制点符合，否则为不符合或部分符合。

（2）安全控制点间测评

在单项测评完成后，如果等级保护对象的某个安全控制点中的要求项存在不符合或部分符合，需要进行安全控制点间测评，应分析在同一类内，是否存在其他安全控制点对该安全控制点具有补充作用（如物理访问控制和防盗窃、身份鉴别和访问控制等）。同时，分析是否存在其他的安全措施或技术与该要求项具有相似的安全功能。

根据测评分析结果，综合判断该安全控制点所对应的系统安全保护能力是否缺失，如果经过综合分析单项测评中的不符合项或部分符合项不造成系统整体安全保护能力的缺失，则对该测评指标的测评结果予以调整。

（3）区域间安全测评

在单项测评完成后，如果等级保护对象的某个安全控制点中的要求项存在不符合或部分符合，应进行区域间安全测评，重点分析等级保护对象中访问控制路径（如不同功能区域间的数据流流向和控制方式等）是否存在区域间的相互补充作用。

根据测评分析结果，综合判断该安全控制点所对应的系统安全保护能力是否缺失，如果经过综合分析单项测评中的不符合项或部分符合项不造成系统整体安全保护能力的缺失，则对该测评指标的测评结果予以调整。

5.4 项目实施管理方案

本节从项目组织与实施、配合需求以及人员监督记录 3 个方面来介绍等保测评的项目实施管理方案。

5.4.1 项目组织与实施

为了保证项目的顺利实施，确保项目质量达到预期目标，测评单位成立项目实施组，以利于加强项目管理和各方面协调合作，使工作和责任更加清晰明确，如图 5-3 所示。项目实施组织成立以后，还需要填写项目实施组成员表以备案，见表 5-27。

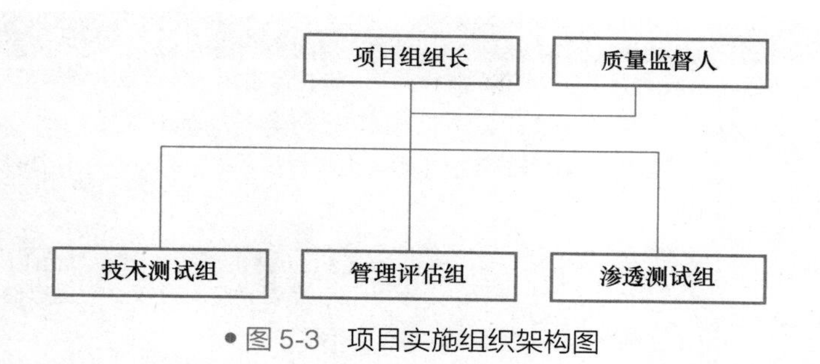

● 图 5-3　项目实施组织架构图

表 5-27　项目实施组成员表

项目组长		质量监督人	
技术测试组人员			
管理评估组人员			
渗透测试组人员			

- 项目组组长：负责项目具体实施和管理，制定项目实施计划，掌握项目的每个实施过程，解决项目实施中出现的各种具体问题，项目变化的管理，风险管理，与客户进行及时有效沟通，定期向用户反馈项目进展情况。
- 技术测试组：负责项目具体的技术测试实施，如网络平台测试、系统平台测试、业务应用测试等，定期向测评组组长反馈技术测试进展情况。
- 管理评估组：负责项目具体的安全管理的评估，实施现场访谈、制度核查、执行记录查阅等，定期向测评组组长反馈管理评估进展情况。
- 渗透测试组：负责汇总技术测试中发现的安全隐患，针对发现的安全漏洞，选择适当的攻击工具及方法，模拟入侵行为。
- 质量监督人：对项目实施全过程的质量监控，动态监控质量体系执行情况，对违反质量管理规范的情况提出改进或否决意见，及时出具质量监控报告或意见。

5.4.2　配合需求

项目的配合需求是组织和实施项目的重要一环节，本节介绍了项目各方面的配合需求。

1. 人员配合需求

项目的人员配合需求列表见表 5-28。

表 5-28　人员配合需求列表

配合项目	需求说明
总体协调人	能够进行各种工作的跨部门组织协调的人员
网络管理人员	对系统的网络架构、网络设备、安全设备、管理平台部署情况较为熟悉的人员，现场配合检查组中网络组人员完成网络方面的测评和调研工作

（续）

配合项目	需求说明
系统管理人员	对系统中的各类主机的操作系统、数据库系统、各类数据备份等情况较为熟悉的人员，现场配合检查组中主机组人员完成主机和部分数据测评工作
应用系统开发/运维人员	负责各类应用系统情况、熟悉各类应用在系统中实际部署情况的人员，现场配合检查组中应用组人员完成应用的检查工作
机房管理人员	负责机房管理的人员，现场配合检查组中管理组完成物理安全测评工作
安全管理员	对系统的安全策略较为熟悉的人员，负责系统安全策略数据存储、管理、维护、下发的人员，现场配合安全管理功能的测评工作
审计管理员	对系统的日志数据较为熟悉的人员，负责系统日志数据存储、管理、维护、统计分析的人员，现场配合审计功能的测评工作
安全文档维护人员	对所有相关的文档进行整理和管理的人员，现场配合检查组中管理组完成管理测评工作

2. 扫描测试配合需求

项目的扫描测试配合需求列表见表5-29。

表5-29　扫描测试配合需求列表

配合项目	需求说明
配合人员	网络管理员，提供： 1）（对于每个接入点）可用的以太网电口以及对应的合法IP地址； 2）监控网络设备的运行状态
	主机及业务应用管理员，负责在漏洞扫描期间监控相关主机以及业务应用的运行状态
安全权限	如接入测评设备时需出入机房，则需要测评人员在测评实施期间出入机房的许可
	针对Web扫描，需要能够访问目标应用所有应用页面的用户权限

3. 文档配合需求

项目的文档配合需求列表见表5-30。

表5-30　文档配合需求列表

配合项目	需求说明
各类管理制度文档	管理制度、工作单
其他文档	应用系统设计、开发文档

4. 现场工作环境要求

项目的现场工作环境要求通常如下。

- 相对独立的办公环境，可以容纳6~8人。
- 工具测试接入及办公计算机互联网接入。
- 提供一个保险柜，用于保存工作中的各类过程文档，以防止丢失。
- 提供一台打印机和打印纸，以便文档的输出。

5.4.3　人员监督记录表

项目的人员监督记录表是监督人员在测评项目中活动的登记备案表格，见表5-31。

表 5-31 人员监督记录表

<table>
<tr><td>项目名称</td><td colspan="2"></td><td>项目编号</td><td></td></tr>
<tr><td>被监督人</td><td></td><td>☐ 未上岗
☑ 已上岗</td><td>质量监督员</td><td></td></tr>
<tr><td>监督内容及结果</td><td colspan="4">1）被监督人员是否熟悉检测标准 ☑ 是 ☐ 否
2）被监督人员是否熟悉检测方法 ☑ 是 ☐ 否
3）被监督人员是否正确使用检测工具 ☑ 是 ☐ 否
4）被监督人员是否熟悉测试流程 ☑ 是 ☐ 否
5）测试操作是否符合要求 ☑ 是 ☐ 否
6）测试记录是否规范 ☑ 是 ☐ 否
7）出具的问题报告、测试报告是否符合体系要求 ☑ 是 ☐ 否
8）其他需要说明的内容：________________
____
____
________________</td></tr>
<tr><td colspan="5">质量监督员/日期：</td></tr>
</table>

5.5 项目质量控制措施

本节介绍了项目质量控制措施，项目质量是一个项目能否成功的根本标志。做网络安全等级保护 2.0 会将质量控制贯穿于整个项目的始终。

5.5.1 过程质量控制管理

本节从质量控制原则到各阶段的质量控制内容介绍质量过程管理的控制过程。

1. 质量控制原则

对于项目的质量控制主要从质量体系控制和实施过程控制入手，通过阶段性评审、现场监督等手段尽早地发现质量问题，找出解决问题的方法，最终达到质量目标。测评单位的测评项目严格按照 ISO/IEC 17025：2017《检测和校准实验室能力认可准则》的要求实施，质监人员对项目测评工作规程的执行情况进行监督和检查。

质量控制部门对实施小组的质量控制主要在两个方面：一是目标控制，项目目标是否满足委托单位的质量要求；二是技术控制，项目在实施过程中是否符合国家和行业的技术规范，是否符合实际操作规程，满足委托单位的信息安全需求。具体地说，质监人员将会监督项目关键性过程和检查项目阶段性结果，判定其是否符合预定的质量要求。质量控制的关键点主要在对测评方案及测评报告等关键的阶段成果的审核上，使其符合国家相关标准的要求，满足委托单位信息安全需求。

测评质量管理与控制包括评审和审核被测信息系统及其活动（包括管理和技术两方面），以验证其与适用的规程和标准是否符合，并提交测评项目质量保证评审和审核的结果。

（1）参与测评项目策划

在测评项目初始策划时，QA 人员参与制定和评审软件测评计划、标准和规程。

（2）建立和维护测评项目质量保证计划

在测评项目初始策划时，QA 人员一般应制定独立的测评项目质量保证计划。合适时，也可以将测评项目质量保证计划作为一个章节纳入测评计划。

QA 人员在了解和熟悉测评项目情况下，确定测评项目质量保证计划的具体内容。测评项目质量保证计划的主要内容如下。

- 确定 QA 的角色和职责。
- 确定 QA 评审和审核的依据。
- 确定“评审测评活动”的计划。
- 确定“审核被测信息系统”的计划。
- 确定“配置审核”的计划。

（3）编制测评项目质量保证计划

QA 人员将策划的内容编制成测评项目质量保证计划。

（4）审批测评项目质量保证计划

QA 人员将测评项目质量保证计划提交给项目经理审核和质量总监批准。可能时，质量保证计划应与测评计划、配置管理计划一起进行评审，在评审通过后再批准。按照《测评项目配置管理程序》对测评项目质量保证计划进行变更控制和版本控制。

（5）变更测评项目质量保证计划

在执行测评项目质量保证活动的过程中，QA 人员或相关人员可以提出对测评项目质量保证计划的变更请求。

QA 人员将该变更请求提交评审和批准。评审人员一般包括：质量总监、项目经理及其他相关人员。评审通过后，原审批人对变更进行审批。

QA 人员依据批准的变更请求，对测评项目质量保证计划实施变更。

变更完成并经原审批人员确认后，QA 人员将其替换旧版，并重新提交 SCM 组，将其纳入管理和控制。

（6）QA 人员评审测评活动

QA 人员依据测评项目质量保证计划或以事件驱动（如测评计划发生变更）方式评审测评活动，验证其符合性，及时反馈通报结果，并处理发现的不符合问题。通常这类评审在一个任务、活动结束后或阶段点、里程碑处进行。

在项目质量控制过程中，秉承以下原则进行质量控制。

- 以国家相关标准为依据，以保证委托单位信息系统安全为前提，按计划实现测评目标。
- 对测评整个过程进行全面的质量控制，确保每个过程和环节都符合相关标准，阶段性成果都符合质量要求。
- 坚持本工序质量不合格或未进行签认，下一道工序不得进行的原则，以防止质量隐患积累。
- 测评需要得到委托单位授权或确认，重要测评活动的开始和结束，要由委托单位负责人进行签认。

主要的质量控制措施如下。

- 阶段性成果评审：对测评实施过程中的阶段性成果进行评审，及时发现问题，判定其是否符合预定的质量要求，直到符合要求为止。
- 现场督导：在测评实施过程中的关键环节，质监人员亲临现场，对项目的实施过程进行巡视、抽查和专项检查，以监督是否按照原定计划进行操作。
- 行使质量监督权：质监人员如发现存在质量问题或安全隐患，测评小组应采取必要措施，如暂停测评或补充测评，直至达到相关要求为止。

2. 各阶段的质量控制

（1）测评准备阶段

测评准备阶段主要是项目启动、信息收集和分析、工具和表单准备等工作。测评准备过程是开展测评工作的前提和基础，是整个测评过程有效性的保证。从基本资料、人员、计划安排等方面为整个测评项目的实施做基本准备。这个阶段，质量控制的重点是对填好的调查表格及测评工具清单进行检查，查看基本资料搜集得是否充足完整，人员和计划安排是否合理，是否满足下一阶段测评工作需要。

（2）方案编制阶段

方案编制阶段是整理测评准备活动中获取的信息系统相关资料，为现场测评活动提供最基本的文档和指导方案，是开展测评工作的关键阶段。这个阶段的主要成果是测评方案，质量控制的重点是对测评方案的审核，主要从以下几个方面考虑。

- 被测评系统整体结构、系统边界、网络区域及重要的节点是否描述得清晰，测评对象的选取是否遵循选择原则，测评对象的信息是否完整。
- 现场测评的工具、方法和操作步骤等是否详尽、充分，预期结果是否明确，是否可以保证测评活动顺利执行。
- 测评指标的确定是否准确，测评内容是否全面且没有遗漏。
- 测试工具接入点的选取是否符合相关原则。

（3）现场测评阶段

现场测评阶段是测评工作的核心。本阶段的主要任务是按照测评方案的总体要求，分步实施所有测评项目，以了解系统的真实保护情况，获取足够证据，发现系统存在的问题。本阶段质量控制的重点是监督检查实际的测评活动是否按照原定方案进行，是否存在安全隐患。主要包括以下几个方面。

- 测评启动的条件是否具备，人力、设备等资源以及一些安全防护措施是否到位。
- 测评活动是否严格按照测评方案进行，获取的测评证据是否充足。
- 关键测评活动，防护措施是否到位，如工具测试、数据是否进行了备份、委托单位是否进行了签认。
- 现场测评过程中，是否存在其他安全隐患。

（4）分析与报告编制阶段

分析与报告编制阶段给出测评工作结果，对被测评系统进行综合评价。本阶段的主要任务是整理分析测评结果，找出存在的问题，并分析这些问题导致被测评系统面临的风险，从而给出测评结论，形成测评报告。本阶段质量控制的重点是对测评报告的审核，主要从报告的完整性、结果判断的公正性、风险分析的准确性、整改建议的科学性等几个方面进行审查。

5.5.2 变更控制管理

变更在项目实施过程中是经常发生的，项目的双方都有可能提出变更，项目变更如果不能及时确定和处理，将会造成项目成本、项目进度的变化，进而有可能影响项目质量，甚至项目的失败都是有可能的。所以应建立合理的变更程序和处理方法，将影响降到最低。

1. 变更处理的原则

变更处理的原则分为以下 6 条。

（1）对变更申请快速响应

项目实施过程中，变更处理越早，产生的影响越小；变更处理越迟，难度越大，影响也会越大。因此，不管委托单位还是测评单位接到变更申请后，要快速按照变更处理程序进行变更处理。

（2）任何变更都要得到双方同意

任何变更都要做到双方的书面确认，并且要在协商统一后才能进行，严禁擅自变更。在任何一方或两方同意下做出变更而造成的损失应该由变更方承担。

（3）明确项目变更的目标

变更的真实目的是为了解决问题，一定要明确变更的目的，确定工作努力的方向。

（4）防止变更范围的扩大

对项目变更范围要有明确的界定，且双方对变更范围的理解上没有任何异议。

（5）及时公布变更信息

只有项目的关键人员才清楚和控制着项目变更的全过程，而其他相关人员未获得项目变更的全面信息，因此，在决策层做出变更决策时，应及时将变更信息公布于众，这样才能调整所有人员的工作。

（6）选择冲击最小的方案

变更可能会引起项目预算、项目进度及项目的目标等变化，做出变更时，力求在尽可能小的变动幅度内对这些主要因素进行微调。如果发生较大的变更，就意味着项目计划将彻底变更，这会使目前的工作陷入瘫痪状态。

2. 变更的控制处理

（1）需求变更的控制

需求变化引起的项目变更是经常发生的情况，需求的变更将会对项目计划、流程、预算、进度或交付成果等造成影响。变更一方需按照事先约定好的变更流程进行，并书面提出申请。双方应针对变更，进行商榷，对需求变更引起的项目计划、预算、进度或交付成果的变化进行讨论并达到意见一致。双方变更协商统一后，测评单位必须修改项目整体计划，以及涉及的测评合同、测评方案等文件，使之反映出该项变更，并达到实现新的项目目标的要求。另外，在需求变更过程中，需要注意变更的相应内容应符合等级保护有关的规范、规程和技术标准。

测评需求管理过程由三个活动组成：测评需求确认、测评需求跟踪、测评需求变更控制。

1）测评需求确认：测评需求确认是指测评方和委托方一起协商制定测评需求，双方对测评需求达成共识后签订测评技术协议、任务书或合同。项目经理组织相关人员一起对被审软件的需求（含需求规格说明书）进行分析（必要时基于测评需求生成软件测评需求规格说明），并对测评需求的可测评性、完备性、一致性进行评审，发现并标识出不完整和遗漏的测评需求。测评需求经过评审后，建立软件测评功能基线（测评需求基线）。

2）测评需求跟踪：测评项目经理负责建立和维护测评需求跟踪矩阵；随着测评过程的进展，保持测评需求同测评策划、测评设计和实现、测评执行和测评总结的一致性。当测评需求发生变更时，应及时更新跟踪矩阵，确保需求跟踪的一致性。测评需求跟踪矩阵受到变更和版本管理的控制。

3）测评需求变更控制：测评需求变更控制是指依据"变更申请—评审—变更—重新确认"的流程处理测评需求的变更，确保测评需求的变更不会失去控制而导致测评项目发生混乱。测评组提出测评需求变更申请，填写变更请求和控制报告，提交项目经理。项目经理应组织测评组和其他内部相关人员对测评需求变更申请进行评审和影响域分析。必要时，应请委托方一起参加评审。当委托方提出测评需求变更要求时，应通过书面文件提交测评单位，或测评单位将其要求形成书面文件后让委托方确认。项目经理应组织测评项目经理和其他内部相关人员对测评需求变更申请进行评审和影响域分析。测评需求变更必须获得测评组和委托方的认可或确认。当变更涉及测评合同的内容时，必须取得委托方的确认，并视需要签订增补合同。项目经理执行测评需求变更请求和控制报告的批准。测评项目经理负责组织安排测评人员实施测评需求变更；配置管理员协助需求变更实施；质量监督员验证测评需求的变更。测评需求变更完成后，经项目经理批准，配置管理员将其重新纳入测评需求基线进行发布，并通知受影响的测评人员和委托方。

4）委托方现场测评需求管理：项目经理可以授权在委托方测评现场的项目测评组长执行有关需求管理的审批手续。

5）需求管理记录归档：当测评项目结题时，项目经理负责将需求管理记录归档。

（2）进度变更的控制

项目不能按原时间计划进行，也是项目实施过程中经常遇到的。委托单位可能会由于上级的要求提出比较苛刻的时间安排，也可能由于双方配合的不协调或测评单位人员安排的不合理等原因导致进度滞后。对于进度变更的控制，首先要对进度进行检查，项目经理或质监人员，通过对实际工作的检查或定期的项目汇报了解项目进展信息，了解项目的各项活动是否严格遵守进度计划安排。当出现实际进度与计划进度冲突时，应找出原因并采取适当措施，如要求委托单位积极配合、调整测评人员或实施一定奖惩措施等，来保证项目按原计划安排进行。

（3）成本变更的控制

成本控制与项目计划管理、进度之间有着必然的关系。可以运用成本与进度同步跟踪的方法控制项目实施的成本。项目进行到什么阶段，就应该发生相应的成本费用，如果成本与进度不对应，就要分析并找出原因加以纠正。

5.5.3 文档管理

本节介绍了项目测评中的文档管理。

1. 委托方提供文档管理

该部分文档记录了委托单位与检测机构来往的各种文件、合同、协议及会议记录、电话记录等相关文档。

在进行系统测评实施过程中，测评单位将与委托方不断交换意见，接收委托方的指导和安排，这便包含着各种各样的信息，通过文字交流进行传递。

委托方在项目进行过程中对有关进度、质量、投资、合同等方面的意见与看法，通过文字信息传递。对于这些文档信息，检测机构应该及时整理、有序分类，并指定专人实施保存。

2. 集成商/开发商提交文档管理

在实施等保测评的过程中，集成商/开发商需要提供相关技术文档信息，这些技术文档包括但不限于：

1）系统总体技术方案。

2）系统需求分析说明书。

3）系统集成安装手册。

4）系统用户手册。

针对这些文档信息的管理，应该做到：

1）文档资料的管理应由项目经理负责，并指定专人实施。

2）文档资料的借阅与分配应该有相应的记录并归档。

3）文档资料的借阅与分配只能在测评项目组内部进行，不得外借。

4）测评组成员必须对厂商的技术文档进行严格保管，对厂商技术信息严格保密。

5）文档资料应在测评结束后及时整理归档。

6）文档资料编制及保存应按有关规定执行。

3. 测评过程中产生文档管理

在项目测评实施过程中，测评工程师根据需要会产生以下两种文档：测评工作文档和测评技术文档。

测评工作文档记录了测评工作中的日常事务和实施情况，具体如下。

1）测评工作纪要。

2）测评会议纪要。

3）测评工作周报。

4）测评期间的各种通知文件。

测评技术文档是测评工程师开展测评工作，实施测评记录的文件，具体如下。

1）项目总体测评计划。

2）项目总体配置管理计划。

3）项目总体质量保证计划。

4）项目总体测评方案。

5）项目测评用例。

6）测评问题报告。

7）系统测评报告。

相关的测评记录和测评报告的填写要求如下。

1）测评记录填写认真、规范。

2）以事实为依据，客观记录测评结果数据。

3）测评记录不得涂改，确实需要更改时应进行更改并签名。

所有这些信息将予以分类整理保存，作为项目执行的完整档案和事实依据，供有关单位和部门参考。同时，文档管理也是对信息工程项目目标及工程任务进行有效管理的主要工具。

5.5.4　项目风险管理

测评的风险是指测评过程出现的或潜在的问题，造成的原因主要是测评计划的不充分、测评方法有误或测评过程的偏离，造成测评的补充以及结果不准确。测评的不成功导致软件交付潜藏问题，一旦运行时爆发会带来很大的风险。

测评风险管理是很重要的工作。主要是对测评计划执行的风险分析与制定要采取应急措施，防止软件测评产生风险造成的危害。因此需要对项目的风险进行识别和分析，提出风险的控制策略，且全过程的实施风险监控。

项目可从测评组外部和测评组内部两个角度分析风险。针对不同的风险选择不同的策略，制定备用的方案和方法，认可风险的存在，主动应对风险。

1. 测评组外部风险

（1）版本控制风险

本项目需求复杂，涉及系统众多。在测评期间，可能会出现部分功能模块或子系统先测评，而其他模块后测评的情况。为提高测评效率，测评方可以针对先测评的模块和子系统优先提交测评问题报告，以供软件开发商及时修改软件问题，但软件问题修改可能会引入新的问题，因此，测评期间必须做好版本控制，避免软件版本部署的混乱无序。

在一个版本系统进行测评期间，要保证该版本是可控的，不能随时测评和修改当前系统功能，修改系统问题可以在开发方自己的开发方环境下进行，等该版本系统测评完成后再进行系统版本变更。

（2）工期风险

时间风险是由于在技术上或资源上的制约而引起的工期延迟。为了保证测评工作的顺利进行和如期完工，需对时间风险制定应对措施。建议可以采用以下措施。

1）测评方在开工前做好相应的技术准备工作、做好人员配置工作。

2）在测评开始之前，委托方应向测评方提供必要的资源。

资源包括被审系统的详细部署图。主机资源（主机功能、主机名、IP 地址、主机描述、操作系统、CPU、内存、硬盘、管理员权限）、支撑软件信息（中间件、数据库的管理员权限）、测评接入点 3 个，以及其他制约测评进行的信息和数据。

（3）协作与沟通风险

沟通工作是本项目顺利实施的关键一环，在项目启动前，测评方应与被测评公司的技术负责人和开发方技术负责人做好沟通。确认测评的日程，明确需要提供的资源列表，以及资源情况是否到位；明确被审系统是否已部署完成，且可以达到测评条件。避免由于沟通导致的项目延期。

项目的顺利进行是项目双方共同协作和努力的结果，离不开双方的紧密配合。而沟通在项目的实施过程中，起着举足轻重的作用。沟通的主旨是在于互动双方建立彼此相互了解的关系、相互回应，并且期待能通过沟通的行为与过程相互接纳并达成共识。如果项目实施过程中出现沟通不畅、协作失调，势必会影响项目正常进行。对于协作与沟通风险控制和管理要预防在先，发现问题及时处理。

协作与沟通风险管理的基本措施如下。

1）明确双方职责：在项目启动时，说明项目双方协作的重要性，明确项目实施过程双方的工作任务和职责、工作的流程及相互配合的步骤。

2）明确沟通程序及沟通方式：双方明确沟通的程序，明确不同层次的负责人及联系方式，明确针对不同级别事件的沟通方式，如电话沟通、面对面沟通或多人的讨论会等。

3）项目汇报制度：根据项目情况，定期（每天或隔天）进行项目汇报，测评小组要向项目经理进行项目进展情况汇报，汇报内容包括项目进度、存在的问题和解决建议等，这样，项目的进展情况可以及时反馈到项目经理。项目经理定期向委托单位相关负责人汇报项目的情况，及时将存在的问题及解决的建议报告给委托单位，使相关问题得到及时处理。如果相关负责人不能解决，根据沟通程序升级汇报到更高级别的负责人。

4）召开讨论会：对于小范围沟通不能解决的问题，在项目例会或组织专题会议，对存在的问题进行讨论，参会人员应包括相关的负责人和领导。对会议的讨论结果进行记录，相关负责人签字后分发给相关人员。

2. 现场测评环境实施风险

如需在现场测评环境下进行测评，需要对系统的功能、性能、代码安全、控制等进行验证，在验证的过程中，必然向系统引入一些测评数据，这些引入的数据可能会破坏系统的正常运行，导致实际系统不能正常使用。

本项目如需现场测评，则需要考虑现场测评对实际系统的影响，需要提前制定相应的风险策略，要求现场测评环境测评时只含查询、统计操作，避免影响现场业务人员的操作和产生测评数据干扰实际系统的正常使用。

同时，如果需要进行现场测评环境下性能测评，则必然会产生一些垃圾数据，为了确保在线系统不受测评的影响，建议搭建测评库并制定妥善的系统备份策略和方案，以便在测评完成后执行系统还原。

3. 测评组内部风险

本节介绍了测试组的内部风险以及风险控制措施。

（1）进度风险

风险因素包括如下几点。

1）测评人员不能够及时到位。

2）测评平台建设延期。

3）测评资源不能够及时到位。

4）被测信息系统，技术支持不能够及时提供。

5）测评过程中出现技术瓶颈，例如测评工具开发出现技术难度，参审软件安装出现问题。

6）测评过程周期预计出现偏差，导致项目延期。

风险控制包括如下几点。

1）分析出现进度偏差的原因以及责任方，如果由于测评单位导致出现的进度偏差，测评单位将需要承担相应责任，并应当负责补救。

2）根据不同阶段延期情况可以通过增加测评人员和适当压缩休息日完成工作。

3）不能够弥补的进度问题，由相关责任方承担责任，经过业主同意后可以顺延。

（2）技术风险

在执行性能测评时，主要采用测评工具完成。由于测评工具的特点，需要执行脚本的录制和调试工作。在这个过程中，需要充分了解被测评系统采用的协议、实现技术，解决测评中可能遇到的技术问题，确保测评工作的顺利进行。

对于技术方面的风险，需要首先与开发商进行沟通，必要时需要开发商对程序进行适当调整和配置。其次，当遇到现场测评人员无法解决的问题时，应及时调配测评专家进驻现场，协助解决。

（3）质量风险

影响质量的风险因素如下。

1）测评需求分析不准确。

2）测评规范设计不合理，测评案例设计不全面。

3）测评人员素质不能够达到测评要求。

4）测评实施过程中出现技术瓶颈。

5）测评记录错误或测评结果不准确。

6）测评环境出现问题，导致测评结果受到影响。

根据以上质量风险控制可以分析质量偏差的原因，根据原因调用质量纠偏措施。

5.5.5 关键/重点问题解决方案

本节介绍了关键和重点问题的解决方案。

1. 测评工作引入风险的规避

在测评过程中可能存在以下风险。

1）验证测试对运行系统可能会造成影响。在现场测评时，需要对设备和系统进行一定的验证测试工作，可能对系统的运行造成一定的影响，甚至存在误操作的可能。

2）工具测试对运行系统可能会造成影响。在现场测评时，会使用一些技术测试工具进行漏洞测试。测试可能会对系统的负载造成一定的影响，漏洞测试可能对服务器和网络通信造成一定的影响甚至伤害。

2. 风险控制措施

（1）确定测评方案

在测评工作正式开始之前，测评机构和测评委托单位需要在测评方案中明确测评工作的目标、范围、人员组成、计划安排、执行步骤和要求，以及双方的责任和义务等。使得测评双方对测评过程中的基本问题达成共识，后续的工作以此为基础，避免以后的工作出现大的分歧。

（2）现场测评工作风险的规避

在系统资源处于空闲状态时进行验证测试和工具测试，尽量避开业务高峰期，测评机构需要与测评委托单位充分的协调，安排好测试时间，并需要测评委托单位对整个测试过程进行监督；需要对关键数据做好备份工作，并对可能出现的影响制定相应的处理方案；上机验证测试原则上由测评委托单位提供相应的技术人员进行操作，测评人员根据情况提出需要操作的内容，并进行查看和验证；避免由于测评人员对某些专用设备不熟悉造成误操作；测评机构使用的测试工具在使用前应事先告知测评委托单位，并详细介绍这些工具的用途以及可能对信息系统造成的影响，最后征得同意。

（3）规范化实施过程

为保证按计划、高质量地完成测评工作，应当明确测评记录和测评报告要求，明确测评过程中每一阶段需要产生的相关文档，使测评有章可循。在委托合同和测评方案中需要明确双方的人员职责、测评对象、时间计划、测评内容要求等。

3. 保密控制管理

被测评信息系统的相关信息，如网络拓扑、IP 地址、业务流程、安全机制等，以及测评的结果，如果泄露出去会对信息系统运营单位造成很大损失。所以在项目实施过程中要进行保密控制管理。

（1）人员保密管理

1）与员工签署保密协议。测评机构与从事测评的员工均签署保密协议，协议中规定了员工对于保密信息应尽的义务，有力保障了其涉及的有关需要保密信息的安全性。

2）严格控制人员的录用、离岗或离职。人员录用、离岗或离职均严格按相关制度进行。如人员录用时，须对人员进行审查手续；人员离岗或离职时，须进行离岗或离职手续，确保其涉及的敏感数据能清退、移交。

3）规范测评人员现场行为。对测评人员的现场行为有严格的规定，行为规范包括遵从被测评单位的机房管理、系统管理等相关的制度；使用测评专用的计算机和工具，并由有资格的测评人员使用；不该看的不看，不该问的不问；不得将测评结果复制给非测评人员；不擅自评价讨论测评结果等。

（2）设备保密管理

测评过程中会涉及测试计算机、测试工具、U 盘、打印机及通信设备等，这些设备会涉及被测评系统的敏感信息，如果管理不善可能造成敏感信息的泄露。测评单位对设备有如下严格的保密管理措施。

- 测评设备和工具等设备由测评单位专人进行管理。
- 测评涉及的相关设备的使用须履行严格的设备使用和归还手续，遵循“谁使用，谁负责”的原则。
- 测评使用专用的计算机和工具，有资格的测评人员才可以申请使用。
- 使用前须对设备进行严格的杀毒程序，确认没有病毒、恶意程序和木马等方可使用。
- 涉及重要敏感信息的设备要求不连接互联网。
- 相关设备需要维修时，应请有保密资质的单位上门维修或送修，严禁维修人员擅自读取和拷贝设备中存储的敏感信息，应派技术人员现场监修。
- 设备交回时，应将涉及测评委托单位的敏感信息有效清除，防止敏感信息的传播。

- U 盘等媒介设备，严格控制使用范围，使用前履行杀毒手续。
- 相关设备的销毁，根据设备的重要程度，须履行相关的销毁程序等。

（3）文档保密管理

测评过程中涉及的各种文档，包括电子的、纸质的等均包含大量的涉及被测评单位的敏感信息，在保证文档可用性的前提下，应严格控制文档的使用和传播。

- 项目设计的文档由专人进行管理。
- 严格控制文档的使用范围，项目文档借阅和归还有相应的审批、登记手续。
- 项目文档的拷贝和复印须进行限制，如确实工作需要，须履行相关的审批、登记手续。
- 文档使用过程中应妥善保管，不随意放置。
- 项目完成后，相关文档应及时归档。
- 文档的销毁应根据重要程度，履行相关的销毁程序等。

5.5.6　测评配合协作

本节介绍测评方和委托方的测评配合协作事项。

（1）测评方

- 根据委托方提供的信息确定测评环境。
- 编写测评方案。
- 进行测评，提交安全测评风险列表。
- 出具测评报告和整改建议方案。

（2）委托方

- 提供关于系统安全需求说明、系统业务流程、系统安全设计等方面的文档与技术支持。
- 对风险列表中提到的风险进行确认。
- 当测评数据出现异常时，协助进行技术分析，必要时调整系统。
- 当系统出现异常时，恢复系统。
- 备份数据，做出意外应急措施和恢复方案。

5.5.7　测试设备申领/归还记录表

在等保测评中，测试设备的管理也很重要，申领和归还都需要记录备案，本节介绍测试设备申领/归还记录表的详细内容，见表 5-32。

表 5-32　测试设备申领/归还记录表

项目名称		项目编号	
测试地点		项目预计周期	
申请部门		项目负责人	
硬件测试环境			

（续）

测试设备领用记录					
设备领用状态	设备类别	设备品牌	设备编号	配置/型号（引擎版本号/特征库版本号）	领用状态
领用人/日期				设备管理员/日期	
测试设备归还记录					
设备归还状态	设备类别	设备编号	标识状态	卸载状态	杀毒状态
				—	—
				—	—
故障记录	故障原因				
	外观状态				
	故障责任人				
设备管理员/日期				归还人/日期	

5.5.8 档案移交单

本节介绍档案移交单的详细内容，见表5-33。

表5-33 档案移交单

产品/系统名称			
版本号		项目编号	
序号	过程文档清单	份数	页数
1	等级保护测试登记表（四）		
2	等级保护信息配置表		
3	网络安全等级保护对象基本情况调查表		
4	等级保护测试配置表		
5	验证测试授权书		
6	现场测评授权书		
7	风险告知书		
8	网络安全等级保护测评方案及计划		
9	等级保护测评方案（计划）评审表		

（续）

序号	过程文档清单	份数	页数
10	测试设备申领/归还记录表		
11	网络安全等级保护测评规范及记录		
12	等级保护测评规范（用例）评审表		
13	自愿放弃验证测试声明	—	—
14	漏洞扫描结果报告		
15	渗透测试报告		
16	等级保护测评问题报告		
17	等级保护测评问题报告评审表		
18	等级保护测评回归测试评审表	—	—
19	等级保护测试报告		
20	检验报告质量评价表		
21	用户调查表	—	—
22	证书复印件	—	—

样品移交状况				
样品编号	YPXA×××××××	样品档号		
光盘（数量）	USBKey（数量）	文档（数量）	其他（数量）	设备（数量）
			交付人/日期：	
文档接收人/日期：			样品接收人/日期：	

5.5.9 过程质量监督记录表

本节介绍过程质量监督记录表的详细内容，见表 5-34。

表 5-34 过程质量监督记录表

记录编号：CSTC×××××××20

项目编号			实施部门	
系统名称			保护等级	SxAx
厂商名称				
测试类型	等级保护测评	项目负责人	测试人员	
阶段	质量记录		完整性检查	变更情况
商务洽谈阶段	等级保护测试登记表（四）	□有 □无	□是 □否	
	合同评审单	□有 □无	□是 □否	
	正式合同	□有 □无	□是 □否	

（续）

阶段	质量记录		完整性检查	变更情况
策划阶段	等级保护信息配置表	□有 □无	□是 □否	
	网络安全等级保护对象基本情况调查表	□有 □无	□是 □否	
	等级保护测试配置表	□有 □无	□是 □否	
	网络安全等级保护测评方案及计划	□有 □无	□是 □否	
	等级保护测评方案（计划）评审表	□有 □无	□是 □否	
	测试设备申领/归还记录表	□有 □无	□是 □否	
设计阶段	网络安全等级保护测评规范	□有 □无	□是 □否	
	等级保护测评规范（用例）评审表	□有 □无	□是 □否	
测试实施阶段	验证测试授权书	□有 □无	□是 □否	
	网络安全等级保护现场测评授权书	□有 □无	□是 □否	
	风险告知书	□有 □无	□是 □否	
	自愿放弃验证测试声明	□有 □无	□是 □否	
	测试记录	□有 □无	□是 □否	
	渗透测试报告	□有 □无	□是 □否	
	漏洞扫描结果报告	□有 □无	□是 □否	
	等级保护测评问题报告	□有 □无	□是 □否	
	等级保护测评问题报告评审表	□有 □无	□是 □否	
	等级保护测评回归测试评审表	□有 □无	□是 □否	
测试结论阶段	测试报告	□有 □无	报告编号	×××-×××-××-0018-××
	检验报告质量评价表	□有 □无	□是 □否	
	归档（纸、电）	□有 □无	□是 □否	
	确认证书	□有 □无	□高级 □常规	
监督人/日期			审核人/日期	

5.6 测评问题总结和成果物交付

本节介绍了等保 2.0 后期的成果物验收交付和等保测评问题总结的内容。

5.6.1 成果物验收与交付计划

本节介绍成果物验收与交付计划详细内容，见表 5-35。

表 5-35 成果物验收与交付计划表

<table>
<tr><th colspan="2">测评过程</th><th>时间安排</th><th>配合人员</th><th>主要工作成果</th></tr>
<tr><td rowspan="3">测评准备</td><td>项目启动</td><td rowspan="3">2023. ××</td><td rowspan="2">委托单位、开发方和测评单位相关人员</td><td>项目计划书</td></tr>
<tr><td>信息收集和分析</td><td>填好的调查表</td></tr>
<tr><td>工具和表单准备</td><td>测评单位相关人员</td><td>选用的测评工具清单与打印的表单</td></tr>
<tr><td rowspan="3">方案编制</td><td>测评对象和指标确定</td><td rowspan="3">2023. ××</td><td rowspan="3">测评单位相关人员</td><td rowspan="3">测评指导书
测评方案</td></tr>
<tr><td>开发测评指导书</td></tr>
<tr><td>制定测评方案</td></tr>
<tr><td rowspan="3">现场测评</td><td>测评实施准备</td><td rowspan="3">2023. ××—2023. ××</td><td rowspan="3">委托单位、开发方和测评单位相关人员</td><td rowspan="3">测评结果记录与主要的问题汇总</td></tr>
<tr><td>现场测评与记录</td></tr>
<tr><td>结果确认与资料归还</td></tr>
<tr><td rowspan="4">分析与报告编制</td><td>结果判定和风险分析</td><td rowspan="4">2023. ××</td><td rowspan="4">测评单位相关人员</td><td rowspan="3">测评报告</td></tr>
<tr><td>测试报告编制</td></tr>
<tr><td>测试报告评审</td></tr>
<tr><td>归档</td><td>测评过程文档</td></tr>
</table>

5.6.2 验收问题报告表

本节介绍安全测评和等级保护验收问题报告表的模板内容，见表 5-36 和表 5-37。

表 5-36 安全测评验收问题报告表

<table>
<tr><td colspan="2">系统名称</td><td colspan="5"></td><td>保护等级</td><td></td></tr>
<tr><td colspan="2">委托方名称</td><td colspan="5"></td><td>项目编号</td><td></td></tr>
<tr><td colspan="2">产品类型及应用领域</td><td colspan="5"></td><td>联系人</td><td></td></tr>
<tr><td colspan="2">测试过程</td><td colspan="7">根据测试规范，采用相应的测试用例及工具逐项进行测试</td></tr>
<tr><td rowspan="5">问题分析</td><td>问题总数量</td><td></td><td>高风险</td><td></td><td>中风险</td><td></td><td>低风险</td><td></td></tr>
<tr><td colspan="8">各软件质量特性的问题分类及数量</td></tr>
<tr><td colspan="2">1. 安全物理环境</td><td colspan="3"></td><td colspan="2">4. 安全计算环境</td><td></td></tr>
<tr><td colspan="2">2. 安全通信网络</td><td colspan="3"></td><td colspan="2">5. 安全管理中心</td><td></td></tr>
<tr><td colspan="2">3. 安全区域边界</td><td colspan="3"></td><td colspan="2">6. 安全管理要求</td><td></td></tr>
<tr><td rowspan="3">修改意见</td><td colspan="6" rowspan="3">对问题进行修改</td><td>测试人员</td><td></td></tr>
<tr><td>审核人员</td><td></td></tr>
<tr><td>签署日期</td><td></td></tr>
<tr><td rowspan="4">修改确认</td><td colspan="6" rowspan="4">修改结果：
已完成修改数量：高风险 0　中风险 0　低风险 0
未完成修改数量：高风险 0　中风险 30　低风险 2
达到要求的程度：高风险 100%　中风险 0%　低风险 0%</td><td>厂　商</td><td></td></tr>
<tr><td>测试人员</td><td></td></tr>
<tr><td>审核人员</td><td></td></tr>
<tr><td>报告日期</td><td></td></tr>
</table>

表 5-37 等级保护验收问题报告表

序号	问题编号	通用/扩展	安全类	测评对象	问题描述	风险等级	修改情况	用例编号
1	××××_WT0001	通用	安全通信网络					XRKR_AQ0030
2	××××_WT0002							
3	××××_WT0003							
4	××××_WT0004							
5	××××_WT0005							
6	××××_WT0006							
7	××××_WT0007							
8	××××_WT0008							
9	××××_WT0009							
10	××××_WT0010							
11	××××_WT0011							
12	××××_WT0012							
13	××××_WT0013							
14	××××_WT0014							
15	××××_WT0015							
16	××××_WT0016							
17	××××_WT0017							
18	××××_WT0018							
19	××××_WT0019							
20	××××_WT0020							
21	××××_WT0021							
22	××××_WT0022							
23	××××_WT0023							
24	××××_WT0024							
25	××××_WT0025							
26	××××_WT0026							
27	××××_WT0027							
28	××××_WT0028							
29	××××_WT0029							
30	××××_WT0030							
31	××××_WT0031							
32	××××_WT0032							

问题分析表见表 5-38，本部分内容不属于项目“完工报告”中的内容。主要描述测试

过程中存在的问题及其相关分析。原则上，本部分内容不允许为空。

表 5-38　问题分析表

问题分析			
序号	问题编号 用例编号	问 题 说 明	修改情况
1	XRKR_WT0005 XRKR_AQ0051	质量特性：访问控制 问题严重级别：中 输入数据： 预期输出： 实际结果： 根源分析： 改进建议：	
2	XRKR_WT0009 XRKR_AQ0064	质量特性：安全审计 问题严重级别：中 输入数据： 预期输出： 实际结果： 根源分析： 改进建议：	

等级保护测评问题报告评审表见表 5-39。

表 5-39　等级保护测评问题报告评审表

部门名称		主持人员		评审日期	
系统名称				保护等级	
承担人员				记录人员	
参加人员			项目编号		
评审文件与内容	1）本测评项目问题报告　☑ 有　☐ 无 2）系统测评问题报告汇总表　☑ 有　☐ 无 3）样品流转卡　☑ 有　☐ 无 4）其他输入文件——具体名称：________				
评审意见	1）测评发现的问题是否正确　☑ 正确　☐ 不正确 2）问题说明是否准确　☑ 准确　☐ 基本准确 3）问题判定的严重程度是否合适　☑ 合适　☐ 基本合适 4）测评过程中测评实施是否到位　☑ 到位　☐ 不到位 5）测评用例/测评规范是否变更　☐ 是　☑ 否 6）测评过程中监督是否到位　☑ 到位　☐ 不到位 7）测评过程是否记录　☑ 全部　☐ 部分 8）测评问题报告是否修改　☐ 修改　☑ 不修改 修改内容：________ 9）评审结果：☑ 通过　☐ 不通过				

（续）

修改确认和审核意见	文档结构基本完整，描述文字清晰 确认人/日期：
批准意见	同意该文档通过审核 批准人/日期：

5.6.3 成果物交付

本节介绍成果物交付流程，见表5-40。

表5-40 成果物交付流程表

序号	流程节点	细节描述	时限	涉及岗位角色	输入/输出	是否需要有作业指导书	备注
1	提交整改报告	把整改报告提交给省公司信息中心测评负责人进行确认	×个工作日	信息安全专责	输入：系统安全问题整改报告 输出：无	否	
2	获取信息中心对整改报告的意见	经确认如果还存在安全问题，则继续整改，若确认无问题，则组织测评验收	×个工作日	信息安全专责	输入：系统安全问题整改报告 输出：确认结果	否	
3	组织测评验收	依据风险评估报告、安全问题整改报告对信息系统整体拓扑结构、安全性，安全功能模块的实现情况进行验收测评，并给出验收结论	×个工作日	项目负责人、省公司信息中心测评负责人、开发商相关人员	输入：安全风险评估报告、信息系统安全问题整改报告 输出：等级保护测评验收结论	否	

5.7 基于等级保护2.0背景下的企业合规检查与整改方案

本节介绍了基于等保2.0背景下的企业合规检查与整改方案。当前，很多企业还没有意识到信息安全形势之严峻，防护力量普遍不足，因此加强企业网络安全制度建设，实施企业合规情况检测，已经成为目前势在必行的工作。

伴随着《网络安全法》的出台，等级保护制度上升到了法律层面。

随着等级保护工作的推进，等保的标准和具体要求也在时刻完善和变化，可以预料的是，我们将迎来更加严格的等级保护执法检查，如何做好等保测评工作，保障信息系统安全合规，是当下企业和等保测评方都不得不考虑的问题。

5.7.1 企业合规简介

企业合规是指企业为了实现依法依规经营，防控合规风险所建立的一种治理机制。

企业合规只有在法律确立了行政监管机制和法律条款的前提下，才可以得到有效的实施。企业合规是为了保护企业利益而设置的风险防控机制，防控的不是企业的经营风险、财务风险，而是因为可能受到行政处罚或者刑事追究而承担的合规法律风险。

相信合规的范围和效力是所有企业都非常关心的，合规的主要功能是防控法律风险，避免因为行政处罚或者刑事责任追究而导致企业遭受严厉的处罚，甚至导致企业倒闭。

5.7.2 不同类型的企业信息系统安全合规介绍

1. 信息系统标准安全合规

依据等保 2.0 标准，结合企业信息系统实际安全现状，企业确定系统级别，梳理现有系统资产，并针对网络安全环境、系统安全配置、应用数据安全、可信计算环境、个人信息保护等方面进行安全评估，依据结果数据协助用户开展管理与技术双整改，满足等保 2.0 安全合规要求。

2. 云计算安全合规

在云计算环境中，云服务商与云租户的安全责任划分为各自分担并且相互协调的模式。依据等保 2.0 云计算安全扩展要求，云服务提供商与云租户分别进行等保合规服务，从 Iass、Pass、Saas 不同角色的任务划分，到物理设备、虚拟网路、虚拟主机、数据和应用的安全等方面进行安全评估，达到云计算安全合规要求。

3. 工业控制系统安全合规

依据等保 2.0 工业控制系统安全扩展要求，基于工业控制系统的应用环境和场景，并结合“室外控制设备防护”“工业控制系统网络架构安全”“拨号使用控制”“无线使用控制”和“控制设备安全”等方面并结合工业控制相关业务模型，对工控系统进行合规评估、资产安全评估、网络异常行为审计、视频监控设备评估、主机恶意代码评估等服务内容，并对评估结果数据进行关联分析实现工业控制系统合规。

4. 物联网安全合规

依据等保 2.0 物联网安全扩展要求，物联网安全扩展要求是从安全计算环境、安全物理环境、安全区域边界和安全运维管理 4 个方面进行描述的，物联网安全合规从物联网感知层、网络层、应用层 3 个方面，对底层感知设备系统、所处网络环境、应用终端进行安全合规检测，提出整改建议，提高整个物联网的安全防护能力，减少安全事件的发生。

5. 移动互联安全合规

依据等保 2.0 移动互联安全扩展要求，移动互联安全合规要从采用移动互联技术的等级保护对象描述中评估，移动互联部分由移动终端、移动应用和无线网络 3 部分组成，移动终端通过无线通道连接无线接入设备接入，无线接入网关通过访问控制策略限制移动终端的访问行为，对移动终端、无线通道、接入设备、服务器端等方面进行安全合规评估检测，达到移动互联安全合规要求。

5.7.3 等保 2.0 助力企业安全合规建设

正如本书 5.2.4~5.2.7 节的等保一~四级要求中可以看到，等保 2.0 从第一级到第四级均在“安全通信网络”“安全区域边界”和“安全计算环境”中增加了“可信验证”的验证控制点。

那么什么是“可信验证”呢？即信息安全网络中的正常操作应用行为。也就是说，在等保 2.0 中不但对网络设备的安全规范有要求，还需要对网络正常应用行为有规范。这一点对于企业合规同样也是至关重要，因为法律一定要约束到“行为”。

等保 2.0 在内容上相对于等保 1.0 发生了很大变化，（具体见第 1 章 1.1.2 节）并且可预见性的还会持续对标准、原则、评估点进行更新来达到现有信息系统的与时俱进，新一代的等保标准为云计算、大数据、物联网、移动网络等新技术下的安全合规提供了基础保障。如今等保 2.0 时代，企业达到等级保护的要求，不仅仅是企业对国家法律的遵守，更是为了保障企业和用户的权益和利益不被侵犯，企业单位的也能够正常发展壮大。因此，企业单位开展网络安全等级保护将成为合规运营的必经之路。

5.7.4 等保合规安全整改指导方案

本节介绍等保合规的安全整改指导方案流程和内容。

1. 差距分析工作

在整改指导方案确定前，首先做差距分析（具体见 5.2.2 节）。安全技术与管理层面差距分析见表 5-41。

表 5-41 安全技术与管理层面差距分析表

编号	类　别	测评项数量	未符合数量	符合率	未符合项
A	安全物理环境				
B	安全通信网络				
C	安全区域边界				
D	安全计算环境				
E	安全管理中心				
编号	类　别	测评项数量	未符合数量	符合率	未符合项
A	安全管理制度				
B	安全管理机构				
C	安全管理人员				
	小计				
	合计				

（1）准备差距分析表

测评项目组通过准备好的差距分析项目，完成差距分析表，与客户确认现场沟通的对象

（部门和人员），准备相应的检查内容。

（2）现场差距分析

项目组依据差距分析表中的各项安全要求，对比信息系统现状和等级保护 2.0 的安全要求之间的差距，确定差距项。

测评项目人员可以通过查验文档资料、人员访谈、现场测试等方式，详细了解客户信息系统现状，并通过分析所收集的资料和数据，以确认客户信息系统的建设是否符合该等级的安全要求，以及具体需要进行哪些方面的整改。

（3）生成差距分析报告

完成针对差距分析表的差距分析之后，分析差距项目和现场记录，明确目前信息系统与等保 2.0 安全要求之间的差距，生成《等级保护差距分析报告》。

2. 问题整改工作

在完成差距分析后，测评人员可以通过与被测评企业领导、相关业务部门负责人和信息安全管理人员进行沟通协商，以及整改目标沟通确认，并合理地提出等级保护整改建议方案。

由于客观原因，对暂时不能进行整改的内容将作为遗留问题，明确列在整改建议方案中不可忽略。下面，我们来看等级保护整改建议示例。测评问题整改情况说明见表 5-42。

表 5-42　测评问题整改情况说明

序号	安全问题	整改结果	情况说明
1	×××	□ 已整改 ☑ 未整改	未整改
2	×××	☑ 已整改 □ 未整改	已经整改修复问题
3	×××	□ 已整改 ☑ 未整改	未整改

主要安全问题及整改建议

经过单项测评结果判定和整体测评发现，×××系统存在的主要问题及整改建议如下。

安全物理环境

（一）中风险 ×××，不能×××××；

建议安装××××。

（二）低风险 ××××不完善；

建议配置××××。

（三）高风险 未配备××××系统；

建议××××覆盖到所有重要部位。

第 6 章 等级保护测评记录示例（北京某数据中心等保2.0实施全过程）

本章列举了网络安全等级保护的实操案例，为读者展示了一个标准化等保 2.0 的全过程实施与全量化成果。

该实例是北京某数据中心实施等保的过程，既有通用性，也有一定的特殊性。读者在学习完等保 2.0 的理论知识后再了解实操案例，会更有利于将理论知识运用于实际应用中。

6.1 北京某数据中心等保 2.0 项目背景概述

本节介绍的是北京某数据中心的等保 2.0 项目背景，项目背景概述作为等保 2.0 报告的开头是重要且必要的。

6.1.1 项目简介与测评结论

首先要填写详细真实的等级测评信息，见表 6-1。

表 6-1 网络安全等级测评基本信息表

被测对象				
被测对象名称	北京某数据中心		安全保护等级	第三级（S3A3）
备案证明编号	110108×××××-×××××			
被测单位				
单位名称	北京某科技股份有限公司			
单位地址	北京市海淀区某大楼		邮政编码	100×××
联系人	姓名	王某	职务/职称	网络管理员
	所属部门	数据中心事业部	办公电话	010-88888888
	移动电话	1360000××××	电子邮件	wang@ ×××. com. cn
测评单位				
单位名称	测评机构		机构代码	×××××
单位地址	北京市海淀区某大厦		邮政编码	100×××
联系人	姓名	×××	职务/职称	测试工程师
	所属部门	测评部	办公电话	010-66666666
	移动电话	131×××××××××	电子邮件	×××@ ×××. org. cn

（续）

审核批准	编制人	×××	编制日期	2022 年 11 月 4 日
	审核人	×××	审核日期	2022 年 11 月 10 日
	批准人	×××	批准日期	2022 年 11 月 15 日

6.1.2　等级测评结论

等保测评完成后，填写北京某数据中心的等级测评结论（测评过程在下面详细介绍，这里是依据等保完整报告的顺序进行介绍，所以等级测评结论这一块要先展现出来），见表 6-2。

表 6-2　等级测评结论表

测评结论和综合得分			
被测对象名称	北京某数据中心	安全保护等级	第三级（S3A3）
扩展要求应用情况	☐ 云计算　☐ 移动互联　☐ 物联网 ☐ 工业控制系统　☐ 大数据		
被测对象描述	某数据中心由北京某科技股份有限公司自主建设并负责运行维护，主要包括视频、环控、门禁 3 个弱电系统和监控管理系统，支撑着数据中心风火水电、安保、信息等各项业务。 某数据中心部署在北京市海淀区某大楼，采用 H3C 的交换机、路由器和防火墙，其中防火墙防御各类网络攻击并过滤海量恶意 CC 攻击，抗 DDoS 可实时监控安全风险并可以自动实现威胁流量的安全清洗；运维人员通过堡垒机登录设备对系统进行管理；建立了较为完整的信息安全保障制度体系，管理机构较为完善，责任明确，建立了各个层次的运维、监控和应急响应体系		
安全状况描述	本次测评共发现安全问题 28 个，其中高风险问题 0 个，中风险问题 25 个，低风险问题 3 个；选取的测评指标总数为 211 个，不适用指标为 16 个，测评指标符合率为 85.65%，测评指标部分符合率为 9.23%，测评指标不符合率为 5.12%；本次测评的综合得分为 80.80 分，测评结论为良		
等级测评结论（公章或专用章）	良	综合得分	80.80 分

6.1.3　总体评价

本节详述了北京某数据中心的如下总体评价。

通过对信息系统基本安全保护状态的分析，北京某科技股份有限公司针对某数据中心面临的主要安全威胁采取了相应的安全机制，基本达到保护信息系统重要资产的作用。

在安全物理环境方面，机房位于北京市海淀区某大楼，机房场地不在建筑物的高层或地下室，不在用水设备的下层或隔壁；机房配置了电子门禁，门禁卡专人专用，出入口有视频监控，可以鉴别、记录进入的人员信息；所有监控设备均有专人 24 小时值守，视频监控记录保存时间为 90 天以上；配备有七氟丙烷自动消防系统和手推式二氧化碳灭火器，能够自动检测火情、自动报警并自动灭火，自动消防系统正常工作；机房采取了防雨水渗透的措施，在地板下安装了漏水检测绳；机房安装了防静电地板，关键设备均设置有接地线；配备了3台施耐德精密空调，可以自动感知温湿度变化，温度控制区间为10~30℃，湿度控制区间为20%~70%，当前机房的冷风道温度为20.8℃，湿度为40.9%；热风道温度为20℃，湿度为40%；配置了冗余的UPS短期供电设施，UPS具有稳压功能和过电压防护功能；机房布线做到了电源线和通信线缆隔离。

在安全通信网络方面，业务高峰时段主要网络设备的CPU使用率和内存使用率均低于70%，从未出现过因设备性能问题导致的宕机情况，满足业务高峰期需求；划分了业务区、安全区、运维区，并为各区域分配了地址，通过HTTPS对部分安全设备和VMware vSphere Web Client进行管理，通过SSH2网络安全协议对网络设备进行管理，通过加密的RDP对服务器进行管理，可以保证通信过程中数据的完整性和保密性。

在安全区域边界方面，网络边界处部署了核心交换机，跨越边界的访问和数据流均通过核心交换机的受控接口进行通信；划分了安全区、运维区、业务区，各区域间通过防火墙进行隔离，防火墙配置了访问控制规则，默认除允许的通信外拒绝其他所有网络通信；通过防火墙可检测、防止从外部和内部发起的网络攻击行为；通过防火墙在关键网络节点处对恶意代码进行检测和清除，防恶意代码库自动升级和更新，当前软件版本号为2.0.1，病毒库更新时间为20××年4月1日；通过堡垒机可以对重要的用户行为进行审计；通过防火墙可以对入侵等安全事件进行审计，审计覆盖到每个用户。

在安全计算环境-网络设备方面，先登录堡垒机再登录网络设备，堡垒机和网络设备均采用用户名+口令的方式登录，用户身份标识具有唯一性，不存在空口令用户，口令长度10位以上，由数字+大小写字母+特殊字符组成，口令更换周期为90天；具有超级管理员和审计管理员账户，对登录的用户分配了账户和权限；开启了安全审计功能，审计覆盖到每个用户，对重要的用户行为和重要安全事件进行审计；对终端接入范围进行了限制，仅允许通过堡垒机登录网络设备；采用SSH2网络安全协议可保证鉴别数据和配置数据在传输过程中的完整性和保密性，采用SHA512技术可保证鉴别数据在存储过程中的完整性和保密性。

在安全计算环境-安全设备方面，防火墙、抗DDoS和日志审计通过堡垒机进行身份鉴别，堡垒机、防火墙、抗DDoS和日志审计采用用户名+口令的方式登录，用户身份标识具有唯一性，不存在空口令用户，设置了口令复杂度策略和口令定期更换策略；启用了登录失败处理功能和登录连接超时自动退出功能；不存在多余的、过期的账户和共享账户；具有超级管理员、网络管理员、审计管理员账户，对登录的用户分配了账户和权限；开启了安全审计功能，审计覆盖到每个用户，对重要的用户行为和重要安全事件进行审计；遵循最小安装的原则，仅安装需要的组件；采用HTTPS可保证鉴别数据和配置数据在传输过程中的完整性，采用SHA512和SHA1技术可保证鉴别数据在存储过程中的完整性和保密性；配置数据有修改时备份至文件服务器。

在安全计算环境-服务器和终端方面，先登录堡垒机再登录宿主机，堡垒机和宿主机均采用用户名+口令的方式登录，用户身份标识具有唯一性，不存在空口令用户，口令由数字+大小写字母+特殊字符组成，口令更换周期为90天；文件服务器和运维终端采用用户名+口令的方式登录，用户身份标识具有唯一性，不存在空口令用户，设置了口令复杂度策略和口令定期更换策略，不存在多余的、过期的账户和共享账户；开启了安全审计功能，审计覆盖到每个用户，对重要的用户行为和重要安全事件进行审计；宿主机和文件服务器通过金山毒霸软件可以有效防止恶意代码，防恶意代码库自动升级和更新，运维终端通过 CleanMyMac 软件可以有效防止恶意代码，防恶意代码库自动升级和更新，当前软件版本号为5.1.9，病毒库更新时间为 2022 年 8 月 25 日；宿主机和文件服务器采用加密的 RDP 可保证鉴别数据和配置数据在传输过程中的完整性和保密性。

在安全计算环境-系统管理软件及平台方面，先登录堡垒机再登录 VMware vSphere Web Client，堡垒机和 VMware vSphere Web Client 均采用用户名+口令的方式登录，用户身份标识具有唯一性，不存在空口令用户，口令长度 8 位以上，由数字+大小写字母+特殊字符组成，口令更换周期为 90 天；具有超级管理员、系统管理员账户，对登录的用户分配了账户和权限；审计覆盖到每个用户，对重要的用户行为和重要安全事件进行审计；遵循最小安装原则，仅安装所需的组件和应用程序；采用 HTTPS 可以保证鉴别数据、重要配置数据在传输过程中的完整性和保密性，采用 SHA512 技术可以保证鉴别数据在存储过程中的完整性和保密性。

在安全管理中心方面，系统管理员、审计管理员和安全管理员通过堡垒机进行身份鉴别，先登录堡垒机再登录网络设备、安全设备和服务器进行管理操作，堡垒机可以对系统管理员、审计管理员和安全管理员操作设备的行为进行集中审计；划分了安全区对分布在网络中的安全设备进行管控，采用 HTTPS 登录堡垒机对网络中的安全设备进行管理；对网络链路、安全设备、网络设备和服务器的运行状态进行集中监测，超过默认阈值时通过警报声告警，通过文件服务器和日志审计对分散在各个设备上的审计数据进行收集和集中分析，审计记录的留存时间满足 6 个月，符合法律法规要求；通过防火墙对网络中发生的各类安全事件进行识别和分析，并通过弹窗进行告警。

在安全管理制度方面，《信息安全方针及安全策略制度》明确了安全工作的总体目标、范围、原则和安全框架等，覆盖了物理、网络、主机系统、数据、应用、建设和运维等管理内容；形成了由总体方针、管理制度、操作规程、记录表单、人员管理、设备管理、资产管理的全面安全管理制度体系；《信息安全方针及安全策略制度》对安全管理制度的评审和发布进行了规定；安全管理制度通过电子邮件方式进行发布，并进行版本控制，具有管理制度的发布记录；《信息安全方针及安全策略制度》明确了每年对安全管理制度的合理性和适用性进行论证和审定，具有《制度论证记录》。

在安全管理机构方面，成立了指导和管理网络安全工作的领导小组；明确了网络安全工作领导小组的构成情况和相关职责；最高领导由集团副总裁担任，《安全管理组织机构》明确配备了系统管理员、安全管理员、审计管理员、网络管理员、机房管理员和资产管理员等岗位，并说明了各岗位人员的配备情况；《授权及审批管理制度》和《第三方访问管理制度》明确了针对系统变更、重要操作、物理访问和系统接入等事项建立逐级审批程序，具有《网络接入申请表》和《业务开通确认单》；《安全管理组织机构》明确了与业界专家、供应商、安全机构的沟通与合作，具有《信息安全会议纪要》；每季度进行常规安全检查，具有《安全检查报告及通报记录》，包含系统日常运行、系统漏洞和数据备份等情况；制定了《信息安全检查表》和《网络安全监督检查整改报告》，具有安全检查记录和安全检查结果通报记录。

在安全管理人员方面，由行政部负责人员的录用工作，《人力资源管理制度》规定了加强公司内部人员在录用前、工作期间、调岗和离岗的安全管理，确保公司内部人员的背景、身份、专业资格和职能权限的安全性；具有技能考核记录；《人力资源管理制度》明确了离岗时需办理离职流程，终止所有权限，并收回所有资产设备，上交涉及专利及文档；每年对不同岗位人员进行岗位技能考核；《第三方访问管理制度》明确了外部人员离开后及时清除其所有访问权限；具有外部人员访问系统的登记记录。

在安全建设管理方面，《信息系统安全等级保护定级报告》明确了信息系统的边界和信息系统的安全保护等级，说明了定级的方法和理由，组织了安全技术专家对信息系统定级结果的合理性和正确性进行论证和审定，具有专家评审意见；《信息系统安全建设总体规划》明确了根据安全保护等级选择基本安全措施，依据风险分析的结果补充和调整安全措施；采用新华三的防火墙和飞致云的堡垒机等安全产品，具有销售许可证，符合国家的有关规定；《工程实施管理制度》明确了对外包开发软件中存在的恶意代码进行检测；具有明确工程实施阶段节点及相关实施控制过程等方面内容并且保存产生阶段性文档；《验收测试管理制度》明确了参与测试的部门、人员、测试验收内容、现场操作过程等内容；具有交付清单，清单中包含了交付的各类设备、软件、文档等；已选择在“全国网络安全等级测评与检测评估机构目录”中的测评单位进行等级测评；选择新华三技术有限公司作为服务供应商，供应商的选择符合国家的相关规定。

在安全运维管理方面，《数据中心安全管理制度》对机房的出入进行管理、对基础设施（如空调、供配电设备、灭火设备等）进行定期维护，并说明了机房安全的责任部门及人员；具有《物品进出登记表》《人员进出登记表》《维修记录单》，记录中包括申请人员、出入时间、出入设备等信息；设施维护记录中包括维护日期、维护人、维护设备、检查设备及结果等；具有资产清单，包含资产责任部门、级别、使用人和所处位置等内容；《介质安全管理制度》明确了将介质存放在安全的环境中，对各类介质进行控制和保护，由技术部统一进行管理，具有介质的档和查询的登记记录；《设备管理制度》明确了维护人员的责任、维修和服务的审批、监督控制等方面内容，具有维修和服务的审批记录，记录内容与制度相符；《网络安全管理制度》覆盖了网络和系统的日常巡检、运行维护、参数的设置和修改等内容；采取培训的方式提升员工的防恶意代码意识；《恶意代码防范管理制度》对外来计算机或存储设备接入系统前进行恶意代码检查；基本配置信息改变后会及时更新基本配置信息库，配置信息的变更流程需要相应的申报审批程序；《变更管理制度》明确了根据变更需求制定变更方案，变更方案经过评审、审批后方可实施，变更方案中包含变更类型、变更原因、变更过程、变更前评估等内容，具有变更实施运行报告；《备份与恢复管理制度》明确了备份方式、频度、介质、保存期等内容；《安全事件报告和处置管理制度》明确了安全事件有关的工作职责、不同安全事件的报告、处置和响应流程等；《应急预案》明确规定了统一的应急预案框架，包括启动预案的条件、应急组织构成、应急资源保障、事后教育和培训等内容。

本次测评共发现安全问题 28 个，其中高风险问题 0 个，中风险问题 25 个，低风险问题 3 个；选取的测评指标总数为 211 个，不适用指标为 16 个，测评指标符合率为 85. 65%，测评指标部分符合率为 9. 23%，测评指标不符合率为 5. 12%；本次测评的综合得分为 80. 80 分，测评结论为良。

6.1.4 主要安全问题和整改建议

经过单项测评结果判定和整体测评发现，某数据中心存在的主要安全问题及整改建议如下。

1. 安全物理环境

中风险：未对关键设备实施电磁屏蔽。

建议为关键设备实施电磁屏蔽。

2. 安全通信网络

1）中风险：通过 HTTP 对 Cacti、Visto、环控、门禁和视频监控进行管理，无法保证通信过程中数据的完整性。

建议采用加密的协议对 Cacti、Visto、环控、门禁和视频监控进行管理，保证通信过程中数据的完整性。

2）中风险：通过 HTTP 对 Cacti、Visto、环控、门禁和视频监控进行管理，无法保证通信过程中数据的保密性。

建议采用加密的协议对 Cacti、Visto、环控、门禁和视频监控进行管理，保证通信过程中数据的保密性。

3）低风险：未基于可信根对通信设备的系统引导程序、系统程序、重要配置参数和通信应用程序等进行可信验证。

建议基于可信根对通信设备的系统引导程序、系统程序、重要配置参数和通信应用程序等进行可信验证。

3. 安全区域边界

1）中风险：未对进出网络的数据流实现基于应用内容的访问控制。

建议部署 Web 应用防火墙，对进出网络的数据流实现基于应用内容的访问控制。

2）中风险：未对访问互联网的用户行为单独进行审计和数据分析。

建议部署相关的行为管控系统，对访问互联网的用户行为单独进行审计和数据分析。

3）低风险：未基于可信根对边界设备的系统引导程序、系统程序、重要配置参数和边界防护应用程序等进行可信验证。

建议基于可信根对边界设备的系统引导程序、系统程序、重要配置参数和边界防护应用程序等进行可信验证。

4. 安全计算环境

1）中风险：Cacti、Visto、环控、门禁、视频监控采用 HTTP 进行远程管理，无法防止鉴别信息在网络传输过程中被窃听。

建议采用加密协议进行远程管理，防止鉴别信息在网络传输过程中被窃听。

2）中风险：被测全部网络设备、安全设备、服务器、运维终端和 VMware vSphere Web Client 未采用两种或两种以上组合的鉴别技术，未实现双因素认证。

建议采用两种或两种以上组合的鉴别技术实现用户身份鉴别，如数字证书、令牌等。

3）中风险：Cacti、Visto、环控、门禁、视频监控采用 HTTP 无法保证鉴别数据在传输过程中的保密性。

建议采用加密的协议保证鉴别数据在传输过程中的保密性。

4）中风险：接入交换机、宿主机、文件服务器未提供重要数据的本地备份与恢复测试；抗 DDoS、日志审计、Zabbix、Cacti、Visto、环控、门禁、视频监控、VMware vSphere Web Client 未进行数据恢复测试。

建议对数据每天至少完全备份一次，并将备份介质存放场外，此外，还应定期对备份文件进行恢复测试，确保备份文件有效。

5）中风险：文件服务器、除堡垒机外的全部安全设备未设置登录失败处理功能和登录连接超时自动退出功能；VMware vSphere Web Client 超时时间过长。

建议设置登录失败处理功能和登录连接超时自动退出功能。

6）中风险：Cacti、Visto、环控、门禁、视频监控采用 HTTP 无法保证鉴别数据和配置数据在传输过程中的完整性。

建议采用加密的协议保证鉴别数据和配置数据在传输过程中的完整性。

7）中风险：被测全部网络设备、安全设备、服务器配置数据未进行异地实时备份。

建议利用通信网络将关键数据实时传送至备用场地，实现数据异地实时备份。

8）中风险：被测全部网络设备、安全设备、服务器未采用校验技术或密码技术保证重要数据在存储过程中的完整性。

建议采用校验技术或密码技术保证重要数据在存储过程中的完整性。

9）中风险：被测全部网络设备、安全设备、服务器具有超级管理员，未实现管理用户的权限分离。

建议设置系统管理员、安全管理员和审计管理员角色，实现管理用户的权限分离。

10）中风险：被测全部网络设备、安全设备、服务器未对重要主体和客体设置安全标记。

建议对系统重要资源增加敏感标记的功能，并控制用户对已标记敏感信息的操作。

11）中风险：VMware vSphere Web Client、被测全部网络设备、安全设备、服务器未重命名默认账户。

建议重命名默认账户。

12）中风险：被测全部服务器、运维终端未对审计记录进行定期备份。

建议定期对审计数据进行备份。

13）低风险：被测全部网络设备、安全设备、服务器、运维终端、VMware vSphere Web Client 未基于可信根对计算设备的系统引导程序、系统程序、重要配置参数和应用程序等进行可信验证。

建议基于可信根对计算设备的系统引导程序、系统程序、重要配置参数和应用程序等进行可信验证。

5. 安全管理中心

1）中风险：未对安全策略、恶意代码、补丁升级等安全相关事项进行集中管理。

建议部署相关的平台实现对安全策略、恶意代码、补丁升级等安全相关事项的集中管理。

2）中风险：安全设备和服务器未统一通过堡垒机进行管理，未对系统管理员操作设备的行为进行集中审计。

建议设备统一纳管到堡垒机，实现操作行为的集中审计。

3）中风险：安全设备和服务器未统一通过堡垒机进行管理，未对审计管理员操作设备的行为进行集中审计。

建议设备统一纳管到堡垒机，实现操作行为的集中审计。

4）中风险：安全设备和服务器未统一通过堡垒机进行管理，未对安全管理员操作设备的行为进行集中审计。

建议设备统一纳管到堡垒机，实现操作行为的集中审计。

5）中风险：未对主体、客体进行统一安全标记，无法配置可信验证策略。

建议对系统重要资源增加敏感标记的功能，并控制用户对已标记敏感信息的操作。

6. 安全建设管理

中风险：未采购和使用符合国家密码主管部门要求的密码产品与服务。

建议采购和使用符合国家密码主管部门要求的密码产品与服务。

7. 安全运维管理

1）中风险：未遵循密码相关的国家标准和行业标准要求。

建议遵循密码相关的国家标准和行业标准要求。

2）中风险：未使用国家密码管理主管部门认证核准的密码技术和产品。

建议使用国家密码管理主管部门认证核准的密码技术和产品。

6.1.5　测评依据

在等保测评报告中，必须要展示本次等保测评的依据，作为报告中的一节。

测评过程中主要依据的标准如下。

- （GB/T 17859—1999）《计算机信息系统安全保护等级划分准则》。
- （GB/T 22239—2019）《信息安全技术　网络安全等级保护基本要求》。
- （GB/T 28448—2019）《信息安全技术　网络安全等级保护测评要求》。
- （GB/T 28449—2018）《信息安全技术　网络安全等级保护测评过程指南》。
- （GB/T 20984—2007）《信息安全技术　信息安全风险评估规范》。

6.2　被测系统情况

本节介绍北京某数据中心被测系统的详细情况。

6.2.1　业务与网络结构简介

1. 被测单位业务简介

某数据中心由北京某科技股份有限公司自主建设并负责运行维护，主要包括视频、环控、门禁 3 个弱电系统和监控管理系统，支撑着数据中心风火水电、安保、信息等各项业务。

某数据中心部署在北京市海淀区某大楼，采用 H3C 的交换机、路由器和防火墙。

2. 系统网络结构简介

北京某数据中心网络结构拓扑图如图 6-1 所示，该数据中心部署在北京市海淀区某大楼，采用 H3C 的交换机、路由器和防火墙，其中防火墙防御各类网络攻击并过滤海量恶意 CC 攻击，抗 DDoS 可实时监控安全风险并可以自动实现威胁流量的安全清洗。

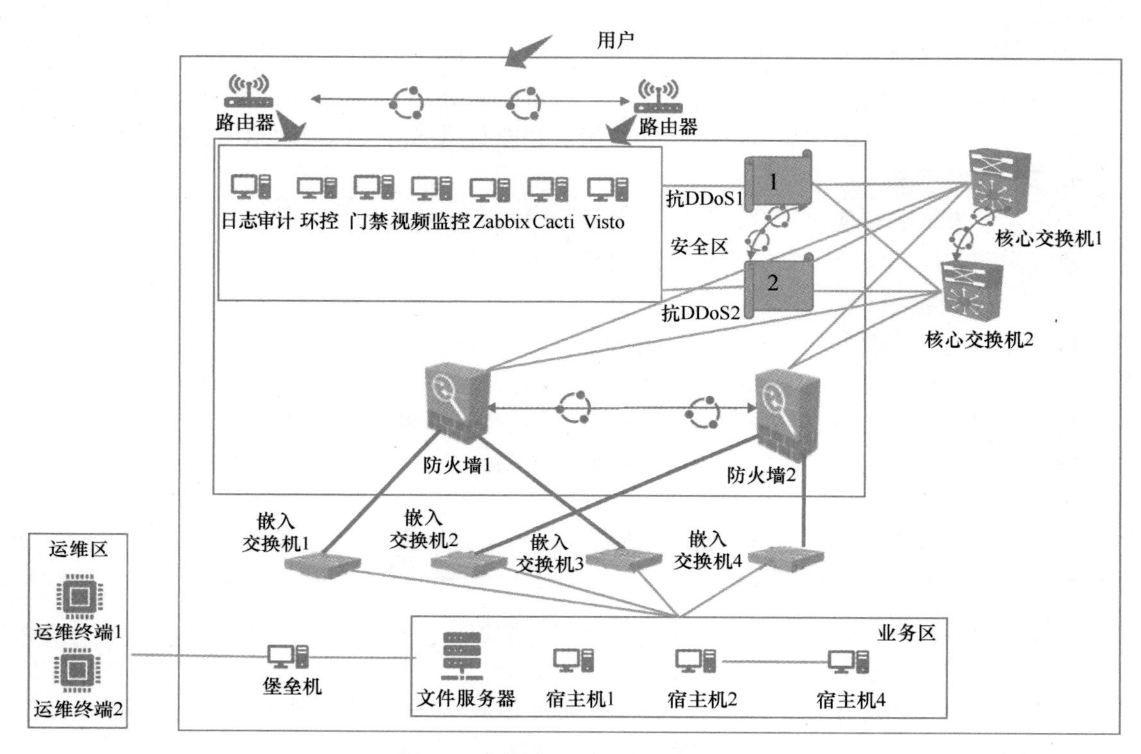

● 图 6-1 某数据中心网络结构拓扑图

6.2.2 安全通用要求指标

本节介绍北京某数据中心的安全通用要求指标，见表 6-3。

表 6-3 安全通用要求指标

安全类	控制点	测评项数
安全物理环境	物理位置选择	2
	物理访问控制	1
	防盗窃和防破坏	3
	防雷击	2
	防火	3
	防水和防潮	3

（续）

安 全 类	控 制 点	测 评 项 数
安全物理环境	防静电	2
	温湿度控制	1
	电力供应	3
	电磁防护	2
安全通信网络	网络架构	5
	通信传输	2
	可信验证	1
安全区域边界	边界防护	4
	访问控制	5
	入侵防范	4
	恶意代码和垃圾邮件防范	2
	安全审计	4
	可信验证	1
安全计算环境	身份鉴别	4
	访问控制	7
	安全审计	4
	入侵防范	6
	恶意代码防范	1
	可信验证	1
	数据完整性	2
	数据保密性	2
	数据备份恢复	3
	剩余信息保护	2
	个人信息保护	2
安全管理中心	系统管理	2
	审计管理	2
	安全管理	2
	集中管控	6
安全管理制度	安全策略	1
	管理制度	3
	制定和发布	2
	评审和修订	1
安全管理机构	岗位设置	3
	人员配备	2
	授权和审批	3
	沟通和合作	3
	审核和检查	3

（续）

安全类	控制点	测评项数
安全管理人员	人员录用	3
	人员离岗	2
	安全意识教育和培训	3
	外部人员访问管理	4
安全建设管理	定级与备案	4
	安全方案设计	3
	产品采购和使用	3
	自行软件开发	7
	外包软件开发	3
	工程实施	3
	测试验收	2
	系统交付	3
	等级测评	3
	服务供应商选择	3
安全运维管理	环境管理	3
	资产管理	3
	介质管理	2
	设备维护管理	4
	漏洞和风险管理	2
	网络和系统安全管理	10
	恶意代码防范管理	2
	配置管理	2
	密码管理	2
	变更管理	3
	备份与恢复管理	3
	安全事件处置	4
	应急预案管理	4
	外包运维管理	4
安全通用要求指标数量统计		211

6.3 测评方法和对象

本节介绍北京某数据中心的等级保护测评方法和对象。

6.3.1 测评方法

某数据中心等级测评的测评对象种类以基本覆盖的数量进行抽样，重点抽查主要的设备、设施、人员和文档等。结合某数据中心的网络拓扑结构和业务情况，本次等级测评的测评对象在抽样时主要考虑以下几个方面。

1）主机房（包括其环境、设备和设施等）和灾备机房。

2）存储被测系统重要数据的介质的存放环境。

3）办公场地。

4）整个系统的网络拓扑结构。

5）安全设备，包括防火墙等。

6）边界网络设备，包括路由器、楼层交换机等。

7）对整个信息系统或其局部安全起作用的网络互联设备，如核心交换机、路由器等。

8）承载业务处理系统主要业务或数据的服务器（包括其操作系统和数据库）。

9）管理终端。

10）业务备份系统。

11）信息安全主管人员、具体负责安全管理的当事人、业务负责人。

12）涉及信息系统安全的所有管理制度和记录。

抽样原则是在等级测评时，业务处理系统中配置相同的安全设备、边界网络设备、网络互联设备、服务器、终端以及备份设备，每类至少抽查两台作为测评对象。

6.3.2　物理机房与设备

本节介绍被测单位的物理机房与设备情况。

北京某数据中心的物理机房情况见表 6-4。

表 6-4　物理机房

序号	机房名称	物理位置	重要程度
1	某数据中心	北京市海淀区某大楼	关键

北京某数据中心的网络设备情况见表 6-5。

表 6-5　网络设备

序号	设备名称	虚拟设备	系统及版本	品牌及型号	用　途	重要程度
1	路由器 1	否	Comware 7. 1. 054	H3C SR6608	路由交换	关键
2	路由器 2	否	Comware 7. 1. 054	H3C SR6608	路由交换	关键
3	核心交换机 1	否	Comware 5. 20	H3C S7506R	网络核心交换	关键
4	核心交换机 2	否	Comware 5. 20	H3C S7506R	网络核心交换	关键
5	接入交换机 1	否	Comware 5. 20	H3C S5560	网络接入交换	关键
6	接入交换机 2	否	Comware 5. 20	H3C S5560	网络接入交换	关键

北京某数据中心的安全设备情况见表 6-6。

表6-6　安全设备

序号	设备名称	虚拟设备	系统及版本	品牌及型号	用　途	重要程度
1	防火墙1	否	Comware 7.1.064	H3C Secpath1050	网络隔离、入侵保护、病毒防护	关键
2	防火墙2	否	Comware 7.1.064	H3C Secpath1050	网络隔离、入侵保护、病毒防护	关键
3	抗DDoS1	否	Build 107	中新GFW7200	DDoS攻击防护	关键
4	抗DDoS2	否	Build 107	中新GFW7200	DDoS攻击防护	关键
5	堡垒机	是	2.19.1	飞致云JumpServer	提供运维安全管理与审计功能	重要
6	日志审计	否	基础版	ME eventlog analyzer	日志审计管理	重要
7	Zabbix	是	3.2.2		设备、网络链路监控	重要
8	Cacti	是	0.8.8b		设备、网络链路监控	重要
9	Visto	是	8.1		设备、网络链路监控	重要
10	环控	否	8.7.2	金鹏正	监控管理电力、暖通	重要
11	门禁	否	5.0.0.1	科松	门禁制卡、监控、控制	重要
12	视频监控	否	IVMS5000	海康威视	视频录制、回放	重要

北京某数据中心的服务器/存储设备情况见表6-7。

表6-7　服务器/存储设备

序号	设备名称	所属业务应用系统/平台	虚拟设备	操作系统及版本	数据库管理系统及版本	中间件及版本	重要程度
1	宿主机1	数据中心	否	Windows Server 2012 R2			关键
2	宿主机2	数据中心	否	Windows Server 2012 R2			关键
3	文件服务器	数据中心	否	Windows 7			重要

北京某数据中心的终端设备情况见表6-8。

表6-8　终端设备

序号	设备名称	虚拟设备	操作系统及版本	用　途	重要程度
1	运维终端1	否	mac OS 12.3	运维管理	重要
2	运维终端2	否	mac OS 12.3	运维管理	重要

6.3.3　软件与数据资源类别

本节介绍被测单位的软件与数据资源类别。

北京某数据中心的系统管理软件/平台情况见表6-9。

表 6-9　系统管理软件/平台

序号	系统管理软件/平台名称	主要功能	版　本	所在设备名称	重要程度
1	VMware vSphere Web Client	管理虚拟机	7.0	宿主机 1、宿主机 2	重要

北京某数据中心的业务应用系统/平台情况见表 6-10。

表 6-10　业务应用系统/平台

序号	业务应用系统/平台名称	主要功能	业务应用软件及版本	开发厂商	重要程度
N/A	N/A	N/A	N/A	N/A	N/A

北京某数据中心的数据资源情况见表 6-11。

表 6-11　数据资源

序号	数据类别	所属业务应用	安全防护需求	重要程度
1	鉴别数据	某数据中心	保密性、完整性、可用性	关键
2	配置数据	某数据中心	完整性、可用性	关键
3	审计数据	某数据中心	完整性、可用性	关键

6.3.4　安全人员与安全管理文档

本节介绍被测单位的安全人员和安全管理文档。

北京某数据中心的安全相关人员情况见表 6-12。

表 6-12　安全相关人员

序号	姓　名	岗位/角色	联系方式	所属单位
1	×××	网络管理员	1312222××××	北京某科技公司
2	×××	系统管理员		北京某科技公司
3	×××	安全管理员		北京某科技公司
4	××	机房管理员		北京某科技公司
5	××	资产管理员		北京某科技公司
6	××	审计管理员		北京某科技公司

北京某数据中心的安全管理文档情况见表 6-13。

表 6-13　安全管理文档

序号	文档名称	主要内容
1	《信息安全方针及安全策略制度》	明确了安全工作的总体目标、范围、原则和安全框架，覆盖了物理、网络、主机系统、数据、应用、建设和运维等管理内容
2	《制度论证记录》	包含论证内容、论证时间、论证结果等内容

（续）

序号	文档名称	主要内容
3	《安全管理组织机构》	明确了各岗位的工作职责、赏罚惩戒、管理人员或操作人员执行安全策略等内容
4	《授权及审批管理制度》	明确了授权审批的流程、审批事项、审批人员级别等内容
5	《第三方访问管理制度》	说明了外部人员访问的范围、外部人员进入的条件、外部人员进入的访问控制措施
6	《网络接入申请表》	包含申请人、接入时间、权限、结束时间、审批人等内容
7	《信息安全会议纪要》	包括会议时间、参与人员、会议内容、会议结果等内容
8	《会议纪要》	包括会议时间、组织人员、会议内容、会议结果等内容
9	《安全检查报告及通报记录》	包含系统日常运行、系统漏洞和数据备份等情况
10	《信息安全检查表》	包括安全技术措施的有效性、安全配置与安全策略的一致性、安全管理制度的执行情况等内容
11	《网络安全监督检查整改报告》	包括整改详情、漏洞数量、级别、修改人员、修改时间、结果等内容
12	《人力资源管理制度》	明确了录用人员的考核、签署协议、离岗交接、培训、惩戒等事项
13	《离职汇签单》	包含离职人员信息、离职时间、原因、资产交接情况、权限清楚和保密责任等内容
14	《人员进出申请表》	记录了外部人员访问重要区域的进入时间、离开时间、访问区域等内容
15	《信息系统安全等级保护定级报告》	明确了信息系统的边界和信息系统的安全保护等级，说明了定级的方法和理由
16	《信息系统安全建设总体规划》	明确了项目在建设过程中的相关事项，包括实施部门、监督部门、时间、周期等描述
17	《产品选型测试表》	包含产品类型、数量、厂商信息、比价信息等内容
18	《工程实施管理制度》	包含针对系统建设、工程进度把控、人员、周期、范围等内容
19	《验收测试管理制度》	明确了验收方式、验收标准、判定标准、通过率等信息
20	《数据中心安全管理制度》	包含设备运行状态、维护、日常操作等方面内容
21	《物品进出登记表》	包含物品类型、名称、数量、申请人、批准人、离开时间等信息
22	《人员进出登记表》	包含人员名称、进入时间、工作范围、离开时间、批准人等信息
23	《维修记录单》	包含维修人员、设备名称、维修时间、状态等信息
24	《资产安全管理制度》	明确了维护人员的责任、维修和服务的审批、维修过程的监督控制等
25	《介质安全管理制度》	明确了介质归档、使用和定期盘点等情况
26	《设备管理制度》	明确了维护人员的责任、维修和服务的审批、维修过程的监督控制等内容
27	《系统安全管理制度》	对配置管理、日志管理、日常操作等方面做出了规定
28	《网络安全管理制度》	包含安全策略、日志管理、日常操作、升级与打补丁等方面
29	《恶意代码防范管理制度》	对防病毒内容进行了规定，包含设备接入系统需进行杀毒
30	《变更管理制度》	规范了变更流程，包含变更类型、变更原因、变更过程、变更前评估等内容
31	《备份与恢复管理制度》	明确了备份信息的备份方式、备份频度、存储介质、保存期等内容
32	《安全事件报告和处置管理制度》	包含安全事件的定义、处置流程、报告流程等内容

（续）

序号	文档名称	主要内容
33	《应急预案》	对启动预案的条件、应急处理流程、应急资源保障、系统恢复流程和事后教育和培训等方面做出了规定
34	《应急预案演练记录》	包含演练时间、演练方式、演练内容、参与人员等内容
35	《应急预案修订记录》	包含评审人、参与人员、评审内容、版本、通过情况等内容

6.4　测评指标

本节介绍北京某数据中心根据定级结果而定义各个维度的测评指标。

6.4.1　等保定级结果

北京某数据中心的等保定级结果见表 6-14。

表 6-14　等保定级结果

被测对象名称	安全保护等级	业务信息安全保护等级	系统服务安全保护等级
某数据中心	第三级	第三级	第三级

6.4.2　安全扩展要求与其他要求指标

北京某数据中心此次测评并不涉及安全扩展要求指标，但是即使不涉及，在报告模板中依然要体现注明，见表 6-15。

表 6-15　安全扩展要求指标

扩展类型	安全类	控制点	测评项数
本项目不涉及任何扩展要求指标			

北京某数据中心此次测评并不涉及其他安全要求指标，但是即使不涉及，在报告模板中依然要体现注明，见表 6-16。

表 6-16　其他安全要求指标

安全类	控制点	测评项数
本项目不涉及任何其他要求指标		

6.4.3　不适用安全要求指标

北京某数据中心的不适用安全要求指标列表见表 6-17。

表 6-17 不适用安全要求指标

安全类	控制点	不适用项	不适用原因
安全区域边界	边界防护	应限制无线网络的使用，保证无线网络通过受控的边界设备接入内部网络	未部署无线网络，此项不适用
	恶意代码和垃圾邮件防范	应在关键网络节点处对垃圾邮件进行检测和防护，并维护垃圾邮件防护机制的升级和更新	未使用邮件服务，此项不适用
安全计算环境	个人信息保护	应仅采集和保存业务必需的用户个人信息	未采集和保存用户个人信息，此项不适用
		应禁止未授权访问和非法使用用户个人信息	未采集和保存用户个人信息，此项不适用
安全建设管理	自行软件开发	应将开发环境与实际运行环境物理分开，测试数据和测试结果受到控制	无自行软件开发，此项不适用
		应制定软件开发管理制度，明确说明开发过程的控制方法和人员行为准则	无自行软件开发，此项不适用
		应制定代码编写安全规范，要求开发人员参照规范编写代码	无自行软件开发，此项不适用
		应具备软件设计的相关文档和使用指南，并对文档使用进行控制	无自行软件开发，此项不适用
		应保证在软件开发过程中对安全性进行测试，在软件安装前对可能存在的恶意代码进行检测	无自行软件开发，此项不适用
		应对程序资源库的修改、更新、发布进行授权和批准，并严格进行版本控制	无自行软件开发，此项不适用
		应保证开发人员为专职人员，开发人员的开发活动受到控制、监视和审查	无自行软件开发，此项不适用
	工程实施	应通过第三方工程监理控制项目的实施过程	某数据中心由北京某科技股份有限公司自行建设，无第三方监理，此项不适用
安全运维管理	外包运维管理	应确保外包运维服务商的选择符合国家的有关规定	无外包运维，此项不适用
		应与选定的外包运维服务商签订相关的协议，明确约定外包运维的范围、工作内容	无外包运维，此项不适用
		应保证选择的外包运维服务商在技术和管理方面均应具有按照等级保护要求开展安全运维工作的能力，并将能力要求在签订的协议中明确	无外包运维，此项不适用

（续）

安全类	控制点	不适用项	不适用原因
安全运维管理	外包运维管理	应在与外包运维服务商签订的协议中明确所有相关的安全要求，如可能涉及对敏感信息的访问、处理、存储要求，对 IT 基础设施中断服务的应急保障要求等	无外包运维，此项不适用
不适用指标数			16

6.5　测评结果记录报告

本节记录了北京某数据中心本次等级保护测评结果记录报告的各个项。

6.5.1　安全物理环境（如果云平台无）

对北京某数据中心已有安全控制措施进行汇总分析后，发现安全物理环境具备如下的安全保护措施。

1）物理位置选择：机房位于北京市海淀区某大楼，不在强电场、强磁场、强震动源、强噪声源、重度环境污染、易发生火灾、水灾、易遭受雷击的地区；机房和办公场地在具有防震、防风和防雨等能力的建筑内；机房场地不在建筑物的高层或地下室，不在用水设备的下层或隔壁。

2）物理访问控制：机房出入口配置了电子门禁，门禁卡专人专用，机房出入口有视频监控，可以鉴别、记录进入的人员信息。

3）防盗窃和防破坏：主要设备和设备的主要部件固定，不易被移动或被搬走，并设置了明显的无法除去的标记；机房所有监控设备均有专人 24 小时值守，视频监控记录保存时间为 90 天以上。

4）防雷击：机房内主要设备通过接地线安全接地，机房不存在明显的静电现象，空调设备设置了 V20-C 浪涌保护器，列头柜设置了施耐德 IPRU20 浪涌保护器。

5）防火：机房配置了七氟丙烷自动消防系统和手推式二氧化碳灭火器，能够自动检测火情、自动报警并自动灭火，自动消防系统正常工作；机房及相关的工作房间和辅助房采用具有耐火等级的建筑材料，如防火门、机房划分了冷风道和热风道区域，采取了区域隔离防火措施，将重要设备与其他设备隔离开。

6）防水和防潮：机房采取了防雨水渗透的措施，在地板下安装了漏水检测绳，机房配备 3 台施耐德 TDCV-4300 精密空调，地板下设置了漏水检测绳，能够防止机房内水蒸气结露和地下积水的转移与渗透，机房空调周围安装了漏水检测绳，能够对漏水事件进行检测和报警。

7）防静电：机房安装了防静电地板，关键设备均设置有接地线，机房配备了防静电手环，可以防止静电的产生。

8）温湿度控制：机房配备了3台施耐德TDCV-4300精密空调，可以自动感知温湿度变化，温度控制区间为20～30℃，湿度控制区间为20%～70%，当前机房的冷风道温度为20.8℃，湿度为40%；热风道温度为20℃，湿度为40%。

9）电力供应：机房配置了6台UPS短期供电设施，UPS具有稳压功能和过电压防护功能，UPS满载供电时间为15分钟，满足设备在断电情况下的正常运行要求。

10）电磁防护：机房布线做到了电源线和通信线缆隔离。

主要安全问题汇总分析如下。

北京某数据中心安全物理环境存在的安全问题是**未对关键设备实施电磁屏蔽。**

造成的影响如下。

可能造成敏感信息泄露，或受到强电磁场干扰。攻击者可能通过截取并分析泄露的电磁信号等途径，获取到本系统的相关敏感/重要数据，从而可能对用户和企业的声誉、经济利益带来损失，涉及测评对象某数据中心。

6.5.2 安全通信网络（如果云平台无）

对北京某数据中心已有安全控制措施进行汇总分析后，发现安全通信网络具备如下的安全保护措施。

1）网络架构：业务高峰时段主要网络设备的CPU使用率和内存使用率均低于70%，从未出现过因设备性能问题导致的宕机情况，满足业务高峰期需求，目前网络边界联通网络带宽为1Gbps，采用物理双链路部署，业务高峰时段带宽使用量为690Mbps，满足业务高峰期需求，划分了业务区、安全区、运维区，并为各区域分配地址，关键网络设备、安全设备和通信线路均冗余部署，可保证系统的高可用性。

2）通信传输：通过HTTPS对部分安全设备和VMware vSphere Web Client进行管理，通过SSH2网络安全协议对网络设备进行管理，通过加密的RDP对服务器进行管理，可以保证通信过程中数据的完整性和保密性。

主要安全问题汇总分析如下。

安全通信网络存在的安全问题如下。

1）通过HTTP对Cacti、Visto、环控、门禁和视频监控进行管理，无法保证通信过程中数据的完整性。可能导致重要数据在传输过程中被攻击者劫持、篡改，进而可能使企业的业务运营、声誉、经济利益受损，涉及测评对象安全通信网络。

2）通过HTTP对Cacti、Visto、环控、门禁和视频监控进行管理，无法保证通信过程中数据的保密性。重要数据在传输过程中被攻击者嗅探并盗用成功的可能性增大，使私密信息遭遇泄露，进而可能使企业的业务运营、声誉、经济利益受损，涉及测评对象安全通信网络。

3）未基于可信根对通信设备的系统引导程序、系统程序、重要配置参数和通信应用程序等进行可信验证。存在系统引导程序、系统程序、重要配置参数和通信应用程序在启动和运行中遭受中间人劫持导致重要安全参数被恶意篡改的风险，破坏设备完整性，影响系统安全性，涉及测评对象安全通信网络。

6.5.3 安全区域边界

对北京某数据中心已有安全控制措施进行汇总分析后，发现安全区域边界具备如下的安全保护措施。

1）边界防护：网络边界处部署了核心交换机，跨越边界的访问和数据流均通过核心交换机的受控接口进行通信，交换机多余端口均 shutdown 处理，在防火墙上配置了访问控制策略，只允许白名单用户访问内部网络，运维人员需要通过堡垒机对设备进行运维管理，能够对非授权设备私自联到内部网络的行为进行检查，机房具有严格的访问控制机制，对 U 盘、硬盘、网卡等介质的带入和带出进行了管控；并严格限制生产域内设备外网访问，防火墙上配置了访问控制规则，仅允许白名单用户访问互联网，可以对内部用户非授权联到外部网络的行为进行检查或限制。

2）访问控制：划分了业务区、安全区、运维区，各区域间通过防火墙进行隔离，防火墙配置了访问控制规则，默认除允许的通信外拒绝其他所有网络通信，防火墙配置了访问控制策略，包括源域、目的域、动作、源地址/用户、目的地址/用户、服务、应用、应用组、状态，以允许/拒绝数据包进出。

3）入侵防范：关键网络节点处通过防火墙可检测、防止从外部和内部发起的网络攻击行为，通过防火墙检测到攻击行为时，可记录时间、威胁类型、威胁 ID、威胁名称、源地址、源端口、目的地址、目的端口、协议、动作、捕获，并提供邮件告警。

4）恶意代码和垃圾邮件防范：通过防火墙可以有效防止恶意代码，防恶意代码库自动升级和更新，当前软件版本号为 2.0.2，病毒库更新时间为 2022 年 8 月 14 日。

5）安全审计：通过堡垒机可以对重要的用户行为进行审计；通过防火墙可以对入侵等安全事件进行审计，审计覆盖到每个用户，堡垒机审计记录包括 IP、用户、目标、系统用户、远端地址、协议、登录来源、命令、开始日期、时长、操作录屏等信息；防火墙审计记录包括日期和时间、用户、操作、状态等信息；通过堡垒机可以对远程访问的用户行为单独进行审计和分析。

主要安全问题汇总分析如下。

安全区域边界存在的安全问题如下。

1）未对进出网络的数据流实现基于应用内容的访问控制。无法对应用层协议进行命令级的控制和过滤，可能导致敏感信息的泄露和传播，涉及测评对象安全区域边界。

2）未对访问互联网的用户行为单独进行审计和数据分析。无法对所有的网络使用行为进行管理和记录，不能及时对相关的未授权操作或访问行为进行及时有效追溯等，涉及测评对象安全区域边界。

3）未基于可信根对边界设备的系统引导程序、系统程序、重要配置参数和边界防护应用程序等进行可信验证。存在系统引导程序、系统程序、重要配置参数和边界应用程序在启动和运行中遭受中间人劫持导致重要安全参数被恶意篡改的风险，破坏设备完整性，影响系统安全性，涉及测评对象安全区域边界。

6.5.4 安全计算环境（硬件设备及软件）

北京某数据中心网络设备的已有安全控制措施汇总分析如下。

1. 网络设备具备的安全保护措施

1）身份鉴别：通过堡垒机进行身份鉴别，先登录堡垒机再登录网络设备，堡垒机和网络设备均采用用户名+口令的方式登录，用户身份标识具有唯一性，不存在空口令用户，口令长度10位以上，由大小写字母+数字+特殊字符组成，口令更换周期为90天，启用了登录失败处理功能和登录连接超时自动退出功能，采用SSH2网络安全协议进行远程管理，可以防止鉴别信息在网络传输过程中被窃听。

2）访问控制：网络设备对登录的超级管理员和审计管理员角色分配了账户和权限；不存在多余的、过期的账户和共享账户。

3）安全审计：启用了安全审计功能，审计覆盖到每个用户，对重要的用户行为和重要安全事件进行审计，审计记录保存在设备自身，实时备份至日志审计，留存时间6个月，避免受到未预期的删除、修改或覆盖。

4）入侵防范：仅开启所需要的系统服务，关闭了高危端口和默认共享，对终端接入范围进行限制，仅允许通过堡垒机登录网络设备；通过防火墙能够检测到对重要节点进行入侵的行为，并在发生严重入侵事件时提供弹窗告警，当前软件版本号为1.0.173，病毒库更新时间为2022年4月14日。

5）数据完整性：采用SSH2网络安全协议保证鉴别信息和配置数据在传输过程中的完整性，采用SHA512技术可保证鉴别数据在存储过程中的完整性。

6）数据保密性：采用SSH2网络安全协议保证鉴别信息和配置数据在传输过程中的保密性，采用SHA512技术可以保证鉴别数据在存储过程中的保密性。

7）数据备份恢复：配置数据有修改时备份至文件服务器，具有数据恢复测试记录；采用堆叠方式部署，可保证系统的高可用性。

2. 主要安全问题汇总分析

网络设备存在的安全问题如下。

1）未采用两种或两种以上组合的鉴别技术，未实现双因素认证。登录口令可能被恶意用户猜测获得，合法用户身份被仿冒，导致系统被非授权访问，涉及测评对象路由器1、路由器2、核心交换机1、核心交换机2、接入交换机1、接入交换机2。

2）未重命名默认账户。可能导致外部能猜测系统用户名口令，造成信息泄露，涉及测评对象路由器1、路由器2、核心交换机1、核心交换机2、接入交换机1、接入交换机2。

3）具有超级管理员，未实现管理用户的权限分离。由于管理员用户权限过大，可能存在权限滥用的情况，涉及测评对象路由器1、路由器2、核心交换机1、核心交换机2、接入交换机1、接入交换机2。

4）未对重要主体和客体设置安全标记。存在恶意用户通过修改用户权限等方法，非授权访问重要信息资源的可能，涉及测评对象路由器1、路由器2、核心交换机1、核心交换机2、接入交换机1、接入交换机2。

5）未基于可信根对计算设备的系统引导程序、系统程序、重要配置参数和应用程序等进行可信验证。未采取基于可信根的可信计算技术对计算设备、应用程序等进行可信验证，增加了计算设备软硬件被篡改的风险。无法保证计算设备、应用程序的真实可信，涉及测评对象路由器 1、路由器 2、核心交换机 1、核心交换机 2、接入交换机 1、接入交换机 2。

6）未采用校验技术或密码技术保证重要数据在存储过程中的完整性。可能导致重要数据在存储过程中被攻击者劫持、篡改，使存储数据的完整性遭到破坏，可能影响到用户和企业的声誉和经济利益，涉及测评对象路由器 1、路由器 2、核心交换机 1、核心交换机 2、接入交换机 1、接入交换机 2。

7）未提供重要数据的本地备份与恢复测试。本地备份策略不完善/执行不到位，在极端情况下会影响到业务服务的持续提供，使企业的经济利益或声誉受到损害，涉及测评对象接入交换机 1、接入交换机 2。

8）配置数据未进行异地实时备份。异地备份策略不完善/执行不到位，在发生地震或其他灾祸的极端情况下会影响到业务服务的持续提供，使企业的经济利益或声誉受到损害，涉及测评对象路由器 1、路由器 2、核心交换机 1、核心交换机 2、接入交换机 1、接入交换机 2。

6.5.5 安全设备

本节阐述了北京某数据中心安全设备测评记录分析。

1. 已有安全控制措施汇总分析

安全设备具备的安全保护措施如下。

1）身份鉴别：防火墙、抗 DDoS 和日志审计通过堡垒机进行身份鉴别，堡垒机、防火墙、抗 DDoS 和日志审计采用用户名+口令的方式登录，用户身份标识具有唯一性，不存在空口令用户，口令长度 10 位以上，由数字+大小写字母+特殊字符组成，口令更换周期为 90 天，启用了登录失败处理功能和登录连接超时自动退出功能，采用 HTTPS 进行远程管理，可以防止鉴别信息在网络传输过程中被窃听。

2）访问控制：安全设备对登录的超级管理员、网络管理员、审计管理员角色分配了账户和权限，不存在多余的、过期的账户和共享账户。

3）安全审计：启用了安全审计功能，审计覆盖到每个用户，对重要的用户行为和重要安全事件进行审计，审计记录留存在设备自身，实时备份至日志审计，留存时间 6 个月，避免受到未预期的删除、修改或覆盖。

4）入侵防范：安全设备遵循最小安装的原则，仅安装需要的组件，仅开启所需要的系统服务，关闭了高危端口和默认共享，通过防火墙能够检测到对重要节点进行入侵的行为，并在发生严重入侵事件时提供弹窗告警，当前软件版本号为 1. 0. 173，病毒库更新时间为 2022 年 4 月 14 日。

5）数据完整性：采用 HTTPS 保证鉴别信息和配置数据在传输过程中的完整性，采用 SHA512 技术可保证鉴别数据在存储过程中的完整性。

6）数据保密性：采用 HTTPS 保证鉴别信息和配置数据在传输过程中的保密性，采用 SHA512 技术可以保证鉴别数据在存储过程中的保密性。

7）数据备份恢复：配置数据有修改时备份至文件服务器，具有数据恢复测试记录。

2. 主要安全问题汇总分析

安全设备存在的安全问题如下。

1）未设置登录失败处理功能和登录连接超时自动退出功能。登录口令可能被恶意用户使用暴力猜解方式获得，合法用户身份被仿冒，导致系统被非授权访问，涉及测评对象抗DDoS1、抗 DDoS2、日志审计、Zabbix、Cacti、Visto、环控、门禁、视频监控。

2）采用 HTTP 进行远程管理，无法防止鉴别信息在网络传输过程中被窃听。账号、口令等重要数据可能被嗅探并盗用，导致系统被非授权访问，涉及测评对象 Cacti、Visto、环控、门禁、视频监控。

3）未采用两种或两种以上组合的鉴别技术，未实现双因素认证。登录口令可能被恶意用户猜测获得，合法用户身份被仿冒，导致系统被非授权访问，涉及测评对象防火墙 1、防火墙 2、抗 DDoS1、抗 DDoS2、堡垒机、日志审计、Zabbix、Cacti、Visto、环控、门禁、视频监控。

4）未重命名默认账户。可能导致外部能猜测系统用户名口令，造成信息泄露，涉及测评对象防火墙 1、防火墙 2、抗 DDoS1、抗 DDoS2、堡垒机、日志审计、Zabbix、Cacti、Visto、视频监控。

5）具有超级管理员，未实现管理用户的权限分离。由于管理员用户权限过大，可能存在权限滥用的情况，涉及测评对象防火墙 1、防火墙 2、抗 DDoS1、抗 DDoS2、堡垒机、日志审计、Zabbix、Cacti、Visto、环控、门禁、视频监控。

6）未对重要主体和客体设置安全标记。存在恶意用户通过修改用户权限等方法，非授权访问重要信息资源的可能，涉及测评对象防火墙 1、防火墙 2、抗 DDoS1、抗 DDoS2、堡垒机、日志审计、Zabbix、Cacti、Visto、环控、门禁、视频监控。

7）未基于可信根对计算设备的系统引导程序、系统程序、重要配置参数和应用程序等进行可信验证。未采取基于可信根的可信计算技术对计算设备、应用程序等进行可信验证，增加了计算设备软硬件被篡改的风险。无法保证计算设备、应用程序的真实可信，涉及测评对象防火墙 1、防火墙 2、抗 DDoS1、抗 DDoS2、堡垒机、日志审计、Zabbix、Cacti、Visto、环控、门禁、视频监控。

8）采用 HTTP 无法保证重要数据在传输过程中的完整性。可能导致重要数据在传输过程中被攻击者劫持、篡改，进而可能使企业的业务运营、声誉、经济利益受损，涉及测评对象 Cacti、Visto、环控、门禁、视频监控。

9）未采用校验技术或密码技术保证重要数据在存储过程中的完整性。可能导致重要数据在存储过程中被攻击者劫持、篡改，使存储数据的完整性遭到破坏，可能影响到用户和企业的声誉和经济利益，涉及测评对象防火墙 1、防火墙 2、抗 DDoS1、抗 DDoS2、堡垒机、日志审计、Zabbix、Cacti、Visto、环控、门禁、视频监控。

10）采用 HTTP 无法保证重要数据在传输过程中的保密性。重要数据在传输过程中被攻击者嗅探并盗用成功的可能性增大，使私密信息遭遇泄漏，进而可能使企业的业务运营、声誉、经济利益受损，涉及测评对象 Cacti、Visto、环控、门禁、视频监控。

11）配置数据未进行数据恢复测试。本地备份策略不完善/执行不到位，在极端情况下会影响到业务服务的持续提供，使企业的经济利益或声誉受到损害，涉及测评对象抗DDoS1、抗 DDoS2、日志审计、Zabbix、Cacti、Visto、环控、门禁、视频监控。

12）配置数据未进行异地实时备份。异地备份策略不完善/执行不到位，在发生地震或其他灾祸的极端情况下会影响到业务服务的持续提供，使企业的经济利益或声誉受到损害，涉及测评对象防火墙 1、防火墙 2、抗 DDoS1、抗 DDoS2、堡垒机、日志审计、Zabbix、Cacti、Visto、环控、门禁、视频监控。

6.5.6 服务器和终端

本节阐述了北京某数据中心服务器和终端测评记录分析。

1. 已有安全控制措施汇总分析

服务器和终端具备的安全保护措施如下。

1）身份鉴别：先登录堡垒机再登录宿主机，堡垒机和宿主机均采用用户名+口令的方式登录，用户身份标识具有唯一性，不存在空口令用户，口令由数字+大小写字母+特殊字符组成，口令更换周期为 90 天；文件服务器和运维终端采用用户名+口令的方式登录，用户身份标识具有唯一性，不存在空口令用户，设置了口令复杂度策略和口令定期更换策略；宿主机和文件服务器采用加密的 RDP 进行远程管理，可以防止鉴别信息在网络传输过程中被窃听。

2）访问控制：服务器对登录的系统管理员、审计管理员分配了相应的权限；不存在多余的、过期的账户和共享账户；访问控制粒度达到主体为用户级，客体为文件级；运维终端专人使用，只有超管权限的操作员账户；修改了默认账户的口令；不存在多余的、过期的账户和共享账户；运维终端已重命名默认账户，修改了默认账户的默认口令，不存在多余的、过期的账户和共享账户。

3）安全审计：服务器和运维终端启用安全审计功能，审计覆盖到每个用户，对重要的用户行为和重要安全事件进行审计，审计进程无法中断，进程受到保护，可防止未授权的中断。

4）入侵防范：服务器仅安装了需要的应用程序和组件，遵循最小安装的原则；仅允许通过堡垒机进行登录；关闭了非必要的系统服务和默认共享，不存在非必要的高危端口；每季度对设备进行漏洞扫描，及时发现可能存在的已知漏洞，并在充分测试评估后及时修补漏洞，当前未发现高风险漏洞；运维终端关闭了非必要的系统服务和默认共享。

5）恶意代码防范：宿主机和文件服务器通过金山毒霸软件可以有效防止恶意代码，防恶意代码库自动升级和更新，当前软件版本号为 5. 0. 0. 8183；运维终端通过 CleanMyMac 软件，可以有效防止恶意代码，防恶意代码库自动升级和更新，当前软件版本号为 4. 8. 9，病毒库更新时间为 2022 年 4 月 15 日。

6）数据完整性：宿主机和文件服务器采用加密的 RDP 保证鉴别信息和配置数据在传输过程中的完整性，采用 NTLM Hash 算法可以保证鉴别数据在存储过程中的完整性；运维终端采用 SHA512 技术保证鉴别信息和配置数据在存储过程中的完整性。

7）数据保密性：宿主机和文件服务器采用加密的 RDP 保证鉴别信息在传输过程中的保密性，采用 NTLM Hash 算法可以保证鉴别数据在存储过程中的保密性；运维终端采用 SHA512 技术保证鉴别信息在存储过程中的保密性。

8）剩余信息保护：在 Windows 系统服务器上查看本地策略-安全选项，已启用“交互式登录：不显示最后的用户名”功能，查看本地策略-安全选项，已启用“关机前清除虚拟内存页面”功能；查看系统密码策略，已禁用“用可还原的加密来储存密码”功能。

2. 主要安全问题汇总分析

服务器和终端存在的安全问题如下。

1）未设置登录失败处理功能和登录连接超时自动退出功能。登录口令可能被恶意用户使用暴力猜解方式获得，合法用户身份被仿冒，导致系统被非授权访问，涉及测评对象文件服务器。

2）未采用两种或两种以上组合的鉴别技术，未实现双因素认证。登录口令可能被恶意用户猜测获得，合法用户身份被仿冒，导致系统被非授权访问，涉及测评对象宿主机 1、宿主机 2、文件服务器、运维终端 1、运维终端 2。

3）具有超级管理员，未实现管理用户的权限分离。由于管理员用户权限过大，可能存在权限滥用的情况，涉及测评对象宿主机 1、宿主机 2、文件服务器。

4）未对重要主体和客体设置安全标记。存在恶意用户通过修改用户权限等方法，非授权访问重要信息资源的可能，涉及测评对象宿主机 1、宿主机 2、文件服务器。

5）未对审计记录进行定期备份。无法对安全事件进行追溯，同时无法及时了解设备实际运行状况以及存在的安全隐患，涉及测评对象宿主机 1、宿主机 2、文件服务器、运维终端 1、运维终端 2。

6）未基于可信根对计算设备的系统引导程序、系统程序、重要配置参数和应用程序等进行可信验证。未采取基于可信根的可信计算技术对计算设备、应用程序等进行可信验证，增加了计算设备软硬件被篡改的风险。无法保证计算设备、应用程序的真实可信，涉及测评对象宿主机 1、宿主机 2、文件服务器、运维终端 1、运维终端 2。

7）未采用校验技术或密码技术保证重要数据在存储过程中的完整性。可能导致重要数据在存储过程中被攻击者劫持、篡改，使存储数据的完整性遭到破坏，可能影响到用户和企业的声誉和经济利益，涉及测评对象宿主机 1、宿主机 2、文件服务器。

8）未提供重要数据的本地备份与恢复测试。本地备份策略不完善/执行不到位，在极端情况下会影响到业务服务的持续提供，使企业的经济利益或声誉受到损害，涉及测评对象宿主机 1、宿主机 2、文件服务器。

9）配置数据未进行异地实时备份。异地备份策略不完善/执行不到位，在发生地震或其他灾祸的极端情况下会影响到业务服务的持续提供，使企业的经济利益或声誉受到损害，涉及测评对象宿主机 1、宿主机 2、文件服务器。

6.5.7 系统管理软件/平台

本节阐述了北京某数据中心系统管理软件/平台测评记录分析。

1. 已有安全控制措施汇总分析

系统管理软件/平台具备的安全保护措施如下。

1）身份鉴别：先登录堡垒机再登录 VMware vSphere Web Client，采用用户名+口令的方式登录，用户身份标识具有唯一性，不存在空口令用户，口令长度 8 位以上，由数字+大小写字母+特殊字符组成，口令更换周期为 90 天，启用了登录失败处理功能，采用 HTTPS 进行远程管理，可以防止鉴别信息在网络传输过程中被窃听。

2）访问控制：具有超级管理员和系统管理员角色，对登录的用户分配了账户和权限，不存在多余的、过期的账户和共享账户，由超级管理员配置访问控制策略，访问控制策略规定用户对服务器的访问规则。

3）安全审计：开启了安全审计功能，审计覆盖到每个用户，对重要的用户行为和重要安全事件进行审计，审计记录保存在设备自身，每月备份至文件服务器，留存时间 6 个月，避免受到未预期的删除、修改或覆盖等。

4）入侵防范：遵循最小安装原则，仅安装所需的组件和应用程序，关闭了不必要的系统服务、默认共享，不存在高危端口，对终端接入范围进行限制，仅允许通过堡垒机登录 VMware vSphere Web Client，每季度进行一次漏洞扫描，在发现可能存在的已知漏洞时，经过充分测试评估并及时修补漏洞，当前未发现高风险漏洞。

5）数据完整性：采用 HTTPS 可以保证鉴别数据和配置数据在传输过程中的完整性，采用 SHA512 技术可以保证鉴别数据在存储过程中的完整性。

6）数据保密性：采用 HTTPS 可以保证鉴别数据在传输过程中的保密性，采用 SHA512 技术可以保证鉴别数据在存储过程中的保密性。

7）数据备份恢复：配置数据有修改时备份至文件服务器。

8）剩余信息保护：VMware vSphere Web Client 默认支持用户的鉴别信息所在的存储空间被释放和重新分配前完全被清除，VMware vSphere Web Client 默认支持文件、目录等资源所在的存储空间被释放和重新分配前完全被清除。

2. 主要安全问题汇总分析

系统管理软件/平台存在的安全问题如下。

1）VMware vSphere Web Client 超时时间过长。存在被恶意用户利用或被其他非授权用户误用的可能性，从而对系统带来不可控的安全隐患，涉及测评对象 VMware vSphere Web Client。

2）未采用两种或两种以上组合的鉴别技术，未实现双因素认证。登录口令可能被恶意用户猜测获得，合法用户身份被仿冒，导致系统被非授权访问，涉及测评对象 VMware vSphere Web Client。

3）未重命名默认账户。可能导致外部能猜测系统用户名口令，造成信息泄露，涉及测评对象 VMware vSphere Web Client。

4）具有超级管理员，未实现管理用户的权限分离。由于管理员用户权限过大，可能存在权限滥用的情况，涉及测评对象 VMware vSphere Web Client。

5）未对重要主体和客体设置安全标记。存在恶意用户通过修改用户权限等方法，非授权访问重要信息资源的可能，涉及测评对象 VMware vSphere Web Client。

6）未基于可信根对计算设备的系统引导程序、系统程序、重要配置参数和应用程序等进行可信验证。未采取基于可信根的可信计算技术对计算设备、应用程序等进行可信验证，增加了计算设备软硬件被篡改的风险。无法保证计算设备、应用程序的真实可信，涉及测评对象 VMware vSphere Web Client。

7）未采用校验技术或密码技术保证重要数据在存储过程中的完整性。可能导致重要数据在存储过程中被攻击者劫持、篡改，使存储数据的完整性遭到破坏，可能影响到用户和企业的声誉和经济利益，涉及测评对象 VMware vSphere Web Client。

8）VMware vSphere Web Client 未进行数据恢复测试。本地备份策略不完善/执行不到位，在极端情况下会影响到业务服务的持续提供，使企业的经济利益或声誉受到损害，涉及测评对象 VMware vSphere Web Client。

9）配置数据未进行异地实时备份。异地备份策略不完善/执行不到位，在发生地震或其他灾祸的极端情况下会影响到业务服务的持续提供，使企业的经济利益或声誉受到损害，涉及测评对象 VMware vSphere Web Client。

6.5.8 业务应用系统和数据资源

本节设计业务应用系统中心测评内容，因为被测系统为数据中心，所以未涉及业务应用系统和数据资源。

6.6 安全管理

本节记录了北京某数据中心本次等级保护测评的安全管理内容项目。

6.6.1 安全管理制度

对北京某数据中心已有安全控制措施进行汇总分析后，发现安全管理制度具备如下的安全保护措施。

1）安全策略：《信息安全方针及安全策略制度》明确了安全工作的总体目标、范围、原则和安全框架等。

2）管理制度：《信息安全方针及安全策略制度》覆盖了物理、网络、主机系统、数据、应用、建设和运维等管理内容，形成了由总体方针、管理制度、操作规程、记录表单、人员管理、设备管理、资产管理组成的全面安全管理制度体系。

3）制定和发布：由信息安全办公室负责制定安全管理制度，《信息安全方针及安全策略制度》对安全管理制度的评审和发布进行了规定；安全管理制度通过电子邮件方式进行发布，并进行版本控制，具有管理制度的发布记录。

4）评审和修订：《信息安全方针及安全策略制度》明确了每年对安全管理制度的合理性和适用性进行论证和审定，具有《制度论证记录》。

主要安全问题汇总分析：

无。

6.6.2 安全管理机构

对北京某数据中心已有安全控制措施进行汇总分析后，发现安全管理机构具备如下的安全保护措施。

1）岗位设置：成立了指导和管理网络安全工作的领导小组；明确了网络安全工作领导小组的构成情况和相关职责；其最高领导由集团副总裁担任，《安全管理组织机构》明确配备了系统管理员、安全管理员、审计管理员、网络管理员、机房管理员和资产管理员等，并说明了各岗位人员的配备情况。

2）人员配备：配备了网络管理员、系统管理员、安全管理员、机房管理员、资产管理员和审计管理员各一名，配备了专职的安全管理员，未兼职其他职位。

3）授权和审批：《授权及审批管理制度》和《第三方访问管理制度》规定了授权审批的事项、事项的审批部门和审批人等，明确了针对系统变更、重要操作、物理访问和系统接入等事项建立逐级审批程序，具有《网络接入申请表》和《业务开通确认单》。

4）沟通和合作：每季度组织各部门和各类管理人员召开网络安全会议，共同处理安全问题，具有会议记录；加强了与网络安全职能部门、各类供应商、业界专家及安全组织的合作与沟通，具有《会议纪要》；具有外联单位列表，列表信息包括外联单位名称、合作内容、联系人和联系方式等信息。

5）审核和检查：每季度进行常规安全检查；具有《安全检查报告及通报记录》，记录中包含了系统日常运行、系统漏洞和数据备份等情况，每年进行全面安全检查；具有《安全检查报告及通报记录》，记录中包括安全配置与安全策略的一致性、安全管理制度的执行情况，制定了《信息安全检查表》和《网络安全监督检查整改报告》，具有安全检查记录和安全检查结果通报记录。

主要安全问题汇总分析：

无。

6.6.3　安全管理人员

对北京某数据中心已有安全控制措施进行汇总分析后，发现安全管理人员具备如下的安全保护措施。

1）人员录用：由行政部负责人员的录用工作，《人力资源管理制度》规定了加强公司内部人员在录用前、工作期间、调岗和离岗的安全管理，确保公司内部人员的背景、身份、专业资格和职能权限的安全性；具有技能考核记录，与被录用人员签署了保密协议，与关键岗位人员签署了岗位职责说明书。

2）人员离岗：《人力资源管理制度》明确了离岗时需办理离职流程，终止所有权限，并收回所有资产设备，上交涉及专利及文档，说明了离职人员由所在部门处理，具有《离职汇签单》。

3）安全意识教育和培训：《人力资源管理制度》明确了安全意识教育和岗位技能培训的培训周期、培训方式、培训内容、考核方式、人员相关的安全责任和惩戒措施等内容，具有培训记录和培训结果记录，《人力资源管理制度》明确了安全意识、岗位操作规程培训等内容，具有年度培训计划，针对不同岗位制定了不同的培训计划，包括安全基础知识、岗位操作规程等内容，具有培训记录，包含培训人员、培训内容、培训结果等事项，每年对不同岗位人员进行岗位技能考核。

4）外部人员访问管理：《第三方访问管理制度》明确了外部人员访问的范围、外部人员进入的条件、外部人员进入的访问控制措施,《人员进出申请表》记录了外部人员访问重要区域的进入时间、离开时间、访问区域等内容,《第三方访问管理制度》明确了外部人员接入受控网络访问系统前先提出书面申请;具有《人员进出申请表》和《网络接入申请表》,《第三方访问管理制度》明确了外部人员离开后及时清除其所有访问权限;具有外部人员访问系统的登记记录,具有外部人员访问保密协议。

主要安全问题汇总分析:

无。

6.6.4 安全建设管理

对北京某数据中心已有安全控制措施进行汇总分析后,发现安全建设管理具备如下的安全保护措施。

1)定级与备案:《信息系统安全等级保护定级报告》明确了信息系统的边界和信息系统的安全保护等级,说明了定级的方法和理由,组织了安全技术专家对信息系统定级结果的合理性和正确性进行论证和审定,具有专家评审意见,定级结果经过公司领导部门的批准,具有批准盖章。

2)安全方案设计:《信息系统安全建设总体规划》明确了根据安全保护等级选择基本安全措施,依据风险分析的结果补充和调整安全措施,《信息系统安全建设总体规划》明确了根据保护对象的安全保护等级进行安全整体规划和安全方案设计;总体规划中包含有密码技术相关内容,组织相关部门和有关安全专家对安全整体规划进行论证,具有会议记录。

3)产品采购和使用:采用华三的防火墙和飞致云的堡垒机等安全产品,具有销售许可证,符合国家的有关规定,具有《产品选型测试表》和《审定和更新候选产品名单》。

4)外包软件开发:《工程实施管理制度》明确了对外包开发软件中存在的恶意代码进行检测,《工程实施管理制度》明确规定了以合同约束软件质量及安全性,明确要求提供软件设计相关文档及使用指南,《工程实施管理制度》明确被委托开发单位应提供相关软件源代码。

5)工程实施:《工程实施管理制度》规定由公司技术部负责对项目实施进行进度和质量控制,明确了进度控制和质量控制等方面内容,具有项目实施方案,方案内包括工程时间限制、进度控制和质量控制等方面内容,具有阶段性文档。

6)测试验收:《验收测试管理制度》明确了参与测试的部门、人员、测试验收内容、现场操作过程等内容,具有上线前的安全测试报告,包含密码应用安全性测试相关内容。

7)系统交付:具有交付清单,包含交付的各类设备、软件、文档等,对负责运行维护的技术人员进行相应的技能培训,具有培训记录,具有运行维护文档和建设过程文档,文档符合管理规定的要求。

8)等级测评:已选择在《全国网络安全等级测评与检测评估机构目录》中的测评单位进行等级测评。

9)服务供应商管理:选择新华三技术有限公司作为服务供应商,供应商的选择符合国家的相关规定,与新华三技术有限公司签署了相关协议,明确整个服务供应链各方需履行的网络安全相关义务,具有服务供应商定期提交安全服务报告;《服务供应商评价审核管理制度》明确了针对服务供应商的评价指标、考核内容等内容，具有服务供应商定期提交的《安全服务报告》和《服务质量评价报告》。

主要安全问题汇总分析：

安全建设管理存在的安全问题是**未采购和使用符合国家密码管理主管部门要求的密码产品与服务。**

密码产品可能存在安全隐患，导致密码产品保护机制失效或恶意人员利用产品自身漏洞攻击信息系统，涉及测评对象安全建设管理。

6.6.5 安全运维管理

对北京某数据中心已有安全控制措施进行汇总分析后，发现安全运维管理具备如下的安全保护措施。

1）环境管理：《数据中心安全管理制度》明确了对机房的出入进行管理、对基础设施（如空调、供配电设备、灭火设备等）进行定期维护；具有《物品进出登记表》《人员进出登记表》和《维修记录单》；说明了来访人员的接待区域，经核查办公桌面上未随意放置了含有敏感信息的纸档文件和移动介质等。

2）资产管理：具有资产清单，包含资产责任部门、级别、使用人和所处位置等内容，《资产安全管理制度》明确了信息分类的原则和方法，同时对不同类信息的使用、传输和存储做出了规定。

3）介质管理：《介质安全管理制度》明确了将介质存放在安全的环境中，对各类介质进行控制和保护，由技术部统一进行管理；具有领用记录，包含介质归档、使用和定期盘点等内容，《介质安全管理制度》明确了技术部统一对其进行人员选择、打包、交付等情况；具有介质的档和查询的登记记录。

4）设备维护管理：《设备管理制度》明确了各类设备除技术部设备外其余设备由专人负责定期维护，具有人员岗位职责文档，明确了维护人员的责任、维修和服务的审批、监督控制等方面内容，具有维修和服务的审批记录，记录内容与制度相符，含有存储介质的设备在报废或重用前采取了相应的措施并进行完全清除。

5）漏洞和风险管理：每年开展安全测评；具有漏洞扫描报告和网络安全监督检查整改报告。

6）网络和系统安全管理：《系统安全管理制度》明确了各个部门由指定的专人进行账户管理；相关流程对申请、建立、删除账户进行控制，《网络安全管理制度》和《系统安全管理制度》对安全策略、账户管理、配置管理、日志管理、日常操作、升级与打补丁、口令更新周期等方面做出了规定，指定安全管理员对日志、监测和报警数据等进行分析统计；定期对系统运行监测记录进行汇总分析，形成分析报告，上报技术总监，对远程访问建立了必要的访问控制保护措施，确保远程办公的安全；申请人开通远程运维时需要明确申请部门，经主管领导、技术部领导审批，由网络管理员负责开通，操作过程留有不可更改的操作日志；具有审批记录。

7）恶意代码防范管理：采取培训的方式提升员工的防恶意代码意识；制定了《恶意代码防范管理制度》，对外来计算机或存储设备接入系统前进行恶意代码检查，《恶意代码防范管理制度》明确了托管机房内设立独立的防病毒系统，部署一台专用防病毒服务器，各业务服务器及数据库服务器均须统一安装防病毒客户端；定期对恶意代码库进行升级并记录，对各类防病毒产品上截获的恶意代码是否进行分析并汇总上报，具有防病毒升级及检测记录。

8）配置管理：记录和保存了基本配置信息，包括网络拓扑结构、各个设备安装的软件组件、软件组件的版本和补丁信息、各个设备或软件组件的配置参数等，基本配置信息改变后会及时更新基本配置信息库；配置信息的变更流程需要相应的申报审批程序。

9）变更管理：《变更管理制度》明确了变更前根据变更需求制定变更方案，变更方案经过评审、审批后方可实施，变更方案中包含变更类型、变更原因、变更过程、变更前评估等内容，具有变更实施运行报告，《变更管理制度》明确了变更失败后的恢复程序、工作方法和人员职责文档，恢复过程经过演练；具有变更恢复演练记录；变更失败恢复程序规定了变更失败后的恢复流程。

10）备份与恢复管理：《备份与恢复管理制度》规定对业务信息、系统数据和软件系统的备份，具有备份需求申请表格、备份介质存取登记表、备份恢复测试登记表，《备份与恢复管理制度》明确了备份方式、频度、介质、保存期等内容。

11）安全事件处置：《安全事件报告和处置管理制度》规定了任何员工发现安全弱点和可疑事件时及时向安全管理部门报告，具有安全事件及变更文档，《安全事件报告和处置管理制度》明确了造成系统中断和造成信息泄露的重大安全事件采用不同的处理程序和报告程序；针对不同安全事件具有不同安全事件报告和处理流程，明确了具体报告方式、报告内容、报告人等方面内容。

12）应急预案管理：《应急预案》规定了统一的应急预案框架，包括启动预案的条件、应急组织构成、应急资源保障、事后教育和培训等内容，《应急预案》明确了重要事件的应急预案，包括应急处理流程、系统恢复流程等内容，《应急预案演练记录》明确了定期对相关人员进行应急预案演练；具有培训记录，包括培训对象、培训内容、培训结果等内容；具有演练过程工作记录，包含演练时间、主要操作内容、演练结果等内容，每年对原有的应急预案进行评估，具有《应急预案修订记录》。

主要安全问题汇总分析：

1）未遵循密码相关的国家标准和行业标准要求。导致信息系统所使用的密码密钥及密码设备等管理不到位，存在违反国家政策的风险，涉及测评对象**安全运维管理**。

2）未使用国家密码管理主管部门认证核准的密码技术和产品。导致信息系统所使用的传输协议有风险，数据传输被恶意拦截破解，涉及测评对象**安全运维管理**。

6.7 漏洞扫描

本节记录了北京某数据中心本次等级保护测评的漏洞扫描（简称“漏扫”）情况。

验证漏洞扫描测试工具接入点如图 6-2 所示。

对某数据中心进行测评，涉及漏洞扫描工具、渗透性测试工具集等多种测试工具。为了发挥测评工具的作用，达到测评的目的，各种测评工具需要接入到被测系统网络中，并配置合法的网络 IP 地址。

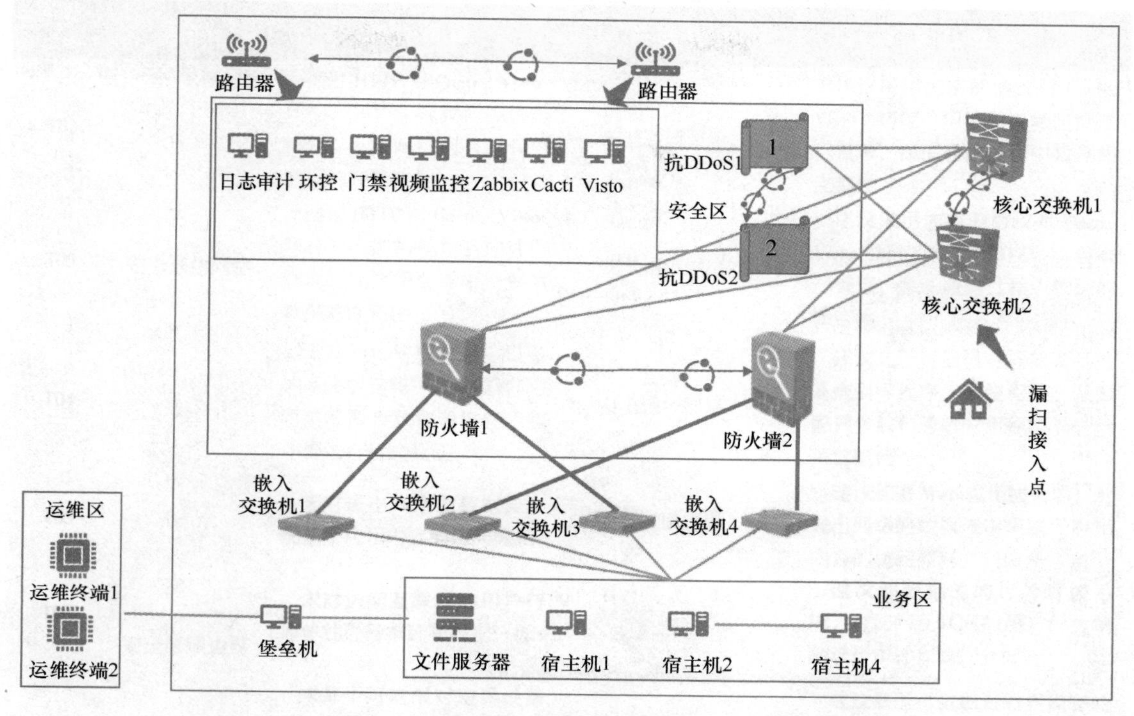

• 图 6-2　验证漏洞扫描测试工具接入点示意图

针对被测系统的网络边界和抽查设备、主机的情况，需要在被测系统及其互联网络中设置各测试工具接入点，见图 6-2。

漏扫接入点：在核心交换机接入，主要目的是模拟内部恶意用户发现操作系统、数据库、Web 应用、第三方产品等安全漏洞的过程，并尝试利用以上漏洞实施诸如获取系统控制权（GetShell）、获得大量敏感信息（DragLibrary）等模拟攻击行为。

以上验证测试使用榕基网络隐患扫描系统，主程序版本为 3. 0. 8. 0，漏洞库日期为 2022 年 11 月 2 日（CSTC10154115）。

（1）漏扫接入点漏洞扫描结果统计

漏扫接入点的漏洞扫描结果汇总见表 6-18。

表 6-18　接入点 A 漏洞扫描结果汇总表

序号	设 备 名 称	系统及版本	安全漏洞数量			
			低	中	高	小计
1	路由器 1	Comware 7. 1. 054	3	1	0	4
2	路由器 2	Comware 7. 1. 054	3	1	0	4
3	核心交换机 1	Comware 5. 20	3	1	0	4
4	核心交换机 2	Comware 5. 20	3	1	0	4
5	接入交换机 1	Comware 5. 20	3	1	0	4
6	接入交换机 2	Comware 5. 20	0	0	0	0

（续）

序号	设备名称	系统及版本	安全漏洞数量			
			低	中	高	小计
7	接入交换机 3	Comware 5. 20	0	0	0	0
8	接入交换机 4	Comware 5. 20	0	0	0	0
9	防火墙 1	Comware 7. 1. 064	0	0	0	0
10	防火墙 2	Comware 7. 1. 064	0	0	0	0
11	抗 DDoS1	Build 107	0	0	0	0
12	抗 DDoS2	Build 107	0	0	0	0
13	堡垒机	2. 19. 1	0	0	0	0
14	日志审计	基础版	0	0	0	0
15	Zabbix	3. 2. 2	0	0	0	0
16	Cacti	0. 8. 8b	0	0	0	0
17	Visto	8. 1	0	0	0	0
18	环控	8. 7. 2	0	4	0	4
19	门禁	5. 0. 0. 1	1	8	0	9
20	视频监控	IVMS5000	1	8	0	9
21	宿主机 1	Windows Server 2012 R2	0	0	0	0
22	宿主机 2	Windows Server 2012 R2	0	0	0	0
23	文件服务器	Windows 7	0	0	0	0

（2）漏洞扫描问题描述

通过对漏洞扫描结果进行分析，某数据中心存在的主要安全漏洞汇总见表 6-19。

表 6-19 主要安全漏洞汇总表

序号	安全漏洞名称	关联资产/域名	严重程度
1	网络时间协议（NTP）模式 6 扫描仪	接入交换机 1、核心交换机 1、核心交换机 2、路由器 1、路由器 2	中
2	Apache Tomcat 默认文件	视频监控	中
3	SAM 和 LSAD 远程协议的安全更新（3148527）（Badlock）（未经认证的检查）	门禁	中
4	Microsoft Windows 远程桌面协议服务器中间人弱点	门禁、视频监控	中
5	SSL 证书不可信	门禁、视频监控、环控	中
6	支持 SSL RC4 密码套件（Bar Mitzvah）	门禁、视频监控、环控	中
7	SSL 自签名证书	门禁、视频监控、环控	中
8	TLS 1. 0 版协议检测	门禁、视频监控、环控	中
9	终端服务未使用网络级身份验证（NLA）	门禁、视频监控	中

（续）

序号	安全漏洞名称	关联资产/域名	严重程度
10	终端服务加密级别为中或低	门禁、视频监控	中
11	终端服务加密级别不符合FIPS-140	门禁、视频监控	低
12	SSH 服务器 CBC 模式密码已启用	接入交换机 1、核心交换机 1、核心交换机 2、路由器 1、路由器 2	低
13	启用 SSH 弱密钥交换算法	接入交换机 1、核心交换机 1、核心交换机 2、路由器 1、路由器 2	低
14	SSH 弱 MAC 算法已启用	接入交换机 1、核心交换机 1、核心交换机 2、路由器 1、路由器 2	低

6.8 渗透测试

北京某数据中心的被测系统为数据中心，不涉及业务应用系统，因此不进行渗透测试。这里举例了其他系统的渗透测试说明帮助读者深入理解。

渗透测试过程说明如下。

通过模拟黑客对指定的应用系统进行渗透测试，发现分析并验证其存在的主机安全漏洞、敏感信息泄露、SQL 注入漏洞、XSS 跨站脚本漏洞和弱口令等安全隐患，评估系统抗攻击能力，提出安全加固建议。

针对应用系统的渗透测试将采取以下两种类型。

- 第一类型：互联网渗透测试，是通过互联网发起远程攻击，比其他类型的渗透测试更能说明漏洞的严重性。
- 第二类型：内网渗透测试，通过接入内部网络发起内部攻击，主要针对信息系统的后台管理系统进行测试。

在检测 Web 漏洞方面，主要包括主动模式和被动模式两种。在被动模式中，测试人员尽可能地了解应用逻辑：比如用工具分析所有的 HTTP 请求及响应，以便测试人员掌握应用程序所有的接入点（包括 HTTP 头、参数、cookies 等）；在主动模式中，测试人员试图以黑客的身份来对应用及其系统、后台等进行渗透测试，其可能造成的影响主要是数据破坏、拒绝服务等。一般检测人员需要先熟悉目标系统，即被动模式下的测试，然后再开展进一步的分析，即主动模式下的测试。主动测试会与被测目标进行直接的数据交互，而被动测试则不需要。

6.9 控制点测评小结

本节记录了北京某数据中心本次等级保护测评的控制点测评情况。根据单项测评结果汇总控制点符合情况见表 6-20。

表 6-20 控制点符合情况汇总表

序号	通用/扩展	安全类	控制点	控制点符合情况			
				符合	部分符合	不符合	不适用
1	安全通用要求	安全物理环境	物理位置选择	√			
2			物理访问控制	√			
3			防盗窃和防破坏	√			
4			防雷击	√			
5			防火	√			
6			防水和防潮	√			
7			防静电	√			
8			温湿度控制	√			
9			电力供应	√			
10			电磁防护		√		
11		安全通信网络	网络架构	√			
12			通信传输	√			
13			可信验证			√	
14		安全区域边界	边界防护	√			
15			访问控制		√		
16			入侵防范	√			
17			恶意代码和垃圾邮件防范	√			
18			安全审计		√		
19			可信验证			√	
20		安全计算环境	身份鉴别		√		
21			访问控制		√		
22			安全审计		√		
23			入侵防范	√			
24			恶意代码防范	√			
25			可信验证			√	
26			数据完整性		√		
27			数据保密性		√		
28			数据备份恢复		√		
29			剩余信息保护	√			
30			个人信息保护				√
31		安全管理中心	系统管理		√		
32			审计管理		√		
33			安全管理		√		
34			集中管控		√		

（续）

序号	通用/扩展	安全类	控制点	控制点符合情况			
				符合	部分符合	不符合	不适用
35	安全通用要求	安全管理制度	安全策略	√			
36			管理制度	√			
37			制定和发布	√			
38			评审和修订	√			
39		安全管理机构	岗位设置	√			
40			人员配备	√			
41			授权和审批	√			
42			沟通和合作	√			
43			审核和检查	√			
44		安全管理人员	人员录用	√			
45			人员离岗	√			
46			安全意识教育和培训	√			
47			外部人员访问管理	√			
48		安全建设管理	定级与备案	√			
49			安全方案设计	√			
50			产品采购和使用		√		
51			自行软件开发				√
52			外包软件开发	√			
53			工程实施		√		
54			测试验收	√			
55			系统交付	√			
56			等级测评	√			
57			服务供应商选择	√			
58		安全运维管理	环境管理	√			
59			资产管理	√			
60			介质管理	√			
61			设备维护管理	√			
62			漏洞和风险管理	√			
63			网络和系统安全管理	√			
64			恶意代码防范管理	√			
65			配置管理	√			
66			密码管理			√	
67			变更管理	√			

（续）

序号	通用/扩展	安全类	控制点	控制点符合情况			
				符合	部分符合	不符合	不适用
68	安全通用要求	安全运维管理	备份与恢复管理	√			
69			安全事件处置	√			
70			应急预案管理	√			
71			外包运维管理				√
安全控制点符合情况数量统计				49	15	4	3

6.10 整体测评结果汇总和等级测评结论

本节记录了北京某数据中心本次等级保护测评的整体测评结果和等级测评结论。

6.10.1 整体测评结果汇总

经整体测评后北京某数据中心的安全问题严重程度变化情况见表6-21（表6-21中的问题编号采用的是表6-22问题汇总中发生变化的问题编号）。

表6-21 整体测评结果汇总表

问题编号	安全问题	测评对象	整体测评描述	严重程度变化
T09	采用HTTP进行远程管理，无法防止鉴别信息在网络传输过程中被窃听	Cacti、Visto、环控、门禁、视频监控	Cacti、Visto、环控、门禁、视频监控采用HTTP进行远程管理，无法防止鉴别信息在网络传输过程中被窃听，但系统只能在内网环境中运行，安全风险降低	□ 升高 ☑ 降低
T10	未采用两种或两种以上组合的鉴别技术，未实现双因素认证	路由器1、路由器2、核心交换机1、核心交换机2、接入交换机1、接入交换机2、防火墙1、防火墙2、抗DDoS1、抗DDoS2、堡垒机、日志审计、Zabbix、Cacti、Visto、环控、门禁、视频监控、VMware vSphere Web Client、宿主机1、宿主机2、文件服务器、运维终端1、运维终端2	网络设备、服务器、安全设备未采用两种或两种以上组合的鉴别技术，但只能通过堡垒机登录；Zabbix、Cacti、Visto未采用两种或两种以上组合的鉴别技术，但仅允许指定的IP地址登录，身份鉴别安全风险降低；文件服务器未采用两种或两种以上组合的鉴别技术，但仅采用本地登录的方式，身份鉴别安全风险降低	□ 升高 ☑ 降低
T16	采用HTTP无法保证鉴别数据和配置数据在传输过程中的完整性	Cacti、Visto、环控、门禁、视频监控	Cacti、Visto、环控、门禁、视频监控采用HTTP无法保证鉴别数据和配置数据在传输过程中的完整性，但系统只能在内网环境中运行，安全风险降低	□ 升高 ☑ 降低

（续）

问题编号	安全问题	测评对象	整体测评描述	严重程度变化
T18	采用 HTTP 无法保证鉴别数据在传输过程中的保密性	Cacti、Visto、环控、门禁、视频监控	Cacti、Visto、环控、门禁、视频监控采用 HTTP 无法保证鉴别数据在传输过程中的保密性，但系统只能在内网环境中运行，安全风险降低	□ 升高 ☑ 降低
T20	配置数据未进行异地实时备份	路由器 1、路由器 2、核心交换机 1、核心交换机 2、接入交换机 1、接入交换机 2、防火墙 1、防火墙 2、抗 DDoS1、抗 DDoS2、堡垒机、日志审计、Zabbix、Cacti、Visto、环控、门禁、视频监控、VMware vSphere Web Client、宿主机 1、宿主机 2、文件服务器	被测全部网络设备、安全设备、服务器未实现异地实时备份，但设备中不存在重要业务数据，安全风险降低	□ 升高 ☑ 降低

6.10.2　安全问题风险分析

本节记录了北京某数据中心的安全问题风险分析情况。

见表 6-22，针对等级测评结果中存在的所有安全问题，结合关联资产和威胁分别分析安全问题可能产生的危害结果，找出可能对系统、单位、社会及国家造成的最大安全危害（损失），并根据最大安全危害（损失）的严重程度进一步确定安全问题的风险等级，结果为“高”“中”或“低”。最大安全危害（损失）结果应结合安全问题所影响业务的重要程度、相关系统组件的重要程度、安全问题严重程度以及安全事件影响范围等进行综合分析。

表 6-22　安全问题风险分析

问题编号	安全类	安全问题	关联资产	关联威胁	危害分析结果	风险等级
T01	安全物理环境	未对关键设备实施电磁屏蔽	某数据中心	信息泄露、软硬件故障	可能造成敏感信息泄露，或受到强电磁场干扰。攻击者可能通过截取并分析泄漏的电磁信号等途径，获取到本系统的相关敏感/重要数据，从而可能对用户和企业的声誉、经济利益带来损失	中

（续）

问题编号	安全类	安全问题	关联资产	关联威胁	危害分析结果	风险等级
T02	安全通信网络	通过HTTP对Cacti、Visto、环控、门禁和视频监控进行管理，无法保证通信过程中数据的完整性	安全通信网络	篡改	可能导致重要数据在传输过程中被攻击者劫持、篡改，进而可能使企业的业务运营、声誉、经济利益受损	中
T03		通过HTTP对Cacti、Visto、环控、门禁和视频监控进行管理，无法保证通信过程中数据的保密性	安全通信网络	泄密	重要数据在传输过程中被攻击者嗅探并盗用成功的可能性增大，使私密信息遭遇泄漏，进而可能使企业的业务运营、声誉、经济利益受损	中
T04		未基于可信根对通信设备的系统引导程序、系统程序、重要配置参数和通信应用程序等进行可信验证	安全通信网络	篡改	存在系统引导程序、系统程序、重要配置参数和通信应用程序在启动和运行中遭受中间人劫持导致重要安全参数被恶意篡改的风险，破坏设备完整性，影响系统安全性	低
T05	安全区域边界	未对进出网络的数据流实现基于应用内容的访问控制	安全区域边界	网络攻击、篡改、泄密	无法对应用层协议进行命令级的控制和过滤，可能导致敏感信息的泄露和传播	中
T06		未对访问互联网的用户行为单独进行审计和数据分析	安全区域边界	越权或滥用、抵赖	无法对所有的网络使用行为进行管理和记录，不能及时对相关的未授权操作或访问行为进行及时有效追溯等	中

（续）

问题编号	安全类	安全问题	关联资产	关联威胁	危害分析结果	风险等级
T07	安全区域边界	未基于可信根对边界设备的系统引导程序、系统程序、重要配置参数和边界防护应用程序等进行可信验证	安全区域边界	篡改	存在系统引导程序、系统程序、重要配置参数和边界应用程序在启动和运行中遭受中间人劫持导致重要安全参数被恶意篡改的风险，破坏设备完整性，影响系统安全性	低
T08	安全计算环境	抗DDoS1、抗DDoS2、日志审计、Zabbix、Cacti、Visto、环控、门禁、视频监控、文件服务器未设置登录失败处理功能和登录连接超时自动退出功能；VMware vSphere Web Client超时时间过长	抗DDoS1、抗DDoS2、日志审计、Zabbix、Cacti、Visto、环控、门禁、视频监控、VMware vSphere Web Client、文件服务器	网络攻击、越权或滥用	登录口令可能被恶意用户使用暴力猜解方式获得，合法用户身份被仿冒，导致系统被非授权访问	中
T09	安全计算环境	采用HTTP进行远程管理，无法防止鉴别信息在网络传输过程中被窃听	Cacti、Visto、环控、门禁、视频监控	越权或滥用、网络攻击、泄密	账号、口令等重要数据可能被嗅探并盗用，导致系统被非授权访问	中
T10	安全计算环境	未采用两种或两种以上组合的鉴别技术，未实现双因素认证	路由器1、路由器2、核心交换机1、核心交换机2、接入交换机1、接入交换机2、防火墙1、防火墙2、抗DDoS1、抗DDoS2、堡垒机、日志审计、Zabbix、Cacti、Visto、环控、门禁、视频监控、VMware vSphere Web Client、宿主机1、宿主机2、文件服务器、运维终端1、运维终端2	网络攻击、越权或滥用	登录口令可能被恶意用户猜测获得，合法用户身份被仿冒，导致系统被非授权访问	中

（续）

问题编号	安全类	安全问题	关联资产	关联威胁	危害分析结果	风险等级
T11	安全计算环境	未重命名默认账户	路由器 1、路由器 2、核心交换机 1、核心交换机 2、接入交换机 1、接入交换机 2、防火墙 1、防火墙 2、抗 DDoS1、抗 DDoS2、堡垒机、日志审计、Zabbix、Cacti、Visto、视频监控、VMware vSphere Web Client	网络攻击、越权或滥用	可能导致外部能猜测系统用户名口令，造成信息泄露	中
T12		具有超级管理员，未实现管理用户的权限分离	路由器 1、路由器 2、核心交换机 1、核心交换机 2、接入交换机 1、接入交换机 2、防火墙 1、防火墙 2、抗 DDoS1、抗 DDoS2、堡垒机、日志审计、Zabbix、Cacti、Visto、环控、门禁、视频监控、VMware vSphere Web Client、宿主机 1、宿主机 2、文件服务器	越权或滥用	由于管理员用户权限过大，可能存在权限滥用的情况	中
T13		未对重要主体和客体设置安全标记	路由器 1、路由器 2、核心交换机 1、核心交换机 2、接入交换机 1、接入交换机 2、防火墙 1、防火墙 2、抗 DDoS1、抗 DDoS2、堡垒机、日志审计、Zabbix、Cacti、Visto、环控、门禁、视频监控、VMware vSphere Web Client、宿主机 1、宿主机 2、文件服务器	越权或滥用	存在恶意用户通过修改用户权限等方法，非授权访问重要信息资源的可能	中
T14		未对审计记录进行定期备份	宿主机 1、宿主机 2、文件服务器、运维终端 1、运维终端 2	管理不到位、抵赖	无法对安全事件进行追溯，同时无法及时了解设备实际运行状况以及存在的安全隐患	中

（续）

问题编号	安全类	安全问题	关联资产	关联威胁	危害分析结果	风险等级
T15	安全计算环境	未基于可信根对计算设备的系统引导程序、系统程序、重要配置参数和应用程序等进行可信验证	路由器 1、路由器 2、核心交换机 1、核心交换机 2、接入交换机 1、接入交换机 2、防火墙 1、防火墙 2、抗 DDoS1、抗 DDoS2、堡垒机、日志审计、Zabbix、Cacti、Visto、环控、门禁、视频监控、VMware vSphere Web Client、宿主机 1、宿主机 2、文件服务器、运维终端 1、运维终端 2	篡改	未采取基于可信根的可信计算技术对计算设备、应用程序等进行可信验证，增加了计算设备软硬件被篡改的风险。无法保证计算设备、应用程序的真实可信	低
T16		采用 HTTP 无法保证鉴别数据和配置数据在传输过程中的完整性	Cacti、Visto、环控、门禁、视频监控	篡改	可能导致重要数据在传输过程中被攻击者劫持、篡改，进而可能使企业的业务运营、声誉、经济利益受损	中
T17		未采用校验技术或密码技术保证重要数据在存储过程中的完整性	路由器 1、路由器 2、核心交换机 1、核心交换机 2、接入交换机 1、接入交换机 2、防火墙 1、防火墙 2、抗 DDoS1、抗 DDoS2、堡垒机、日志审计、Zabbix、Cacti、Visto、环控、门禁、视频监控、VMware vSphere Web Client、宿主机 1、宿主机 2、文件服务器	篡改	可能导致重要数据在存储过程中被攻击者劫持、篡改，使存储数据的完整性遭到破坏，可能影响到用户和企业的声誉和经济利益	中
T18		采用 HTTP 无法保证鉴别数据在传输过程中的保密性	Cacti、Visto、环控、门禁、视频监控	泄密	重要数据在传输过程中被攻击者嗅探并盗用成功的可能性增大，使私密信息遭遇泄露，进而可能使企业的业务运营、声誉、经济利益受损	中

（续）

问题编号	安全类	安全问题	关联资产	关联威胁	危害分析结果	风险等级
T19	安全计算环境	接入交换机1、接入交换机2、宿主机1、宿主机2、文件服务器未提供重要数据的本地备份与恢复测试；抗DDoS1、抗DDoS2、日志审计、Zabbix、Cacti、Visto、环控、门禁、视频监控、VMware vSphere Web Client未进行数据恢复测试	接入交换机1、接入交换机2、抗DDoS1、抗DDoS2、堡垒机、日志审计、Zabbix、Cacti、Visto、环控、门禁、视频监控、VMware vSphere Web Client、宿主机1、宿主机2、文件服务器	软硬件故障	本地备份策略不完善/执行不到位，在极端情况下会影响到业务服务的持续提供，使企业的经济利益或声誉受到损害	中
T20		配置数据未进行异地实时备份	路由器1、路由器2、核心交换机1、核心交换机2、接入交换机1、接入交换机2、防火墙1、防火墙2、抗DDoS1、抗DDoS2、堡垒机、日志审计、Zabbix、Cacti、Visto、环控、门禁、视频监控、VMware vSphere Web Client、宿主机1、宿主机2、文件服务器	软硬件故障	异地备份策略不完善/执行不到位，在发生地震或其他灾祸的极端情况下会影响到业务服务的持续提供，使企业的经济利益或声誉受到损害	中
T21	安全管理中心	安全设备和服务器未统一通过堡垒机进行管理，未对系统管理员操作设备的行为进行集中审计	安全管理中心	管理不到位	无法对保护对象进行统一监视和控制，当安全事件发生时无法及时对威胁源进行阻断和干预	中
T22		安全设备和服务器未统一通过堡垒机进行管理，未对审计管理员操作设备的行为进行集中审计	安全管理中心	管理不到位	无法对保护对象进行统一监视和控制，当安全事件发生时无法及时对威胁源进行阻断和干预	中
T23		安全设备和服务器未统一通过堡垒机进行管理，未对安全管理员操作设备的行为进行集中审计	安全管理中心	管理不到位	无法对保护对象进行统一监视和控制，当安全事件发生时无法及时对威胁源进行阻断和干预	中

（续）

问题编号	安全类	安全问题	关联资产	关联威胁	危害分析结果	风险等级
T24	安全管理中心	未对主体、客体进行统一安全标记，无法配置可信验证策略	安全管理中心	越权或滥用	存在恶意用户通过修改用户权限等方法，非授权访问重要信息资源的可能	中
T25		未对安全策略、恶意代码、补丁升级等安全相关事项进行集中管理	安全管理中心	管理不到位	可能导致无法及时判定事件类型及事件原因，系统应急处理不及时	中
T26	安全建设管理	未采购和使用符合国家密码主管部门要求的密码产品与服务	安全建设管理	管理不到位、网络攻击	密码产品可能存在安全隐患，导致密码产品保护机制失效或恶意人员利用产品自身漏洞攻击信息系统	中
T27	安全运维管理	未遵循密码相关的国家标准和行业标准要求	安全运维管理	管理不到位	导致信息系统所使用的密码密钥及密码设备等管理不到位，存在违反国家政策的风险	中
T28		未使用国家密码管理主管部门认证核准的密码技术和产品	安全运维管理	管理不到位、网络攻击	导致信息系统所使用的传输协议有风险，数据传输被恶意拦截破解	中

6.10.3 等级测评结论

等级测评结论由安全问题风险分析结果和综合得分共同确定，判定依据见表 6-23。

表 6-23 等级测评结论判定依据

等级测评结论	判定依据
优	被测对象中存在安全问题，但不会导致被测对象面临中、高等级安全风险，且综合得分 90 分以上（含 90 分）
良	被测对象中存在安全问题，但不会导致被测对象面临高等级安全风险，且综合得分 80 分以上（含 80 分）
中	被测对象中存在安全问题，但不会导致被测对象面临高等级安全风险，且综合得分 70 分以上（含 70 分）
差	被测对象中存在安全问题，且会导致被测对象面临高等级安全风险，或综合得分低于 70 分

综合得分计算方法如下。

设 M 为被测对象的综合得分，$M=V_t+V_m$，V_t 和 V_m 根据下列公式计算。

$$V_t=\begin{cases}100\cdot y-\sum_{k=1}^{t}f(\omega_k)\cdot(1-x_k)\cdot S, & V_t>0\\0, & V_t\leqslant 0\end{cases}$$

$$V_m=\begin{cases}100\cdot(1-y)-\sum_{k=1}^{m}f(\omega_k)\cdot(1-x_k)\cdot S, & V_m>0\\0, & V_m\leqslant 0\end{cases}$$

$$S=100\cdot\frac{1}{n},\ f(\omega_k)=\begin{cases}1, & \omega_k=\text{一般}\\2, & \omega_k=\text{重要}\\3, & \omega_k=\text{关键}\end{cases}$$

其中，y 为关注系数，取值在 0 至 1 之间，由等级保护工作管理部门给出，默认值为 0.5。n 为被测对象涉及的总测评项数（不含不适用项，下同），t 为技术方面对应的总测评项数，V_t 为技术方面的得分，m 为管理方面对应的总测评项数，V_m 为管理方面的得分，ω_k 为测评项 k 的重要程度（分为一般、重要和关键），x_k 为测评项 k 的得分。

根据第 5 章安全问题风险分析结果统计高、中、低风险安全问题的数量，利用综合得分计算公式计算出被测对象的综合得分，相关结果见表 6-24。

表 6-24　安全问题统计和综合得分

被测对象名称	安全问题数量			综合得分
	高风险	中风险	低风险	
某数据中心	0	25	3	80.80

依据（GB/T 22239—2019）《信息安全技术　网络安全等级保护基本要求》和（GB/T 28448—2019）《信息安全技术　网络安全等级保护测评要求》的第三级要求，经对某数据中心的安全保护状况进行综合分析评价后，等级测评结论如下。

北京某数据中心本次等级测评的综合得分为 80.80 分，且不存在高等级风险，等级测评结论为良。

6.11　安全问题整改建议

本节记录了北京某数据中心本次等级保护测评的安全问题整改建议，见表 6-25。

表 6-25　安全问题整改建议

问题编号	安全类	安全问题	关联资产	整改建议
T01	安全物理环境	未对关键设备实施电磁屏蔽	某数据中心	建议为关键设备实施电磁屏蔽

（续）

问题编号	安全类	安全问题	关联资产	整改建议
T02	安全通信网络	通过 HTTP 对 Cacti、Visto、环控、门禁和视频监控进行管理，无法保证通信过程中数据的完整性	安全通信网络	建议采用加密的协议对 Cacti、Visto、环控、门禁和视频监控进行管理，保证通信过程中数据的完整性
T03		通过 HTTP 对 Cacti、Visto、环控、门禁和视频监控进行管理，无法保证通信过程中数据的保密性	安全通信网络	建议采用加密的协议对 Cacti、Visto、环控、门禁和视频监控进行管理，保证通信过程中数据的保密性
T04		未基于可信根对通信设备的系统引导程序、系统程序、重要配置参数和通信应用程序等进行可信验证	安全通信网络	建议基于可信根对通信设备的系统引导程序、系统程序、重要配置参数和通信应用程序等进行可信验证
T05	安全区域边界	未对进出网络的数据流实现基于应用内容的访问控制	安全区域边界	建议部署 Web 应用防火墙，对进出网络的数据流实现基于应用内容的访问控制
T06		未对访问互联网的用户行为单独进行审计和数据分析	安全区域边界	建议部署相关的行为管控系统，对访问互联网的用户行为单独进行审计和数据分析
T07		未基于可信根对边界设备的系统引导程序、系统程序、重要配置参数和边界防护应用程序等进行可信验证	安全区域边界	建议基于可信根对边界设备的系统引导程序、系统程序、重要配置参数和边界防护应用程序等进行可信验证
T08	安全计算环境	抗 DDoS1、抗 DDoS2、日志审计、Zabbix、Cacti、Visto、环控、门禁、视频监控、文件服务器未设置登录失败处理功能和登录连接超时自动退出功能；VMware vSphere Web Client 超时时间过长	抗 DDoS1、抗 DDoS2、日志审计、Zabbix、Cacti、Visto、环控、门禁、视频监控、VMware vSphere Web Client、文件服务器	建议设置登录失败处理功能和超时自动退出功能
T09		采用 HTTP 进行远程管理，无法防止鉴别信息在网络传输过程中被窃听	Cacti、Visto、环控、门禁、视频监控	建议采用加密协议进行远程管理，可防止鉴别信息在网络传输过程中被窃听
T10		未采用两种或两种以上组合的鉴别技术，未实现双因素认证	路由器 1、路由器 2、核心交换机 1、核心交换机 2、接入交换机 1、接入交换机 2、防火墙 1、防火墙 2、抗 DDoS1、抗 DDoS2、堡垒机、日志审计、Zabbix、Cacti、Visto、环控、门禁、视频监控、VMware vSphere Web Client、宿主机 1、宿主机 2、文件服务器、运维终端 1、运维终端 2	建议对系统采用两种或两种以上组合的鉴别技术实现用户身份鉴别，如数字证书、令牌等

（续）

问题编号	安全类	安全问题	关联资产	整改建议
T11	安全计算环境	未重命名默认账户	路由器1、路由器2、核心交换机1、核心交换机2、接入交换机1、接入交换机2、防火墙1、防火墙2、抗DDoS1、抗DDoS2、堡垒机、日志审计、Zabbix、Cacti、Visto、视频监控、VMware vSphere Web Client	建议重命名默认账户
T12		具有超级管理员，未实现管理用户的权限分离	路由器1、路由器2、核心交换机1、核心交换机2、接入交换机1、接入交换机2、防火墙1、防火墙2、抗DDoS1、抗DDoS2、堡垒机、日志审计、Zabbix、Cacti、Visto、环控、门禁、视频监控、VMware vSphere Web Client、宿主机1、宿主机2、文件服务器	建议设置系统管理员、安全管理员和审计管理员角色，实现管理用户的权限分离
T13		未对重要主体和客体设置安全标记	路由器1、路由器2、核心交换机1、核心交换机2、接入交换机1、接入交换机2、防火墙1、防火墙2、抗DDoS1、抗DDoS2、堡垒机、日志审计、Zabbix、Cacti、Visto、环控、门禁、视频监控、VMware vSphere Web Client、宿主机1、宿主机2、文件服务器	建议对系统重要资源增加敏感标记的功能，并控制用户对已标记敏感信息的操作
T14		未对审计记录进行定期备份	宿主机1、宿主机2、文件服务器、运维终端1、运维终端2	建议定期对审计数据进行备份

（续）

问题编号	安全类	安全问题	关联资产	整改建议
T15	安全计算环境	未基于可信根对计算设备的系统引导程序、系统程序、重要配置参数和应用程序等进行可信验证	路由器 1、路由器 2、核心交换机 1、核心交换机 2、接入交换机 1、接入交换机 2、防火墙 1、防火墙 2、抗 DDoS1、抗 DDoS2、堡垒机、日志审计、Zabbix、Cacti、Visto、环控、门禁、视频监控、VMware vSphere Web Client、宿主机 1、宿主机 2、文件服务器、运维终端 1、运维终端 2	建议基于可信根对计算设备的系统引导程序、系统程序、重要配置参数和应用程序等进行可信验证
T16		采用 HTTP 无法保证鉴别数据和配置数据在传输过程中的完整性	Cacti、Visto、环控、门禁、视频监控	建议采用加密的协议保证鉴别数据和配置数据在传输过程中的完整性
T17		未采用校验技术或密码技术保证重要数据在存储过程中的完整性	路由器 1、路由器 2、核心交换机 1、核心交换机 2、接入交换机 1、接入交换机 2、防火墙 1、防火墙 2、抗 DDoS1、抗 DDoS2、堡垒机、日志审计、Zabbix、Cacti、Visto、环控、门禁、视频监控、VMware vSphere Web Client、宿主机 1、宿主机 2、文件服务器	建议采用校验技术或密码技术保证重要数据在存储过程中的完整性
T18		采用 HTTP 无法保证鉴别数据在传输过程中的保密性	Cacti、Visto、环控、门禁、视频监控	建议采用加密的协议保证鉴别数据和配置信息在传输过程中的保密性
T19		接入交换机 1、接入交换机 2、宿主机 1、宿主机 2、文件服务器未提供重要数据的本地备份与恢复测试；抗 DDoS1、抗 DDoS2、日志审计、Zabbix、Cacti、Visto、环控、门禁、视频监控、VMware vSphere Web Client 未进行数据恢复测试	接入交换机 1、接入交换机 2、抗 DDoS1、抗 DDoS2、堡垒机、日志审计、Zabbix、Cacti、Visto、环控、门禁、视频监控、VMware vSphere Web Client、宿主机 1、宿主机 2、文件服务器	建议对数据每天至少完全备份一次，并将备份介质存放场外，此外，还应定期对备份文件进行恢复测试，确保备份文件有效

（续）

问题编号	安全类	安全问题	关联资产	整改建议
T20	安全计算环境	配置数据未进行异地实时备份	路由器 1、路由器 2、核心交换机 1、核心交换机 2、接入交换机 1、接入交换机 2、防火墙 1、防火墙 2、抗 DDoS1、抗 DDoS2、堡垒机、日志审计、Zabbix、Cacti、Visto、环控、门禁、视频监控、VMware vSphere Web Client、宿主机 1、宿主机 2、文件服务器	建议利用通信网络将关键数据实时传送至备用场地，实现数据异地实时备份
T21	安全管理中心	安全设备和服务器未统一通过堡垒机进行管理，未对系统管理员操作设备的行为进行集中审计	安全管理中心	建议设备统一纳管到堡垒机，实现操作行为的集中审计
T22		安全设备和服务器未统一通过堡垒机进行管理，未对审计管理员操作设备的行为进行集中审计	安全管理中心	建议设备统一纳管到堡垒机，实现操作行为的集中审计
T23		安全设备和服务器未统一通过堡垒机进行管理，未对安全管理员操作设备的行为进行集中审计	安全管理中心	建议设备统一纳管到堡垒机，实现操作行为的集中审计
T24		未对主体、客体进行统一安全标记，无法配置可信验证策略	安全管理中心	建议对系统重要资源增加敏感标记的功能，并控制用户对已标记敏感信息的操作
T25		未对安全策略、恶意代码、补丁升级等安全相关事项进行集中管理	安全管理中心	建议部署相关的平台实现对安全策略、恶意代码、补丁升级等安全相关事项的集中管理
T26	安全建设管理	未采购和使用符合国家密码主管部门要求的密码产品与服务	安全建设管理	建议使用符合国家密码主管部门要求的密码产品与服务
T27	安全运维管理	未遵循密码相关的国家标准和行业标准要求	安全运维管理	建议遵循密码相关的国家标准和行业标准要求
T28		未使用国家密码管理主管部门认证核准的密码技术和产品	安全运维管理	建议使用国家密码管理主管部门认证核准的密码技术和产品